世界博物馆最新发展译丛(第二辑)　　主编◎宋娴

博物馆的系统思维
理论与实践

[韩]郑柳河　[美]安·罗森·拉夫◎编著
胡　芳　李晓彤◎译　付文军◎审校

复旦大学出版社

上海科技传播智库系列成果

关于作者

郑柳河（Yuha Jung），美国肯塔基大学艺术管理专业助理教授。拥有美国锡拉丘兹大学博物馆研究专业硕士学位、美国佐治亚大学公共管理专业硕士学位和宾夕法尼亚州立大学艺术教育专业博士学位，当前的主要研究方向是探索在艺术与博物馆管理和教育中纳入系统理论与组织研究的有效方式。已在诸多领域发表了大量论文，这些领域包括文化多样性、鼓励不同受众参与、系统理论、组织文化以及在艺术与文化机构中营造非正式学习氛围。

安·罗森·拉夫（Ann Rowson Love），美国佛罗里达州立大学艺术教育系博物馆教育和以观众为中心型展览项目负责协调的教员，兼任约翰与梅布尔瑞林艺术博物馆的教员联络人。作为博物馆专业教育人员、策展人和管理员，已在博物馆界拥有逾二十五年的行业经验，在策展协作、观众研究和艺术博物馆释展方面出版了大量专著并做了大量报告。

关于本书

系统是指一个复杂的、相互依存的、开放的网络,它将处在不断变化的社会、文化和自然环境中的人、事、物连接起来。系统思维认为世界是开放的、相互联系的、相互依存的;各部分处于整体环境之中,塑造整体;可简单概括为整体大于其各部分之和。博物馆就是一个复杂的系统,每部分都处于不断变化和波动的环境中,需要参与实践,并在实践中予以推动和促进,才能使内部更联通、与社区更联结、使整体更强大。博物馆系统思维研究的就是如何达成相互关联、相互依赖、相互合作的组织架构,如何权力共享,如何提升社区参与度。

《博物馆的系统思维:理论与实践》一书由两位主编及世界各地多位作者、多家博物馆共同完成,包括相关领域的学者、顾问、教育者、博物馆从业者以及相关专业毕业生,涵盖了十九组作者的观点和看法,理论结合实践地对系统思维如何在博物馆各类实践中发挥作用进行了探讨,包括相关概念与理论,具体的方案、方法及案例。本书共十个部分,从不同的切入点探讨博物馆系统思维,包括管理结构和领导层、人事管理、对外交流、展览和计划、社区参与、筹款和财务可持续性、物理空间以及未来博物馆人才储备等;展示了系统思维是如何应用于该领域,并响应博物馆内部和外部的其他部分。相信本书将带给博物馆从业者,相关专业研究者、学习者,博物馆投资者、合作伙伴,教育工作者等许多启发,帮助博物馆以更加开放、活跃、善于学习的状态运行,提高博物馆的组织效能和公共价值,从而推动其高质量发展。

序言

1993年，我作为美国国家人文基金会（National Endowment for the Humanities，缩写为NEH）新任的公共项目处主任及美国联邦政府高级行政官，首次在职业生涯中接触到较为系统的高层领导力培训。在一门人事管理课程中，我接触到了彼得·圣吉（Peter Senge）于1990年出版的《第五项修炼：学习型组织的艺术与实践》（The Fifth Discipline: The Art and Practice of the Learning Organization）。① 在书中，彼得·圣吉着重研究了学习型组织（learning organizations）的定义性特征：学习型组织帮助人们成长为更专业的人才，相互帮助，解决难题，获得有意义的成果。这一定义对我，以及我新任的领导职位具有很大意义。他的方法强调了高效的团队合作、自我精进、共享愿景，以及系统思维，为管理资金项目、指导国家人文基金会其他部门的工作提供了全新的视角和富有帮助的框架。将学习型组织视为一个提高人文美德，以推动民主共同目标的互联系统，可以更好地帮助调整和巩固公共人文策略，便于机构顺利开展未来的工作和任务。

---

① Peter Senge, The Fifth Discipline: The Art and Practice of the Learning Organization (New York: Doubleday, 1990).

我于1996年离开美国国家人文基金会，重返康纳·派瑞生活历史博物馆（Conner Prairie）任职。这是一座在印第安纳波利斯外围的生活历史博物馆。当时，我很快意识到在当前更广阔、变化的人口学框架之下看待博物馆非常重要。在我们开始着手新规划的时候，我了解到去年夏天的某份保密规划文件建议将康纳·派瑞博物馆的一块土地用于建设房车公园。这一信息一经传出便引起当地媒体和邻近居民的关注，并有居民发起邻避抗议。对于他们而言，占地面积大的康纳·派瑞博物馆是社区的重要标志，社区居民希望在博物馆规划中发声，力争参与博物馆决策。因此，我们明确了规划方案的方向，将其定位于清晰准确地辨识、回应社区关切的问题、土地资产及需求上。我们举办了多场座谈活动，听取当地居民、学者、企业家、社区委员会管理者及基金代表的意见与建议，并在我们制定计划、落实规划的过程中不断吸收采纳他们的想法和建议。由此，我们建立起了新的合作关系、结识了新朋友、搭建了新联系、创立了新项目、找到了新的资金支持，并重塑了我们对外的公共关系与社区地位。

离开康纳·派瑞博物馆后，我到了美国博物馆暨图书馆总署（Institute of Museum and Library Services）担任首位战略伙伴关系处主任。担任该职务期间，系统性方法始终是我专业方向的指导工具。2008年，在许多利益相关方逐步意识到科技驱动的国际经济新模式带来的挑战及其所需要具备的新能力时，我们与博物馆及图书馆工作小组合作，与其他教育界的学者们共同撰写了《博物馆、图书馆及21世纪技能》（*Museums, Libraries and 21st Century Skills*）。这份报告帮助博物馆及图书馆应对挑战，鼓励协作、批判性思维、自我引导以及与系统思维相一致的社会和文化意识等基本技能。①

在这些案例中，我们思考了我们的机构、组织应如何在保证自身工作授权和立法使命的同时，配合战略合作伙伴及社区的需求，以求获得更大的系统性影响。该方法需要员工与合作方转变角色和工作关系，需要转变框架和观念，以调整我们对未来和当前挑战的机制的理解，并且实现跨越个别部门和项目的沟通和协作。这项事业实践起来并不容易，我们需要与合作方及社区逐步建立信任，在其中的许多方面——如在我们自身的学习中、在培养新社区成员及合作伙伴上、在构建和提升机构影响力和知名度上、在吸引新资源上、在接触更多可获取新知识机会的个体和机构上等——也有收获。

《博物馆的系统思维：理论与实践》以博物馆为基础，以多种视角对该方法进行阐述和研究。本书可以帮助博物馆摆脱传统博物馆部门分隔化、等级化的缺点，以更开放多元的学习系统，借助更好的方式运作下去，是博物馆急需且极富价值的资料。郑柳河（Yuha Jung）和安·罗森·拉夫（Ann Rowson Love）涵盖了系统思维的方方面面，分章节结合实际案例进行分析。在《系统之美：决策者的系统思考》（*Thinking in Systems: A Primer*）一书中，多内拉·梅多斯（Donella H. Meadows）提到系统思维"给予了我们发现问题根本原因、发掘新机遇的自由"②。在本书中，郑柳河、安·罗森·拉夫以及许多撰稿人从

---

① Institute of Museum and Library Services, *Museums, Libraries and 21st Century Skills* (Washington, DC: Institute of Museum and Library Services, 2009).
② Donella Meadows, *Thinking in Systems: A Primer*, ed. Diana Wright (White River Junction, VT: Chelsea Green, 2008), 2.

各方面分析了系统思维是如何增强博物馆的综合能力,以实现公共服务的价值和目的,包括与个体学习者和更大的社群之间的关系,以及为其提供的服务等。该方法还可以应用于解决内部管理的问题,比如提升员工满意度、提高工作效率、提高商业运作的效率及帮助组建一个更具实力、更可持续的机构。

蒸蒸日上的科技进步正在推动世界发展。世界也见证了日新月异的变化,而我们所面对的互联互通的世界亦不曾远离。我们将面临的挑战,已知或未知,都需要系统思维的辅助和指引。《博物馆的系统思维:理论与实践》丰富了领域内的交流,帮助博物馆提高组织效能,提升公共价值,是社区获得更大利益的重要资源。

玛莎·赛梅尔(Marsha L. Semmel)
玛莎·赛梅尔咨询公司负责人

前言

博物馆系统思维研究的是如何达成相互关联、相互依赖、相互合作的组织架构，来促进权力共享，提升社区参与度。本书的封面是玛丽·马丁利（Mary Mattingly）的当代艺术装置"浮生世界"（Floating World）。它是一个完整的生态系统，体现了博物馆的系统思维。[①] 她的作品本身是一个由互联材料及开花育苗等过程所组成的有机网络，每个部分都无法脱离整体而独立存在，不与其他部分互联互通就无法保持其美观与功能，也不能与自然环境视为一体。这个错综复杂的装置表达了自然界中脆弱且不断变化的各部分间相互联系的重要性。

此外，"浮生世界"还在美国温斯顿-塞勒姆东南当代艺术中心举办的"集体行为展"（Collective Actions）中展出，呈现了应用于实践中的系统思维。该艺术装置由作者与博物馆专业人士和社区伙伴合作打造，旨在促进权力共享，提高社区参与（关于展览的更多详情请见第 10 章）。这件作品鼓励观众行动起来，

[①] Mary Mattingly, "Floating World", in Collective Actions (Winston-Salem, NC: Southeast Center for Contemporary Art, 2015).

"思考我们应如何居住在地球上,共同创造生命系统"①。博物馆是一个复杂但有时脆弱的机构,成立目的就在于找到正确的系统组合,进而对其予以支持和维护。正如马丁利的作品中所体现的,每部分都处于不断变化和波动的环境中,需要参与实践,并在实践中予以推动和促进,才能使内部更联通、与社区更联结、使整体更强大。这件艺术作品为本书所阐述的观点提供了一个独特的比喻。

本书起因于联合主编郑柳河与美国罗曼和利特菲尔德公司(Rowman & Littlefield)的查尔斯·哈蒙(Charles Harmon)的一封信,信上提及出版商对博物馆系统思维相关书籍的兴趣。他热情回应了这个邀请,并鼓励我们撰写一封正式的书籍提案。一般说来,具体阐释博物馆实践中复杂理论的出版物鲜有销售市场,但不可否认的是,我们在博物馆日常工作中存在大量潜在假设及理论取向。在过去几十年里,我们见证过博物馆实践的几次重大转型,从更多以目的为中心的定位,到以参观者为中心,再到定位的重新考量②。我们也同样看到大量关于创造有意义、富有移情作用、有价值的博物馆的出版物问世,推动实现博物馆的有益目标——提供权力共享,促进社会转变。我们相信,具体的博物馆系统思维实例,将有助于读者在实现这些目标方面取得进展。许多出版物分享的理论并没有实践经验。反之亦然,出版物

---

① "Mary Mattingly," SECCA, accessed March 12, 2017, http://collectiveactions.secca.org/mattingly/.
② Stephen Weil, "From being about Something to being for Somebody: The Ongoing transformation of the American Museum," *Daedelus* 128, no. 3 (1999): 229 - 258.

分享实践案例，却没有与理论建立联系。而我们需要理论与实践的结合，也将尽力在本书中提供两者结合的角度与论述。感谢罗曼和利特菲尔德公司的编辑委员会赞同我们的观点。是时候该有一本书可以展示理论如何跨部门转化为实践，如何携手社区合作伙伴共同创建社会生态系统。

我们希望分享的是真实博物馆日常运作中系统思维的应用，或者在某些情况下，系统思维是如何最大地帮助博物馆处理封闭模型失败的情况。缺乏包容，不愿协作，拒绝参与及建立有意义的社区合作关系，可能导致博物馆陷入困境。我们在本书中努力推广系统思维如何真实有效地改变博物馆。书中的每一章均展示了博物馆使用系统思考的各种切入点——可能某些博物馆会比其他博物馆更进一步，更快上手，但书中的所有案例都体现了特定的系统思维与博物馆工作的关联。

本书包括二十个章节，由来自世界各地的作者撰写，交流和探讨美国、澳大利亚、加拿大、巴西、意大利和英国等国的博物馆情况与观点。我们将这些章节组织成十个不同部分：（1）系统思维导论；（2）博物馆功能的范式转变；（3）管理与领导力；（4）人员管理；（5）展览和项目开发；（6）对外交流；（7）社区参与；（8）筹款与财务可持续性；（9）博物馆实体空间；以及（10）结论与后续计划。每一部分分两个章节，集中展示系统思维是如何通过不同策略应用在特定概念领域及功能领域中。我们希望，不论是在实践中初次应用还是继续深入使用系统思维的方法，通过这样的结构能使读者更加清晰地看到不同阶段的应用切入点。

作为本书的联合主编，我们二人多年来一直致力于研究、评估和实践系统思维。通过研究和沟通，我们共同提出观点，相互支持。我们坚信，无论从事何种学科研究——艺术、历史、科学、自然历史、人类学等，本书所收录各章的作者及博物馆案例的宝贵经验，将带给博物馆从业者、志愿者、董事会成员、社区合作伙伴、教育工作者、研究人员及学生们许多启发和领悟。

主编　安·罗森·拉夫
主编　郑柳河

致谢

我们，郑柳河和安·罗森·拉夫，首先，要感谢在本书架构及编辑过程中互相批判、互相支持、互相陪伴的对方；其次，我们感谢本书各章作者，是他们提供鼓舞人心的优秀文章使本书成为可能；再次，我们要感谢我们的导师玛丽·安·坦基维兹（Mary Ann Stankiewicz）和帕特·维伦纽夫（Pat Villeneuve），是他们在学术上和专业上推动我们走到今天。我们还要感谢在整个过程中在情感上支持我们的同事和伴侣。郑柳河要对肯塔基大学艺术管理系的教职员工（瑞秋、葛莉、安德莉亚、乔和吉尔）对她精神上的支持和对项目重要性的一贯肯定表示感谢；同时，她要感谢心爱的丈夫迈克尔·约翰逊在编写过程中的全力支持。安·罗森·拉夫要感谢佛罗里达州立大学艺术教育学院教职员工（杰夫、安托尼奥、瑞秋、戴夫、玛莎、萨拉、帕特、特丽莎和斯考特）的支持和鼓励，特别要感谢系主任大卫·古萨克（David Gussak）；感谢佛罗里达州立美术学院院长彼得·维沙（Peter Weishar）对该研究的支持，感谢他推动本书最终出版；她为能获得佛罗里达州立大学教师研究支持委员会（COFRS）批准拨付的研究经费深表感激，正是这笔经费为该项目提供了资金支持。安还感谢她的丈夫艾瑞克·拉夫在过去的一年半里身兼厨师、家务总管和人生导师等数职，在生活上为她提供的巨大支持。另外，我们还要感谢萨拉·古拉杰（Sarah Grainger）和摩根·西曼斯基（Morgan Szymanski），没有她们的通力协作、编辑和行政支持，我们将无法完成这个项目，感谢他们的辛苦付出。最后，我们感谢查尔斯·哈蒙选择"博物馆的系统思维"作为出版主题，并由罗曼和利特菲尔德公司接受并出版发行。

章节作者致谢

兰迪·科恩（Randi Korn）要感谢史蒂芬妮·唐尼（Stephanie Downey）对稿件深刻的评论，感谢阿曼达·克朗茨（Amanda Krantz）和凯西·西格蒙（Cathy Sigmond）用其视觉敏感度对图像发表的建议，感谢艾琳·林赛（Erin Lindsey）在准备出版手稿时仔细研读出版商准则。

保罗·鲍尔斯（Paul Bowers）、帕特里克·格林（Patrick Greene）及凯西·福克斯（Kathy Fox）要感谢维多利亚博物馆的工作人员为不断改进文化展览开发过程所做出的贡献。

道格·沃兹（Doug Worts）要感谢乔治亚·欧姬芙博物馆（Georgia O'Keeffe Museum）的工作人员，特别是馆长罗伯·克雷特（Rob Kret）及研究中心主任尤米·伊姆·斯特劳科夫（Eumie Imm Stroukoff），感谢他们对他 2014 年在博物馆获得研究奖学金期间给予的所有支持。

斯瓦鲁帕·阿尼拉（Swarupa Anila）、艾米·弗利（Amy Foley）和尼·夸克坡姆（Nii Quarcoopome）对他们在底特律艺术学院的同事表示衷心感谢，感谢他们愿意改变制度实践，在博物馆体验中多以参观者为中心思考问题。

苏珊·曼（Susan Mann）希望向她的丈夫迈克尔表达她的爱意和感激。

阿娜·弗拉维亚·马查多（Ana Flavia Machado）、迪欧米拉·法利亚（Diomira MCP Faria）、斯贝拉·迪尼兹（Sibelle C. Diniz）、芭芭拉·帕里欧托（Bárbara F. Paglioto）、罗德里格·米歇尔（Rodrigo C. Michel）和盖布里尔·梅洛（Gabriel Vaz de Melo）要感谢巴西国家研究机构（CNPq）和巴西米纳斯吉拉斯州研究机构（FAPEMIG）对他们研究的支持。

目录

第一部分　关于博物馆的系统思维 / 1

第 1 章　系统思维与博物馆生态系统 / 3

第 2 章　丈量博物馆的世界
　　　　　以系统方法的视角 / 27

第二部分　系统思维与博物馆功能 / 39

第 3 章　苏斯博士、系统与数字策略
　　　　　像博物馆人一样读懂系统思维 / 41

第 4 章　范式、以访客为中心的博物馆实践及系统思维 / 54

第三部分　系统思维在管理工作与领导力提升中的应用 / 69

第 5 章　意向性实践
　　　　　思维方式与工作方法 / 71

第 6 章　网络化博物馆中的领导者
　　　　　维多利亚州博物馆系统思维范例 / 87

第四部分　系统思维下的人力资源管理 / 103

第 7 章　企业风险管理和人才管理
　　　　　博物馆可持续发展的重要载体 / 105

第 8 章　文化相关性规划
　　　　　乔治亚·欧姬芙博物馆系统研讨会 / 120

第五部分　系统思维下的展览与项目 / 141
第 9 章　管理复杂多变环境下的展览策划 / 143
第 10 章　创建岛屿 / 156

第六部分　系统思维下的外部沟通 / 173
第 11 章　闭馆之后
社交媒体在博物馆转型与项目开发中的应用 / 175
第 12 章　公共物品评估
自由广场文化综合体案例中的系统思维 / 193

第七部分　系统思维下的社区参与 / 215
第 13 章　博物馆应成为社会发展的催化剂
鼓励社区参与的最佳实践 / 217
第 14 章　系统思维下以观众为中心的社区参与式释展规划 / 230

第八部分　系统思维下的筹资和财务可持续性 / 249
第 15 章　系统思维在博物馆可持续发展中的应用 / 251
第 16 章　21 世纪博物馆可持续筹资
全球古根海姆成功的幕后故事 / 267

第九部分　系统思维下的物理空间 / 285
第 17 章　第三只眼抑或第三场所？
系统思维下对博物馆物理空间的重新考量 / 287
第 18 章　博物馆参与式设计流程 / 305

第十部分　引入系统思维理论，创建学习型博物馆 / 321
第 19 章　系统思维下的博物馆研究教学 / 323
第 20 章　向学习型博物馆和系统智能化转型 / 340

编者与供稿者简介 / 348

第一部分
关于博物馆的系统思维

本书第一部分介绍系统思维的理论概念,并将博物馆确立为一个在更大环境系统之内的社会生态系统。因此,第一部分的两个章节为本书中的其他章节提供了广泛的理论依据和背景信息。本书包括十个部分,每部分的引言将通过以系统思维为基础的博物馆实践反例带入更多关于本部分内容的背景资讯,并深入介绍该部分的两个章节。这些反例借由一个虚构博物馆进行阐述,将呈现许多博物馆现今所面临的问题。

这个虚构的博物馆以真实博物馆为基础,在文中称为"某博物馆",位于美国一个中等城市的蓝领社区。某博物馆大约有15名全职工作人员,年度预算约为300万美元。它遵循传统博物馆管理模式,即自上而下、僵化、分隔的管理,并由馆长一人做出重大决策。它被大多数社区成员视为精英阶层的孤立机构,服务于传统的博物馆观众(富裕的、受过良好教育的白人),专注于陈列学术知识,缺乏适当的解释和说明,并被认为是一个会使社会经济地位较低的人群感到不自在的地方。因此,它不提供与当地民众和文化相关的服务(如展览和导览项目)。关于某博物馆更为详细的故事将在余下其他部分的引言中展开叙述,对其传统方法与等级结构所面临的挑战和失败进行剖析,最终导致的范式变化将在第十部分的引言中予以呈现。

作为系统思维及全书的导论部分，本书编辑郑柳河（Yuha Jung）及安·罗森·拉夫（Ann Rowson Love）在第 1 章中讲述了她们是如何对该理论产生兴趣，进而促成本书出版的，通过列举多种理论及学者观点深入阐述系统思维，并简要描述"基于系统思维的博物馆实践"的特征。同时，本章节还阐释了本书的组织架构，介绍了每一章的内容。

第 2 章的作者内维尔·瓦卡里亚（Neville K. Vakharia）通过商业生态系统与网络的概念，阐述了博物馆作为一个生态系统而存在的理论概念。为测算美国博物馆生态系统的范围和规模，他创建了博物馆宇宙数据库（Museum Universe data File），全面收集美国博物馆数据，拓宽博物馆定义，提供更新更准确的博物馆数据。为了方便该数据库的使用，他还创建了一个名为"博物馆数据"（MuseumStat）的网页工具，在数据库中搜索特定博物馆后，该工具可提供该博物馆相关社区的数据资料。通过数据库与网页工具的结合使用，可真正理解博物馆在多元化社区中所起到的作用。

第1章 系统思维与博物馆生态系统

郑柳河　安·罗森·拉夫

本书由两位主编郑柳河、安·罗森·拉夫及世界各地多位作者、多家博物馆共同完成，书中对系统思维如何在博物馆实践中发挥作用进行了探讨，涵盖了十九组作者（包括主编在内）的观点和看法。他们有些是学者、顾问，有些是教育者、博物馆从业者或毕业生。系统思维或系统理论可以简单概括为：整体大于其各部分之和。系统思维认为世界是开放的，与世界各地相互联系、相互依存；各部分处于整体环境之中，塑造整体。通过研究各部分之间的动态相关性，可以更好地理解这一点[①]。

我们的假设是，区隔的、等级分明的传统博物馆系统是封闭的、停滞的、维持现状的。如果博物馆能以开放、活跃、善于学习的状态进行运作，未来将得到更好的发展。在系统思维中，"系统"（system）一词并不是指机器（machine）（如计算机系统）或

[①] Fritjof Capra, *The Web of Life: A New Scientific Understanding of Living Systems* (New York: Anchor, 1996); Gregory bateson, *Steps to an Ecology of Mind* (Chicago: University of Chicago Press, 2000); Donella Meadows, *Thinking in Systems: A Primer* (White River Junction, VT: Chelsea Green, 2008); Peter Senge, *The Fifth Discipline: The Art and Practice of the Learning Organization* (New York: Doubleday, 1990).

受控机制（controlled mechanism）（如政府系统），因此不能等同于狭义上的系统①。它指的是一个复杂的、相互依存的、开放的网络，它将处在不断变化的社会、文化和自然环境中的人、事、物连接起来②。虽然系统思维的概念相对简单，但将其应用到博物馆日常运营和管理中并非易事，需要转换思维模式，创造机遇，迎接挑战。本书也将提到部分应用系统思维的方法与案例。我们希望借本书达成三个目标：第一，我们希望向博物馆从业者、研究人员和学生群体介绍应用于博物馆领域的系统思维概念；第二，我们希望通过博物馆实例详细阐述这种新模式的实际意义，同时分析解释各个切入点方案的可行性；第三，我们会提出在博物馆工作中应用系统思维的具体方法，希望更多博物馆能加入系统思维的行列，成为更有价值且更具可持续性的机构。

大量文献综述表明，较少专家学者在博物馆框架下对系统思维进行研究讨论③，且其中大多数讨论偏理论性质，缺乏在现实环境中对理论的应用。达伦·皮考克（Darren Peacock）以系统

---

① Peter Checkland, "Soft Systems Methodology: A thirty year Retrospective," *Systems Research and Behavioral Science* 17, no. S1 (2000): 11-58.
② Peter Senge, "being better in the World of Systems," speech at the 30th Anniversary Seminar of the Systems Analysis Laboratory, Aalto University, Finland, November 2014, https://www.youtube.com/watch?v=0QtQqZ6Q5-o; Sally Helgesen, *The Web of Inclusion: A New Architecture for Building Great Organizations* (New York: Doubleday, 1995).
③ Michael A. Fopp, *Managing Museums and Galleries* (London: Routledge, 1997); Yuha Jung, "The Art Museum Ecosystem: A New Alternative Model," *Museum Management and Curatorship* 26, no. 4 (2011): 321-38; Kiersten F. Latham and John E. Simmons, *Foundations of Museum Studies: Evolving Systems of Knowledge* (Santa barbara, CA: Libraries Unlimited, 2014); Peacock, Darren, "Making Ways for Change: Museums, disruptive technologies and Organisational Change," *Museum Management and Curatorship* 23, no. 4 (2008): 333-351.

思维比喻博物馆的组织，有助于理解变化的复杂性，紧迫性及混乱程度，这些变化不仅发生在组织内部，还包括外部环境的变化[1]。因此，掌握整体性的综合组织理论对博物馆而言至关重要，这可以帮助他们提高内部组织效率及对外社会关联度。罗伯特·简斯（Robert Janes）的《博物馆与变化的悖论》（*Museums and the Paradox of Change*）是一本关于葛伦堡博物馆（Glenbow Museum）改造的深度案例研究，是目前最为全面的系统思维博物馆实例研究[2]。作为博物馆管理的重要工作之一，此书记录了面临改革的重重困难时，葛伦堡博物馆根据学习型机构组织模式及鼓励权力下放和持续学习的集体领导模式来进行改造升级的过程[3]。与葛伦堡博物馆一样，更多的博物馆和专业人士正在将系统思维与实践相结合，如尝试柔性管理、有机管理等管理模式，搭建重视思想的组织模式，抛弃传统的等级制度和区隔化管理[4]。罗伯特·简斯提出的"留心的博物馆"（Mindful Museum）认为，博物馆应更加关注社区，加强各部门与观众之间的联系。他提出，在博物馆面对不断变化的观众需求

---

[1] Peacock, "Making Ways for Change."

[2] Janes, Robert R., *Museums and the Paradox of Change* (Abingdon, UK: Routledge, 2013).

[3] Ibid.

[4] Anne Bergeron and Beth Tuttle, *Magnetic: The Art and Science of Engagement* (Washington, DC: American Alliance of Museums, 2013); Robert R. Janes, *Museums in a Troubled World: Renewal, Irrelevance or Collapse?* (Abingdon, UK: Routledge, 2009); Gail Lord and Ngaire Blankenberg, *Cities, Museums, and Soft Power* (Washington, DC: American Alliance of Museums, 2015); Kevin Moore, "Introduction: Museum Management," in *Museum Management*, ed. Kevin Moore (London: Routledge, 1994), 1-14.

时，应尽早施行新的机构管理和组织方式。①

本书旨在通过填补理论与实践之间的空缺，提供执行的案例和资源，以确定这些新方法的诞生和效益。这些新方法推动了基于系统思维的范式转变，并为博物馆批判性思考现行实践提供洞见与先进经验，希望同行可将这些经验放置于自身背景中加以修改提升，以满足自身博物馆和社区的需求。

下面，我们将讨论我们是如何对这一理论产生兴趣和本书概念是如何成型的，并深入阐释系统思维这一重要概念，包括对我们的理解产生重要影响的理论家和学者，我们也将详细描述系统思维博物馆究竟是什么样的。最后，我们将说明本书的组织构成，并简要介绍每章内容。

系统思维的探索过程

在本节中，我们将分享在博士学习期间探索系统思维的过程，也正是这段相互协作研究的过程促使了本书的形成。

郑柳河的探索过程

我是在构思博士论文理论架构的时候偶然接触到系统思维这一概念的，当时我正在宾夕法尼亚州立大学攻读博物馆教育和管理的博士学位②。我的导师查尔斯·葛罗安（Charles Garoian）③ 建议我阅读著名系统理论家及控制论学者格雷戈里·贝特森

---

① Robert R. Janes, "The Mindful Museum," *Curator* 53, no. 3 (2010): 325-338.
② 郑柳河的最终学位是艺术教育，但是她专门从事艺术博物馆教育和管理。
③ 查尔斯·葛罗安是宾夕法尼亚州立大学视觉艺术学院艺术教育教授。

(Gregory Bateson)撰写的《迈向心智生态学之路》(*Steps to an Ecology of Mind*)一书①。这本书帮助我理解几乎所事物都是一个由事物本身与互动关系网络组成的开放系统,而人类思维的运作方式也几乎相同。贝特森在书中也展示了这种思想是如何应用到不同学科（如社会学及组织研究）当中的。

之后，我尊敬的导师大卫·艾比兹（David Ebitz）②向我推荐了《第五项修炼：学习型组织的艺术与实践》③一书。拜读过后,我对应用于组织的系统思维理解更加透彻。当我们想到组织机构,会想到它是由人所经营的,并且是大环境中的一部分,这也就意味着博物馆,这个组织机构,也是一个开放的系统,并且受到其内部和外部行为的影响。我认为,不同博物馆之间应建立起开放的、互联互通的系统,并鼓励其成为学习实体（learning entity）④。但是,博物馆文献一般不针对或不利用组织和组织行为学（organizational research and behaviour）进行研究。因此,我希望能填补这一研究空缺,将已有理论串联起来。最终,在我的博士论文中,我将系统思维作为理论框架,用以讨论美国中西部某艺术博物馆的相关问题。该博物馆即我所认为的传统博物馆,所有部门相互分隔,独自完成工作,没有团队合作,管理缺乏凝聚力,无法产出整体的展览和项目。这种结构导致博物馆的

---

① Bateson, *Steps to an Ecology of Mind*.
② Senge, *Fifth Discipline*.
③ 大卫·艾比兹是保罗·盖蒂博物馆（J. Paul Getty Museum）的前教育主管,也是约翰与梅布尔瑞林艺术博物馆（John and Mable Ringling Museum of Art）的馆长。当郑柳河见到他时,他是宾夕法尼亚州立大学视觉研究学院的副教授。他在很大程度上帮助了郑柳河的研究,郑柳河对他感激不尽。
④ Senge, *Fifth Discipline*.

工作文化是孤立的、不协作的,也无法体察和关注社区所关心的问题,无法回应社区给予博物馆的期待。相反,博物馆决定了社区的所需所想。

在我的研究及随后的出版物①中,博物馆工作人员肯定了团队合作的重要性,并同意建立与社区的合作伙伴关系对博物馆是有益的。我提出了两种系统方法,但却无法在日常实践中充分实施。原因可能在于该博物馆不是一个健康的、不断发展的学习型机构,也可能还有其他影响因素。博物馆遵循着已有传统,并将其接受为业内标准执行,而不是辩证批判地探讨大环境对博物馆所产生的影响、博物馆内各部分间的相互交流以及与社区的相互联系。由于封闭,博物馆吸引的群体通常是富裕且受过良好教育的白人,也就是所谓社区成员中的精英人群,该人群对博物馆保持时间和金钱上的关注和支持,博物馆获得关注后势必对所吸引群体持续关注,这更加强了博物馆的封闭性。这样的循环更加固化了博物馆与社区小部分精英人士的封闭系统。为扩大与更广泛社区的互联互通,我提出具象博物馆管理、模仿互联网络结构的方法,并研究了卡普拉(Capra)提出的生态系统概念,探讨了博物馆、其部门和员工、相关社区及其外部环境应如何共存,从而形成一张生活网络②。在这项研究之后,我得出结论:许多博

---

① Jung, "the Art Museum Ecosystem"; Yuha Jung, "building Strong bridges between the Museum and its Community: An Ethnographic Understanding of the Culture and Systems of One Community's Art Museum," *International Journal of the Inclusive Museum* 6, no. 3 (2014): 1-11; Yuha Jung, "Micro Examination of Museum Workplace Culture: How institutional Changes influence the Culture of a Real-World Art Museum," *Museum Management and Curatorship* 31, no. 2 (2016): 159-177.

② Capra, *Web of Life*.

物馆，包括研究中的这所博物馆在内，都需要转变组织结构和工作文化，更加重视合作，扩大与社区的沟通，增强机构学习能力，来创造一个与传统不同的新形象，使博物馆能作为具有包容性和相关性的机构被更多公众所接受。

安·罗森·拉夫的探索过程

和郑柳河一样，我也是在博士学习阶段第一次接触系统思维。当时我在佛罗里达州立大学攻读艺术教育博士学位，就读期间获得了项目评估资格证书。在读博之前，我在不同艺术博物馆工作了十五年，担任过博物馆教育推广、策展人、博物馆管理者等。我还担任过一所国家艺术教育中心的发展促进专员和课程专家①。在我的从业生涯中见到过一些博物馆不停重复采用旧方法，企图得到新结论。以我丰富的项目经验和评估背景来看，原因应来自于缺乏以新模型为理论基础的变革实践。我一直认为组织机构的改革应以实践为基础，系统思维在这一点上与我保持一致，都认为共同学习、团队合作、共同领导及战略社区的参与对组织机构规划和变革有着重要推动作用。彼得·圣吉（Peter Senge）② 来自商业管理实战经验的观点，也概括并理论化了我所认为的博物馆作为学习型组织应该做到的内容和要求。

---

① 在她25年的职业生涯中，安在美国中西部和东南部的小型、中型和大型艺术博物馆都工作过，包括堪萨斯大学的斯宾塞艺术博物馆；乔治亚州奥古斯塔的莫里斯艺术博物馆；堪萨斯城的纳尔逊-阿特金斯艺术博物馆；以及新奥尔良的奥格登南方艺术博物馆。她还指导田纳西大学查塔努加分校东南艺术教育中心的视觉艺术研究所。

② Senge, *Fifth Discipline*.

刚开始论文研究的时候，我的导师和博士委员会主席帕特·维伦纽夫（Pat Villeneuve），后者同时也是本书第4章的共同作者之一，鼓励我针对自己的研究领域，即展览开发期间的策展合作，搭建一个理论框架，这样可以帮助我更好地理解和开展学术研究。虽然我对彼得·圣吉的理论十分感兴趣，但我更希望找到一种评估方法。海莉·波里斯基（Hallie Preskill）和罗莎莉·托雷斯（Rosalie Torres）全面介绍了一种项目评估方式，适用于各类将自己界定为学习型组织的机构①。这种评估方式早在1999年就出现在他们出版的《组织中学习系统的评估式探究》（*Evaluative Inquiry for Learning in Organizations*）一书中，但我在2007年的实际应用中才读到这种方法。当时我正准备研究一个策展团队，我也是团队中的一名共同学习者和推动者。与彼得·圣吉在《第五项修炼：学习型组织的艺术与实践》中所提出的想法一样②，它虽不能被称为理论框架，但却可以作为一种项目评估方法，应用于规划机构文化改革和应用协作学习中。这样的方法结论是通过团队合作、共享对话、不断反思和将想法付诸实践这样反复循环的学习过程来实现的。

在撰写毕业论文的同时，我还是一所中西部大学的博物馆学硕士课程的创始人和课程负责人，这使我能够将系统思维融入对博物馆研究新生人才的培育当中③。我希望看到系统思维在实践中的应用，并向学生们展示其过程。在担任博物馆学课程负责人

---

① Hallie Preskill and Rosalie Torres, *Evaluative Inquiry for Learning in Organizations* (Thousand Oaks, CA: Sage, 1999).
② Senge, *Fifth Discipline*.
③ 从2008年到2014年，安是西伊利诺伊大学四大城市研究生博物馆研究的创始主任。该项目位于爱荷华州达文波特的菲格艺术博物馆。

的六年后,我回到佛罗里达州立大学,协助开设一门新的硕士和博士课程,这门课程把博物馆教育与以参观者为中心的展览相结合,属美国该类型学科首例,是目前博物馆研究领域唯一一门博士课程。我与帕特·维伦纽夫合作创造了"教育策展人"(edu-curator)一词,用以体现教育与展览之间交融、交互的功能①。我们的教育策展理念(edu-curation)来源于安妮·史蒂芬斯(Anne Stephens)所阐述的女性生态主义系统理论②。女性生态主义系统方法着重在包容边缘化观点及促进社会行动。我们将这一理论应用于博物馆领域,力求在推广教育策展理念的过程中,有更多来自业内专业人士的见解和观点可以得到倾听和关注。

本书的探索过程

我们初次见面是在2010年土耳其伊斯坦布尔举行的一次博物馆会议上。会上,双方都就自身对博物馆系统思维的研究进行了展示③。我们对系统思维的共同兴趣开启了之后多年的合作与探讨。我们对系统思维理论保持深度的研究,但意识到,即使在不断增加的文献阅读中,关于实践中的系统思维的内容仍然少见。因此,我们决定将业内学者和专业人士聚集在一起,编撰一本这样的书籍,帮助填补这一空白,同时也为专业人士、研究人员和学生提供有益资源。博物馆从业者并不需

---

① Pat Villeneuve and Ann Rowson Love, *Visitor-Centered Exhibitions and Edu-Curation in Art Museums* (New York: Rowman & Littlefield, 2017).
② Anne Stephens, *Ecofeminism and Systems Thinking* (New York: Routledge, 2013).
③ 编辑们第一次见面是在土耳其伊斯坦布尔的包容性博物馆国际会议上。

要等到参加硕士课程才开始考虑理论对实践的影响，但许多人都是接触到学术研究之后才有时间真正思考这一点的，我们也是一样。这本书将作为人们不需就读高级理论课程就可以接触博物馆新模式的桥梁，并允许读者在实践中应用这些理论，使自己管理的博物馆变得更具包容性、反馈更加积极、联系更加紧密。

了解系统思维

书中的作者在他们的博物馆实践中应用了多种系统理论。系统思维在博物馆研究相对较新，但对现象的理解和研究方面已存在数十年。因为其在生物学领域的渊源，系统思维理论在公共领域和非营利部门的商业管理和组织理论中得到推广和普及，许多学者如罗素·艾可夫（Russell Ackoff）、贾姆西德（Jamshid Gharajedaghi）、约翰·赛登（John Seddon）和彼得·圣吉等都阐述过相关观点[1]。它在信息技术、控制论和工程领域也得到了大量使用和开发。或许对系统思维最好的描述方式就是如理论生物学家贝塔朗菲（Ludwig von Bertalanffy）[2] 所述，将其定义为一种世界观或

---

[1] Russell L. Ackoff, *Systems Thinking for Curious Managers: With 40 New Management F-Laws* (Axminster, UK: Triarchy, 2010); Jamshid Gharajedaghi, *Systems Thinking: Managing Chaos and Complexity: A Platform for Designing Business Architecture* (Burlington, MA: Morgan Kaufmann, 2011); John Seddon, *Systems Thinking in The Public Sector: The Failure of the Reform Regime and a Manifesto for a Better Way* (Axminster, UK: Triarchy, 2008); Senge, *Fifth Discipline*.

[2] Ludwig von Bertalanffy, "The History and Status of General Systems Theory," *Academy of Management Journal* 15, no. 4 (1972): 23-29.

模型，而不是单一学科中的封闭理论。

贝塔朗菲①在 20 世纪 30 年代将一般系统思维（general systems thinking）概念化，并在其整个职业生涯中对其进行了进一步的阐述。在一般系统思维中，各部分的总和不再代表整体，这些复杂的系统也无法如科学传统中经典的还原论所假设的被完全理解为分隔的各部分之和②。"还原论通过将现象分解为各部分之组合的方法来产生对其的认知和理解，而后根据因果关系对分解后的简单要素进行研究。"③ 为了达到充分理解，我们必须对整体和其中相互关联的各个部分进行研究，同时也要注意内部和外部变化。当我们通过系统思维的视角来看博物馆时，它是一个由许多相互关联的部分所组成的网络系统，它们之间的相互关系决定了博物馆的性质，不同博物馆的系统又因具体情况的不同而各不相同。

20 世纪 40、50 年代，实证主义影响了系统思维的发展。这种系统思维科学和定量的传统被称为硬系统思维（hard systems thinking），也被认为是系统思维的第一阶段④。硬系统思维假设世界上存在一些系统，这些系统有时无法良好地运转。在这样的情况下，硬系统思维认为无法良好运转的系统可以通过正确的工

---

① Ludwig von Bertalanffy, *Modern Theories of Development: An Introduction to Theoretical Biology* (Oxford: Oxford University Press, 1933); Von Bertalanffy, "General Systems Theory."
② Von Bertalanffy, "General Systems Theory."
③ Robert Louis Flood, "The Relationship of 'Systems Thinking' to Action Research," *Systemic Practice and Action Research* 23, no. 4 (2010): 269.
④ Anne Stephens, Chris Jacobson, and Christine King, "Towards a Feminist-Systems theory," *Systemic Practice and Action Research* 23, no. 5 (2010): 371-386.

程学来修复①。硬系统思维并不等同于封闭系统。它仍然将系统理解为开放的、与外部环境相互影响的。根据封闭系统的定义，其在系统思维中不做讨论，且全球鲜有全封闭的系统。

系统思维发展的第二阶段出现在20世纪70年代，并接触到了更多具有解释性、主观性和参与性的模型②。系统思维发展的第二阶段挑战了等级权力结构，并着重关注从系统各部分及系统参与者处获得的反馈③。软系统思维（soft systems thinking）代表了系统思维的第二阶段，并假设世界"非常复杂、充满问题、极其神秘"④。为了理解复杂的世界及其所产生的问题，在软系统思维中，系统一词应用于理解和解决问题的整个过程⑤。由于没有一套既有的或是客观的问题解决系统，且每个问题都具有特殊性，需要联系前因后果才能得出答案，因此这个过程就被称为学习系统⑥。系统思维的第三阶段在过去二十年中不断发展，意义也最为重要。它的观点体现在批判系统思维和女性主义系统思维当中，认为边缘化的观点应得到重视，并对社会进步、压迫问题及性别议题等保持关注⑦。

虽然本书中的章节主要使用系统思维第二和第三阶段的理论，但硬系统思维可作为分析过去商业活动社交网络的实用概念工具，这在苏珊·曼（Susan Mann）所写的第15章中有所应

---

① Checkland, "Soft Systems Methodology."
② Stephens, Jacobson, and King, "Towards a Feminist-Systems Theory."
③ Ibid.
④ Checkland, "Soft Systems Methodology," 17.
⑤ Ibid.
⑥ Ibid.
⑦ Stephens, Jacobson and King, "Towards a Feminist-Systems Theory."

用。此外，大多数章节都使用了在工商管理和组织理论中常用的系统思维理论。比如，本书中的许多章节都使用彼得·圣吉的系统思维观点，或与其观点保持一致，将组织及其流程视为开放的有机系统，并认同学习型组织应该是"一个人们不断增强创造所想结果之能力的地方，一个培育崭新的、辽阔的思维版图的地方，一个集体的期望得到释放的地方，一个人们可以不断学习如何共同学习的地方"①。学习型组织应承认组织是复杂的，是相互联系的，是可以通过团队学习、共享愿景、权力下放和无阶级结构进行更好管理的②。

当博物馆以系统思维为基础进行运营时，它拒绝分隔化和单一机械系统，鼓励采用有机和团队合作的模式来管理博物馆，与社区内外共享观点想法。这使得博物馆更具包容性，反馈更加积极，可操作更多相关实践。此外，人员和部门的等级制度，僵化的控制支配结构③，被所有参与方都得到平等对待、所有观点和投入都能进入最终决策过程的网络系统所替代。例如，艺术博物馆并不存在于真空当中，在经济、文化、政治、教育和社会系统方面，它必然是更大社区的一部分④。因此，它提供的服务和项目往往更以参观者为中心，而不仅仅以博物馆为中心；它的内容应能反映参观者的观点，并尝试成为对更大社区有用且相关的一部分。同时，博物馆内也存在着相互关联。博物馆的所有工作人员都是相互联系、相互依存的，所有部门

---

① Senge, *Fifth Discipline*, 3.
② Ibid.
③ Capra, *Web of Life*.
④ Jung, "The Art Museum Ecosystem"; Jung, "Building Strong Bridges."

共生共存以期达成博物馆的共同使命和愿景。若忽略这些联系（即将博物馆视为封闭系统），或未成功利用这些联系，很可能会造成博物馆运转不良。拒绝将资源用于统一目标，或忽略其与更大社区的联系，或无法将所有个体参与者的不同背景和想法的效益最大化，都将导致以上结果，从而变为公众认为缺乏相关性的组织，甚至被认为是只有精英阶层才会接触的组织。等级分明或机械的博物馆仍然在较大范围的社会生态系统中存在，并且本身组成一个系统，只是并非一个健康的系统。一个不健康的生态系统可能导致博物馆运营失败，极端情况下将可能导致永久关闭。

本书的组织结构

在概念化这本书内容的时候，我们想要囊括从博物馆功能出发所展开的博物馆实践案例。我们依据不同的切入领域来组织本书内容，认为博物馆可以从任意领域着手应用系统思维，并最终扩展到整个博物馆。这些领域包括管理结构和领导层、人事管理、相互沟通、展览和项目、社区参与、筹款和财务可持续性、物理空间以及未来博物馆人才储备等。虽然我们将章节划分为各部分，但我们并不认为这些切入领域或管理功能是各自独立的。实际上，它们都是相互关联的。本书共有十个部分，每部分介绍一类切入点，每部分包含两章，将展示系统思维是如何应用于该领域，并影响博物馆内部及外部的其他部分。

有时，反例是一种相对尖锐的说明观点的具体方式。在书中叙述一个错失的良机、一次失败的运营，这对读者可能会产生更大的震动和反思,引发对机会和成功策略的思考①。因此,我们决定用郑柳河所写的案例研究来介绍每个部分,展示出一个不太成功的、试图解决一些当代问题的虚构博物馆形象。这对许多读者而言是一个相对熟悉的场景,特别是它基于一个真正的博物馆提炼出来。这个虚构博物馆代表了分隔的、等级的和受控的博物馆管理系统和结构。这也是学习型组织的一个反例。这个博物馆将在每部分的介绍中被简称为"某博物馆"。

本书每部分末"采取行动"(taking action)的内容中都会包含案例反思,由安撰写。博物馆团队或学生可以依照这一主题进行一系列的活动。作为一名专业的博物馆发展促进者和职业教育者,安长期以来乐于在阅读中提出反思和引起积极参与,与他人一起尝试,因此设置了这样一项内容。根据每章内容,她将对章节内容进行总结,提出反思和务实问题以及行动步骤,提供实践机会,帮助人们通过实践和挑战对系统思维产生更深刻的理解。共同学习和基于团队的反思要求读者变得更加积极而不是越来越被动。

本书部分及章节介绍

本章从第一部分开始,介绍系统思维的特点和不同理解。第2章由内维尔·瓦卡里亚撰写,也是本部分第二节内容。他提出了一个更广泛的概念,即博物馆是一个生态系统。利用商业生态

---

① Patrick Lencioni, *The Five Dysfunctions of a Team: A Leadership Fable* (San Francisco: Jossey-Bass, 2002). This book is good example of a business leadership story told through powerful non-examples.

系统的概念，瓦卡里亚将博物馆外部社区的广泛影响纳入考量之中，并展示了博物馆领域是如何组成一个网络的，这个网络又是如何成为更大社会生态系统的一部分的。他绘制了包含博物馆规模和数量的地图，并将这些数据制作成工具（MuseumStat），用于了解当地社区，以便提供更高相关性的服务。

在第二部分，我们将两个探讨相似观点的章节放在一起，这两章提出了关于系统思考理论向实践逐渐靠拢的观点。博士生维多利亚·尤迪（Victoria Eudy）是第 3 章的作者，她展示了一位行业新人在职业生涯中逐渐理解系统思维的过程和观点。她在文中以生动活泼又言简意赅的语言，采用诸多流行文化比喻如苏斯博士和披头士文化，对她自己的重点研究概念和理论实践进行了阐述。在第 4 章中，帕特·维伦纽夫和宋姝妍（Juyeon Song）介绍了在博物馆实践中通向范式变化的道路。他们采用切克兰德（Checkland）的软系统方法来为博物馆变革和规划的可行性进行建议。

之后我们进入不同的博物馆功能区。在第三部分，我们关注管理结构和领导层。兰迪·科恩（Randi Korn）在第 5 章强调，在博物馆管理、规划、评估、反映和调整工作中应有意图地进行反思实践，以实现对受众的有意影响，并采取学习型组织不断反思和不断改进的态度。在第 6 章，来自澳大利亚国家博物馆的帕特里克·格林（Patrick Greene）、保罗·鲍尔斯（Paul Bowers）和来自维多利亚博物馆的凯西·福克斯（Kathy Fox）将在领导、管理结构、组织文化方面畅谈方法论和经验，他们所探讨的组织文化包括重视集体愿景、相互信任、授权领导和授权团队。

第四部分讨论博物馆如何在人员发展和培训中应用系统思维，并最终影响整个博物馆的变革。在第 7 章中，艾米·吉尔曼（Amy Gilman）和林恩·米勒（Lynn Miller）谈到俄亥俄州的托莱多艺术博物馆（Toledo Museum of Art）是如何采用系统思维进行企业风险管理和人才管理，以培养更多敬业的员工和使组织更加可持续化发展的。道格拉斯·沃兹（Douglas Worts）在第 8 章讨论了他是如何在新墨西哥州圣达菲的乔治亚·欧姬芙博物馆（Georgia O'Keefe Museum，GOKM）举办可持续发展研讨会，以提高博物馆与周围社区的文化相关性。

第五部分将探讨两种不同的应用于展览开发的系统思维方法。两者都融合了策展和教育的作用，同时融入了社区。卡洛琳·安琪儿·伯克（Caroline Angel Burke）和莫妮卡·帕克·詹姆斯（Monica Parker-James）在第 9 章中将团队方法应用到了波士顿科学博物馆科学中心及波士顿爱德华肯尼迪参议院研究所（Edward M. Kennedy institute for the Senate）的大型展览项目发展当中。在第 10 章，科拉·费舍尔（Cora Fisher）和黛博拉·兰道夫（Deborah Randolph）解释了他们是如何使用巴克明斯特·富勒（Buckminster Fuller）的系统方法在北卡罗来纳州温斯顿-塞勒姆的东南当代艺术中心（Southeastern Center for Contemporary Art）开展社会包容性和集体艺术展览和社区参与计划。

第五部分侧重于应用于博物馆与外部社区沟通交流的系统思维方法。乔纳森·帕克特（Jonathan Paquette）和罗宾·尼尔森（Robin Nelson）在第 11 章探讨了当博物馆物理空间因各种原因而暂时关闭（例如改造升级），博物馆将如何利用社交媒体与他们的社区进行沟通的问题。作者利用开放系统、去杠杆概念及瓜塔里（Guattari）的去地域化思想，分析了七个博物馆社交媒体运营的案例，并得出结论称这些策略可用于传播制度变革和转型，塑造社区对博物馆的看法。在第 12 章，阿娜·弗拉维亚·马查多（Ana Flavia Machado）、迪欧米拉·法利亚（Diomira MCP Faria）、斯贝拉·迪尼兹（Sibelle C. Diniz）、芭芭拉·帕里欧托（Bárbara F. Pagliotto）、罗德里格·米歇尔（Rodrigo C. Michel）和盖布里尔·梅洛（Gabriel Vaz de Melo）分享了他们对巴西文化综合体 Circuito Liberdade（CL）的研究。为了了解访问者和非访问者对 CL 的看法，并将他们的反馈意见纳入改进 CL 的管理和计划当中，作者对访问者和非访问者进行研究。他们建议定期进行这些研究，了解参观者和非参观者，及其文化习惯，并将这些发现纳入实践中，这可以帮助文化机构不断学习、不断改进。

第七部分分享博物馆，在以深刻而有意义的方式与社区进行交流时可采取的系统思维策略。第 13 章中，吉多·费里莉（Guido Ferilli）、森地·吉拉蒂（Sendy Ghirardi）和皮尔·路易吉（Pier Luigi Sacco）撰写的文章表明，博物馆全年的社区参与实践，成了当地社区发展当地文化、解决社会问题的文化中心和重要资产。他们分享了以色列耶路撒冷博物馆和意大利都灵利沃里城堡博物馆（Castello di Rivoli）社区参与的两个成功案例，并使用行动工作流模型进一步分析这些案例，将博物馆的参与过程解释为稳态互动产生无形资产。斯瓦鲁帕·阿尼拉（Swarupa Anila）、艾米·弗利（Amy Foley）和尼·夸克坡姆（Nii Quarcoopome）在第 14 章中分享了底特律艺术学院（Detroit Institute of

Arts）重新纳入亚洲收藏板块以吸引社区参与的过程。该过程以团队为基础，以参观者为中心，让社区成员作为付费顾问参与其中进行思考和设计。

在第八部分，两位作者分别讨论了系统思考如何用于筹款和财务可持续性。一位讨论某家博物馆由于错失了资金和支持性联系的机会而永久闭馆的案例，另一位则讨论了国际上这方面的成功模型。苏珊·曼在第15章中使用博弈论的硬系统思维方法来说明，当博物馆形成一个封闭系统时，就将失去扩大筹款关系和社区资源的机会。在第16章，纳塔利娅·格林齐瓦（Natalia Grincheva）分析了古根海姆基金会（Guggenheim Foundation）成功的全球模式，其被视为一个开放的网络系统，世界上有许多分支机构，能充分利用外部环境特别是经济和新自由主义的筹款趋势。通过仔细研究毕尔巴鄂分支机构（Bilbao Branch），她展示了外部环境对博物馆筹款的影响以及博物馆对当地经济的影响。

在第九部分，我们探讨了系统思维如何有助于重新思考博物馆的物理空间。安·罗森·拉夫和摩根·西曼斯基（Morgan Szymanski）撰写了第17章，探讨博物馆中不断变化的空间概念。它们将第三只眼睛的适用性（安静的沉思空间）与博物馆空间中的第三位（社区的活跃空间）并置，并讨论第三位的特征如何与女权主义系统思维相结合，使空间的重新概念化向更加包容和更符合社会变革的方向发展。他们用两个例子——伦敦泰特现代美术馆的交流处和明尼苏达州韦斯曼艺术博物馆的创意合作工作室，来展示他们采用的女权主义制度思想（第三方原则）是如何应用于博物馆空间的。在第18章中，汤姆·

邓肯（Tom Duncan）运用系统思维来说明访客体验也是一个系统，而且这是一个在改造过程中通过参考访客建议提升访客体验的项目，他的案例来自重新设计的德国明斯特兰遗址Vischering Castle。作为改造过程的建筑师和顾问，他与现场的项目团队及志愿者导游进行了一系列创新会议，会议参与者通过角色扮演、访客情感映射的方式，从访客的角度进行思考。第十部分是本书的结论部分，包含两章。第19章由基尔斯滕·莱瑟姆（Kiersten F. Latham）和约翰·西蒙斯（John E. Simmons）撰写，讨论包括内容和教学方法方面的系统思维理论应如何应用于博物馆教学研究当中。讨论主要集中在美国肯塔基州立大学的图书馆和信息科学学院。该计划旨在帮助学生全面了解作为系统的博物馆及其社会背景。这种方法有助于教育和培养未来的博物馆人才和学者，使他们成为系统思维的应用者，他们将博物馆理解为开放系统，可以带来更健康的博物馆生态。第20章由郑柳河撰写，她对本书进行了总结，概述了章节中共同使用的系统思维的概念和观点，并探讨了未来博物馆实践、培训和研究的更多可能。

系统思考反映了博物馆日常实践的变化和基础理论方法，从共享领导地位、网络结构、团队员工互动，到深入的社区参与等。本书提供了探索实践理论的敲门砖，同时提供了产生博物馆变革的工具。我们希望这种新的博物馆模式能够带来不同的组织结构和工作文化，从而为这些博物馆及社区带去有益影响，并期待其成为具有包容性、反应积极、可持续的学习型博物馆。

参考文献

Ackoff, Russell L. *Systems Thinking for Curious Managers: With 40 New Management F-Laws*. Axminster, UK: Triarchy, 2010.

Bateson, Gregory. *Steps to an Ecology of Mind*. Chicago: University of Chicago Press, 2000. Bergeron, Anne, and Beth Tuttle. *Magnetic: The Art and Science of Engagement*. Washington, DC: American Alliance of Museums, 2013.

Capra, Fritjof. *The Web of Life: A New Scientific Understanding of Living Systems*. New York: Anchor, 1996.

Checkland, Peter. "Soft Systems Methodology: A thirty year Retrospective." *Systems Research and Behavioral Science* 17, no. S1 (2000): 11-58.

Flood, Robert Louis. "The Relationship of 'Systems Thinking' to Action Research." *Systemic Practice and Action Research* 23, no. 4 (2010): 269-284.

Fopp, Michael A. *Managing Museums and Galleries*. London: Routledge, 1997.

Gharajedaghi, Jamshid. *Systems Thinking: Managing Chaos and Complexity: A Platform for Designing Business Architecture*. Burlington, MA: Morgan Kaufmann, 2011.

Helgesen, Sally. *The Web of Inclusion: A New Architecture for Building Great Organizations*. New York: Doubleday, 1995.

Janes, Robert R. "The Mindful Museum." Curator 53, no. 3 (2010): 325-338.

——. *Museums in a Troubled World: Renewal, Irrelevance or Collapse?* Abingdon, UK: Routledge, 2009.

Jung, Yuha. "The Art Museum Ecosystem: A New Alternative Model." *Museum Management and Curatorship* 26, no. 4 (2011): 321-338.

——. "Building Strong Bridges between the Museum and Its Community: An Ethnographic Understanding of the Culture and Systems of One Community's Art Museum." *International Journal of the Inclusive Museum* 6, no. 3 (2014): 1-11.

——. "Micro Examination of Museum Workplace Culture: How Institutional Changes influence the Culture of a Real-World Art Museum." *Museum Management and Curatorship* 31, no. 2 (2016): 159-177.

Latham, Kiersten F., and John E. Simmons. *Foundations of Museum Studies: Evolving Systems of Knowledge.* Santa Barbara, CA: Libraries Unlimited, 2014.

Lencioni, Patrick. *The Five Dysfunctions of a Team: A Leadership Fable.* San Francisco: Jossey-Bass, 2002.

Lord, Gail, and Ngaireblankenberg. *Cities, Museums, and Soft Power.* Washington, DC: American Alliance of Museums, 2015.

Meadows, Donella, *Thinking in Systems: A Primer* (White River Junction, VT: Chelsea Green, 2008).

Moore, Kevin. "Introduction: Museum Management." In *Museum Management*, edited by Kevin Moore, 1-14. London: Routledge, 1994.

Peacock, Darren. "Making Ways for Change: Museums, Disruptive technologies and Organisational Change." *Museum Management and Curatorship* 23, no. 4 (2008): 333-351.

Preskill, Hallie, and Rosalie Torres. *Evaluative Inquiry for Learning in Organizations*. Thousand Oaks, CA: Sage, 1999.

Seddon, John. *Systems Thinking in the Public Sector: The Failure of the Reform Regime and a Manifesto for a Better Way*. Axminster, UK: Triarchy, 2008.

Senge, Peter. "Being Better in the World of Systems." Speech at the 30th Anniversary Seminar of the Systems Analysis Laboratory, Aalto University, Finland, November 2014, https://www.youtube.com/watch?v=0QtQqZ6Q5-o.

———. *The Fifth Discipline: The Art and Practice of the Learning Organization*. New York: Doubleday, 1990.

Stephens, Anne. *Ecofeminism and Systems Thinking*. New York: Routledge, 2013.

Stephens, Anne, Chris Jacobson, and Christine King. "Towards a Feminist-Systems Theory." *Systemic Practice and Action Research* 23, no. 5 (2010): 371-386.

Villeneuve, Pat, and Ann Rowson Love. *Visitor-Centered Exhibitions and Edu-Curation in Art Museums*. Lanham,

MD: Rowman & Littlefield, 2017.

Von Bertalanffy, Ludwig. "The History and Status of General Systems Theory." *Academy of Management Journal* 15, no. 4 (1972): 23-29.

———. *Modern Theories of Development: An Introduction to Theoretical Biology*. Oxford: Oxford University Press, 1933.

第 2 章　丈量博物馆的世界

以系统方法的视角

内维尔·瓦卡里亚

博物馆是为了达成多个目的和服务社区居民而存在的，其在教育、研究、社区参与和经济发展中发挥着至关重要的作用。同时，博物馆还需要适应当前环境，确保它们对多个利益相关者保持相关性和可持续性。作为组织生态系统的一部分，博物馆应如何更好地理解他们在自己的社区及全国范围内所扮演的角色？博物馆领导者该如何理解目标服务对象不断变化的需求？本章将概述一种由研究驱动的系统化方法是如何更好地推动了解美国的博物馆生态系统的，这种方法是如何进行有效工具的开发以帮助博物馆领导者、研究人员和博物馆支持者了解社区需求和资产的[①]。

利用系统思维和商业生态系统的框架，博物馆必须了解它们如何更好地适应更广泛的利益相关者群体。这些利益相关者需要进行合作和竞争，以满足客户需求，同时保持创新。如果博物馆真正成为"学习型组织"，可以利用系统思维来发现机构内外的

---

① 这项研究得到了联邦机构——博物馆和图书馆服务协会的合作研究基金的支持。

相互关系，那么他们必须能够利用数据和信息来创造经验知识①。更进一步地说，博物馆应该努力成为"以知识为中心的组织"，即人员、部门和项目使用集体知识来推进组织目标②。以知识为中心的组织创造了一种学习文化，将知识视为一种机构资产。以知识为中心的组织能够收集和利用不同的数据和信息来创造知识，而对知识的创造是核心价值。更重要的是，优先获取和使用知识的组织通过提高创新水平和有效性，以及更快地响应环境变化的能力，获得竞争优势③。

博物馆还必须能够将自己视为商业生态系统的一部分，一组相互作用的组织和个体，它们不断共同协调以满足其成分的需求④。利用生态系统的生物学隐喻，博物馆需要与它们所在的社区维持共栖的关系，因此博物馆需要为社区创造和开展有效的项目活动和服务。这需要个体参观者和社区的见解和知识，这同样也成为健康生态系统一部分的职责。

虽然这些基于系统的取向在商业和公共部门中很常见，但是在博物馆领域，需要更多的此类研究。这种研究需要从建全博物馆的数据库，扩大博物馆的定义等方面来着手。如果没有关于博

---

① Peter M. Senge, *The Fifth Discipline*: The Art and Practice of the Learning Organization (New York: Doubleday, 2006).

② Kate Crawford, Helen Hasan, Leoni Warne, and Henry Linger, "From traditional Knowledge Management in Hierarchical Organizations to a Network Centric Paradigm for a Changing World," *Emergence: Complexity and Organization* 11, no. 1 (2009): 1-18.

③ Robert M. Grant, "Toward a Knowledge-Based Theory of the Firm," *Strategic Management Journal* 17 (1996): 109-122.

④ James F. Moore, "Predators and Prey: A New Ecology of Competition," *Harvard Business Review* 71, no. 3 (1993): 75-86.

物馆范围和范围的可靠信息，博物馆部门就无法展示其集体影响，无法倡导其需求，无法真正了解其在所服务的多元化社区中的作用。

定义博物馆宇宙的范围

在2014年开展这项研究之前，美国所有的博物馆都没有全面的数据来源。现有来源要么不完整，要么非常专业。缺乏全面数据的一个关键原因是缺乏对博物馆的包容性和灵活定义。博物馆的定义根据定义它的实体而有很大差异，大多数定义都是限制性的而非广泛性的。美国国会于1996年颁布的《博物馆和图书馆服务法》（Museum and Library Services Act）将博物馆定义为"基本上用于教育或美学目的的、永久性组织的、公共或私人的非营利机构，利用专业人员，拥有或利用有形物品，关心有形物体，并定期向公众展示有形物品"[①]。虽然这一定义明确了博物馆的组织结构，但自我限制了组织类型和博物馆运作的具体方式。因为《博物馆和图书馆服务法》试图改善博物馆和图书馆如何获得联邦资金和服务，这个具体定义可能是合适的。然而，很明显有许多博物馆不属于这个定义。在全球范围内，国际博物馆理事会是一个国际服务组织，为100多个国家的博物馆和博物馆领导者提供专业标准、项目和资源，与《博物馆和图书馆服务法》类似，将博物馆定义为"为社会服务的永久性机构及其发展，向公众开放，为了教育、学习和享受的目的，获取、保存、

---

① Museum and Library Services Act, S. 1972, 104th Congress, § 272 (1996).

研究、传播和展示人类及其环境的有形和无形遗产"①。同样，这种自我限制的定义忽略了世界各地的大量博物馆。

利用博物馆的严格定义，如上述例子，创建美国所有博物馆的数据源，只会继续将全国许多博物馆排除在外，无法为访客和社区提供宝贵的教育和享受体验。将博物馆限制为仅限于非营利机构，对通过与其他商业结构合并的博物馆（包括许多主要机构以及为小众观众提供服务的新颖、特殊实体）造成损害。博物馆的定义要求博物馆使用"专业人员"，但许多本土博物馆都是由没有经过专业培训的人创建的，他们对他们所保留的文化和传统有着深刻的了解。"永久性机构"一词的使用既有限又模糊，对博物馆强加了可能不现实的标准。使用这些限制定义将不再考虑诸如密苏里州圣路易斯市博物馆等机构、威斯康星州密尔沃基的哈雷戴维森机车博物馆、堪萨斯州的欧兹博物馆（Oz Museum），以及在社区中发挥重要作用的许多其他独特、充满活力、小众的组织。

为了避免现有定义的局限性，这项研究工作将博物馆宇宙定义为最广泛的博物馆相关组织和实体，其中包含一个或多个展览、教育、收藏、研究和公共访问的元素。利用博物馆宇宙的这一广泛定义，我们开展了两个阶段的研究和开发工作。第一阶段旨在收集和汇编博物馆数据的所有相关和当前来源，以评估博物馆的总人口、地点和类别，创建了美国所有博物馆实体的首个综合来源。第二阶段开发一种基于地理信息系统（geographic information system）的在线工具，该工具将利用这些新数据并

---

① "Museum Definition," international Council of Museums, accessed March 3, 2016. http://icom.museum/the-vision/museum-definition/.

纳入重要的社区指标（例如，个人和家庭层面的人口统计数据，包括收入、教育、种族或民族等），为博物馆领导者、研究人员和倡导者提供易于获取的信息，以便更好地了解他们的社区，为他们的活动提供信息，并评估他们在当地和全国范围内博物馆生态系统中的位置。

第一阶段：数据收集和创建博物馆宇宙数据文件

美国博物馆的数据来自各种公共和所属来源，确保收集到最广泛的可用数据，这也保证了收集到的数据符合博物馆宇宙的广泛定义。

我们对公共数据来源的整理和分析从美国国税局（Internal Revenue Service）的非营利性博物馆数据业务主文件开始，由其国家免税实体分类法代码确定[①]。这一数据中包括了来自各家博物馆的数据，包括艺术博物馆、历史博物馆和社团、植物园、动物园、儿童博物馆和科学博物馆等。除此之外，我们还对获得过博物馆和图书馆服务（Museum and Library Services）资助的博物馆数据进行汇总分析，博物馆和图书馆服务将其作为公共数据源提供给我们。该数据用于交叉验证和补充美国国税局数据。除了这些公共数据来源之外，还有1 000个独立的企业资助基金会中心的博物

[①] 美国慈善统计中心免税团体分类系统（National Taxonomy of Exempt Entities）是一个非营利组织的分类系统，以美国国税编码中的免税代码进行划分。该系统将非营利组织划分为10组26个大类，代码A50-A57是国税局用以标注博物馆的代码序列。

馆捐款数据库中获取的数据,包括捐赠者建议的基金和社区基金会。各种博物馆特定的会员组织,如国际天文馆协会和美国公共花园协会提供了有关其成员的数据,以进一步扩大博物馆名单。为了收集大量博物馆的数据,这些博物馆作为学术机构的一部分,不会通过任何其他方式收集,而是获得了综合的高等教育数据系统(Integrated Postsecondary Education Data System,IPEDS)的数据,确定了大约 2 700 个博物馆和以前未确定的学术机构内的相关实体。

要真正创建我们广泛定义的博物馆宇宙的数据库,找到不仅仅作为非营利组织并且不会出现在公开数据源中的博物馆至关重要。为此,数据来自商业数据库,该数据库维护着一个包含超过 2 100 万个美国本地企业和名胜古迹的数据库。这些数据从多个来源采购,包括第三方捐赠和志愿地理信息(通过社交媒体和其他渠道),并通过专有的机器学习流程运行,出于兴趣清理、分类和解决每个地方的位置。此数据源添加了数千条不属于任何其他数据源的记录,主要用于识别各种低估的博物馆。

编译来自多个数据源的数据,创建一个非常庞大且繁琐的数据库,其中包含多个重复项和大量不相关的记录。虽然一些数据可以自动清理,但是一组研究中,助理使用指定的协议审查每个记录,识别任何不符合博物馆宇宙广义定义的记录或者似乎不再存在的记录。

最初的数据收集和清理工作已于 2015 年夏季完成,它确定了美国有 33 072 个博物馆,几乎是之前估计的两倍。虽然这个数字将继续定期修订,但它代表了美国博物馆生态系统更有意的数量。现在可以通过位置、博物馆类型和其他相关措施来分析这些数据，以更好地了解博物馆的范围。被称为博物馆宇宙数据文件的数据现在可以通过博物馆和图书馆服务数据目录公开访问①。该数据现在被博物馆和图书馆服务、美国博物馆联盟及许多其他机构引用为美国博物馆的最完整数据。我们也正在制定计划，希望能确定每年更新文件的方法。

第二阶段：技术开发和创建 MuseumStat

尽管第一个全面的博物馆数据库是一个重要的资源，但为了使其真正有益于该领域，它必须易于获取、便于使用，并能附加提供相关社区数据作为背景。要了解这样一个数据库和其他社区指标如何最有利于博物馆管理者、研究人员和广告人，我们与博物馆、博物馆服务组织、学术博物馆研究计划与博物馆技术的高层领导进行了10次利益相关者访谈。这些半结构化访谈确定了博物馆部门在尝试使用数据和信息为决策提供信息时面临的一系列挑战。博物馆领导者正在寻找易于使用的工具，这些工具可以为他们的社区和第三方成员提供数据，为他们的计划和服务提供信息并培养新的访客。博物馆服务组织正在寻求有关其成员和博物馆领域整体范围的汇总数据。博士倡导者和研究人员正在寻找方法，以快速识别和可视化特定地理区域内博物馆和社区的重要措施。所有受访的利益相关者都明确表示需要更多的数据和信息工具，以改善他们的决策和战略。

---

① 使用博物馆宇宙数据库，请访问 http://data.imls.gov。

为了满足博物馆利益相关者的明确需求,我们于2015年秋季启动了一个软件开发项目,以创建基于地理信息系统的在线地图绘制工具,可视化博物馆宇宙数据文件,并将重要社区指标和人口统计信息纳入其中,包括个人和家庭。有关社区指标和人口统计的数据将从美国人口普查局的美国社区调查中获取。与10年一次的人口普查不同,美国社区调查是一项持续的年度调查,收集了美国65 443个人口普查区中有关人员和家庭的重要信息。

该在线软件工具的设计使博物馆及其位置在地图上显示为点,屏幕上可以看到一系列个人和家庭指标。个人和家庭指标的类型见表2.1。此外,该软件还可以在地图上显示阴影梯度(称为等值线),以显示家庭收入中位数、贫困家庭、没有高中文凭的成年人和残疾儿童的范围。利益相关者将这些作为社区健康的重要指标来确定博物馆提供的节目和服务。

表 2.1 由 MuseumStat 提供的个人和家庭指标

个人指标(针对特定区域)	家庭指标(针对特定区域)
总人口	总户数
18 岁及以下人口总数	家庭收入中位数
贫困人口总数	中位数
种族	入住年份(业主与租客)
性别	家庭类型(家庭或非家庭)
年龄中位数	家庭使用语言
就业状况	
人均收入	

资料来源:作者。

最终的在线软件,名为 MuseumStat①,是一个免费的、可公开访问的工具,可作为博物馆领导者将博物馆视为组织生态系统的一部分以及了解周围社区的有力手段。该工具的强大之处在于其不需要任何技术专业知识,并且可以立即访问与博物馆领域相关的信息。博物馆领导者可以使用此工具为他们的编程和外展工作提供信息,了解人口统计指标以寻找新的捐助者基础,并在其他博物馆的背景下查看他们的位置。研究人员和倡导者可以使用该工具来评估一个地区或全国范围内博物馆的整体范围,从而为博物馆发挥重要作用奠定基础。图 2.1、图 2.2 和图 2.3 显示了通过 MuseumStat 提供的许多类型的可视化数据和信息的一些示例。

图 2.1　MuseumStat 主页图

图源:作者。

---

① 使用 MuseumStat 工具,请访问 www.museumstat.org。

第 2 章　丈量博物馆的世界

图 2.2 MuseumStat 展示所选地区的家庭收入中位数地图

图源：作者。

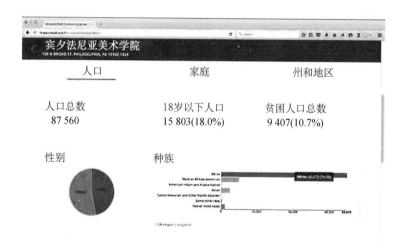

图 2.3 MuseumStat 人口数据可视化后的比例图

图源：作者。

使用 MuseumStat 工具

MuseumStat 现在是一个免费、公开的网络工具，可通过任何主要的网络浏览器访问。用户可以通过访问"入门"链接轻松使用此工具，或者只需在搜索栏中输入博物馆名称、城市或邮政编码即可。在搜索博物馆时，用户可以立即在地图上看到博物馆，下面可以看到所有个人和家庭数据。搜索城市或邮政编码时，将显示一张地图，显示城市内的所有博物馆或邮政编码。在所有地图上，用户可以添加人口统计图层，查看自定义地理位置的个人和家庭数据（通过在地图上绘制边界或选择特定半径），并展开地图视图以浏览界面。对于更深入的研究需求，可以下载选定地区的博物馆或整个博物馆宇宙数据文件的数据以进行离线分析。

结　　论

在快节奏、知识驱动的社会中，博物馆必须能够迅速理解他们在社区中不断发展的角色。采用系统方法并了解其运营的业务生态系统对其可持续性和相关性至关重要。以知识为中心的博物馆可以利用数据和信息来创造新知识并战略性地利用这些知识。

随着第一个全面的博物馆数据库——博物馆宇宙数据文件的创建，该领域现在有一个资料库，储存和展示着美国博物馆范围、变化区间和领域等相关信息。借助 MuseumStat 将这些数据与重要的社区指标结合成一个强大的、可公开访问的、基于地理信息系统的分析工具，博物馆管理者、研究人员和博物馆倡导者如今可以根据博物馆和社区的完整生态系统做出明智的决策。最终，这项研究和开发结果向世界展示了，新信息来源和新数据驱动工具可以有效帮助博物馆寻找自身在当地社区和国家环境中的正确定位，并协助博物馆达到更强大、更具可持续性的未来。

参考文献

Crawford, Kate, Helen Hasan, Leoni Warne, and Henry Linger. "From traditional Knowledge Management in Hierarchical Organizations to a Network Centric Paradigm for a Changing World." *Emergence: Complexity and Organization* 11, no. 1 (2009): 1-18.

Grant, Robert M. "Toward a Knowledge-based Theory of the Firm." *Strategic Management Journal* 17, (1996): 109-122.

Moore, James F. "Predators and Prey: A New Ecology of Competition." *Harvard Business Review* 71, no. 3 (1993): 75-86.

"Museum Definition." International Council of Museums. Accessed March 3, 2016. http://icom.museum/the-vision/museum-definition/.

Senge, Peter M. *The Fifth Discipline: The Art and Practice of the Learning Organization*. New York: Doubleday, 2006.

第二部分
系统思维与博物馆功能

　　本部分的两个章节展示了关于变化范式的理论取向,这些不断变化的模型重新诠释博物馆所扮演的角色和所承担的功能。传统博物馆结构按功能将博物馆划分为几个不同的部门,通常处于博物馆层级顶端的是策展部门及收藏部门①。在这样不连通的环境中,博物馆的工作较少地关注它所服务的对象,而将更多重心放在收藏品上,更着重展现少数拥有传统收藏品知识的人(如策展人和负责人)对博物馆的设想和规划。

　　某博物馆(在第一部分介绍过,是一家以真实博物馆案例为基础而设定的虚构博物馆)具有这种分隔的部门设置和等级分明的领导管理,不同部门之间的合作少且成功率低。例如,策展和教育部门没有共同创作吸引当地社区居民参与的展览和计划。策展人往往独立工作,研究藏品、设计展览,而教育部门则单独提出展览的附加项目。有时,策展人甚至需要通过翻阅馆刊才能知晓为自己展览所匹配设计的项目类型和内容,而不是通过与同馆教育部门同事的交流。这说明两个部门在博物馆最重要服务的创建工作中没有进行共同协作,甚至几乎没有沟通。僵化和分隔的博物馆结构、缺乏合作的功能部门划分使它们陷入了孤岛。这

---

① Theodore L. Low, *The Museum as a Social Instrument* (New York: Metropolitan Museum of Art, 1942).

反过来影响了博物馆的工作文化,部门间的敌意与竞争成为主流。这种充满敌意的环境消磨了本可用以设计优秀项目的时间和精力。某博物馆仅仅关注分隔的部门,而没能以全局思维看待馆内功能、部门、人员的互联互通,也没能看到博物馆与更大社区所产生关联的重要性。

某博物馆并不是唯一一个采用高度分隔的组织结构、以博物馆项目和展览为重点而非以访客为中心的博物馆。这是一种缺乏对结构可行性进行批判性思考便从一而终、遵循传统的做法。它在某种程度或某个阶段发挥了一定作用的事实并不意味着它是最好的方式,也不意味着它无法改进。当博物馆采用系统思维时,将更侧重关注访客感受及社区参与度,并将其确立为博物馆实践的中心,因此收集、保存、研究、展览和教育等传统功能会被消解、模糊、组合和转移,形成新的范式。

第二部分的这两个章节将进一步解释传统范式能够如何进行转变。维多利亚·尤迪在第3章采用开放系统思维、以访客为中心的观点和数字策略,重新思考博物馆的功能和角色。她深入浅出阐述系统思维的方法,使用流行的文化隐喻来描述自己对博物馆系统思维的看法,对读者,特别是不熟悉这一理论的读者非常友好。在第4章中,帕特·维伦纽夫和宋姝妍通过运用基于软系统思维的切克兰德(Checkland)软系统方法论,介绍了通向博物馆实践范式转变的道路,以此打破旧的思维方式和工作方法,建议更多以系统为基础的博物馆实践方法能得到更广泛和理论化的应用。

第3章　苏斯博士、系统与数字策略

像博物馆人一样读懂系统思维

维多利亚·尤迪

　　为了说明系统思维的价值，我将召唤我最爱的博士——来自苏斯博士所著的《戴高帽子的猫又来了!》。一些朋友可能不熟悉这个故事，我简要概述一下：故事的开头是两个孩子独自在家，他们的妈妈外出了。戴高帽的顽皮猫进入房子，还在浴缸里吃了一块蛋糕，糖霜在浴缸周围留下了粉色污渍。孩子们忐忑不安，担心母亲回来后会生气。因此，高帽猫决定用妈妈的白色连衣裙来擦掉污渍。这虽然解决了浴缸里粉色污渍的问题，但却弄脏了白色连衣裙，这就出现了另一个问题。这些滑稽动作持续发生，高帽猫将衣服上的污渍甩到墙上、鞋子上、地毯上等，最终使用Voom魔法力量去除了连衣裙上的污渍。①

　　如果帽子里的猫应用系统思维解决污渍问题，他会知道应该先使用魔法力量。相反，猫首先使用狭隘的、分隔的推理来解决，只将问题转移到房子的其他区域，而不是专注于完全去除污渍这一问题。简而言之，系统思维使我们能够采用更全面的方法

---

① Dr. Seuss, *The Cat in the Hat Comes Back!* (New York: Beginner, 1958).

来寻找、定义和解决问题。从古老故事中抽离出来，系统思维可以使我们避免见树不见林、只见局部不见整体的情况。

幸运的是，我在硕士学习的早期就发现了系统思维的益处。在进修艺术教育与博物馆学硕士的时候，一位极具前瞻性的教授向我介绍了系统思维，为我打开了崭新的大门。当事情进展得不甚顺利（在硕士研究生时期就经常这样），一直是系统思维在鼓励我退后一步，放眼全局进行考量。作为一名硕士研究生和新入行的研究人员，我经常问自己，是不是只把污渍从浴缸里移到窗帘上，还是在采取正确的方式完全清除污渍？换句话说，我提出的问题对自己的研究而言，是正确的问题吗？如果不是，我从错误中吸取到经验了吗？系统思维要求我跳脱窠臼、全面灵活地思考，避免简化思想带来的僵化。结果，我发现自己更能够在看似完全不同的概念中提炼并找到意义。现在，作为博物馆教育专业的博士生，系统思维是我理解博物馆领域的切入点。在进入21世纪的今天，系统思维帮助解决博物馆所面临的复杂但令人兴奋的各项挑战。

基于对系统思维和博物馆技术的广泛兴趣，我开始攻读博士项目。我想深入了解技术是如何通过个性化意义建构的机会提高访客参与度并达到教育访客目的的。通过与导师的共同研究，我充分了解了艺术博物馆中的大量现有和新兴技术举措[1]。随着博士项目的推进，我开始好奇博物馆如何规划、如何将技术整合到

---

[1] Ann Rowson Love, Victoria Eudy, and Deborah Randolph, "Where Do We Go from Here? Research on Art Museum Mobile App Makers' Future directions for interactivity," Presentation at the international Conference on the Arts in Society, London, July 22-24, 2015.

组织架构和教育实践中。我于是将研究重点缩小到对以访客为中心的博物馆数字策略的研究,或对该类博物馆使用技术脉络图的研究当中。

对系统思维的浓厚兴趣推动了我的研究,使我能够更好地理解和提炼以访客为中心的博物馆中,数字策略发展背后理论与实践的相互关联性。本章节从研究生的角度分享我在系统、博物馆和技术方面思考的进展。其次是对系统思维背后的不同循环和历史的探索和介绍,这些循环是如何与以访客为中心的博物馆理论基础相交,以及它们如何帮助理解博物馆中数字策略和技术的作用。

开放系统与闭合系统

系统思维作为一种哲学首次出现在拉兹洛(Laszlo)的《系统哲学导论》(*Introduction to Systems Philosophy*)中,该书将控制论的原理延伸到了哲学领域。在这本书中,拉兹洛透过闭合系统原理来讨论认识论、技术和本体论相关问题。拉兹洛因此被认为是最早将系统原理视为哲学,并坚持认为系统原理是对现实的反映的学者之一。换言之,拉兹洛的哲学源于一种信仰,即世界是相互交织的系统的集合体,掌控系统原理可以产生可预测的实际解决方案[1]。

然而,社会学挑战了拉兹洛所设想的固定边界的闭合系统。与闭合系统不同,开放系统的边界更灵活、更难预测。随着情况

---

[1] Ervin Laszlo, *Introduction to Systems Philosophy: Toward a New Paradigm of Contemporary Thought* (New York: Gordon and Breach, 1972).

或背景变得更加复杂、主观且更加紧密地交织在一起,将更难用简单粗糙的方式来决定包含哪些因素(或系统元素)以及排除和忽略哪些因素。同样,在考虑闭合系统的定性信息时也会出现问题①。

就开放系统而言,系统行为看似混乱、不稳定,且具有较弱的预测性,因此,更需要具备说明性。随着系统的元素变得越来越无形和以社会为基础,它们变得不那么容易控制,并且更难以闭合系统内允许运作的方式进行理解。开放系统的性质不是处理绝对物、存量和流量,而是以类似根茎的形式存在,使系统边界变得可渗透。与根茎相似,开放系统侧重于主要社会系统的生态形式,而非传统系统形式②。

贝塔朗菲在《一般系统理论》(*General Systems Theory*)一书中介绍了开放系统。与闭合系统相对应,开放系统是作为社会和生物系统模型和解决方案的一种思维范式。在一般意义上,开放系统是将系统视角应用于质量而不是数量的手段,就如社会科学中应用的那样③。同样,卡普拉的《转折点》(*The Turning Point*)和格雷戈里·贝特森的《迈向心智生态学之路》为系统理论在社会科学和生命科学中的应用作出了重要贡献。贝特森开创了人与自然是一个通过交流网络相互依存的系统的概念④。贝

---

① Donella H. Meadows, *Thinking in Systems: A Primer*, ed. diana Wright (White River Junction, VT: Chelsea Green, 2008).
② Gregory Bateson, *Steps to an Ecology of Mind: Collected Essays in Anthropology, Psychiatry, Evolution, and Epistemology* (Chicago: University of Chicago Press, 2000).
③ Meadows, *Thinking in Systems*.
④ Bateson, *Steps to an Ecology of Mind*.

特森对自然世界中人类存在的相互联系和生态本质的看法影响了一批二代系统思想家,其中包括在《转折点》中强调系统思维生态意义的卡普拉①。

尽管拉兹洛、贝塔朗菲和贝特森对系统思维的研究角度不同,但都认为在哲学层面,从系统的角度理解世界需要范式转变。这种转变否认将世界作为一种笛卡尔还原论机械的观点,世界应被视为一个以整体论原则为基础的相互联系的生态系统。同样,圣吉、梅多斯(Meadows)和卡普拉这样的第二代系统思想家认为,与鼓动整体学习和理解形式的能力相比,在控制论基础中的系统思维要更少一些②。与博物馆教育工作者利益相关的,是二代系统思想家提出的系统思维与结构主义——以访客为中心的博物馆的基本哲学——之间的联系。

建构主义与系统思维

建构主义不是将学习视为传播和接受知识的过程,而是承认学习者在学习过程中的发展。因此,学习不仅仅是如行为主义者的基本假设或信息处理理论所述的对刺激或通过大脑的信息的循环反应③。建构主义认为,个人与环境之间的相互作用是理解的纽带。在实践中,建构主义促进了在教育环境下由学习者掌舵、

---

① Fritjof Capra, *The Turning Point: Science, Society, and the Rising Culture* (New York: Bantam, 1984).
② Peter M. Senge, *The Fifth Discipline: The Art and Practice of the Learning Organization* (New York: Doubleday, 2006).
③ Chu Chih Liu and Chen Ju Crissa, "Evolution of Constructivism," *Contemporary Issues in Education Research* 3, no. 4 (2010): 63-66.

指导人协助的具体化、整体化、探索性学习过程的展开，而这里提到的教育环境就包括了博物馆。建构主义的理论或范式同样承认了与系统思维原则密切相关、与学习过程中的世界观构建密切联系的人类理解和发展的自组织性和自我超越性。

同样，在系统知情的建构主义学习环境中，学习的持续性本质意味着学习呈现非线性形态①。在研究访客的学习时，必须考虑所有反馈、杠杆和延迟反应，超越性这一概念也需考虑在内。梅多斯提到，个人的自我超越能力就像封闭系统机械中的扳手，她认为人类学习过程（或系统）检测了一个封闭系统的原则②。披头士乐队的例子或许有助于更好地解释超越的概念。

抛开个人观点不谈，在过去一个世纪里，约翰（John）、保罗（Paul）、乔治（George）和林戈（Ringo）（披头士乐队的四名成员）的个人表演生涯中有过一些重要歌曲和音乐合作。没有他们，就没有约翰的专辑《想象》(*Imagine*)，没有保罗的翅膀乐队（Wings），没有乔治的漂泊乐队（Traveling Wilburys），也不会有林戈的全明星乐队（All-Starr Band）。尽管如此，虽然这些个人表演生涯从未产生超越披头士乐队的魔力，但他们的声音、时机和唱作身份在世界范围内产生了冲击波。披头士乐队这一整体超越了其成员个人的能力之和。说回博物馆，同样的道理，个体参观者可以超越呈现在他们面前的信息，以超乎意料的方式理解问题。

---

① Kersten Reich, "Interactive Constructivism in Education," *Education and Culture* 23, no. 1 (2007): 7-26, doi: 10.1353/eac.2007.0011.
② Meadows, *Thinking in Systems*.

您可能会问自己,如果参观者可以从展览中得到无数结论,那么该如何教育他们?梅多斯认为答案不在于控制,而在于杠杆,这是一种无处不在但功能强大的系统监管形式[①]。杠杆是干预系统元素的另一种方式,目的是改变系统整体行为。在个人适用的情况下,这种干预是一个杠杆点(leverage point)。梅多斯概括了许多牵一发而动全身的杠杆点的案例,以阐述系统内一个要素的变化是如何产生可观的结果。梅多斯介绍的杠杆点之一便是改变系统的目标。例如,如果学习者使用当前的教学方法或参与方式未取得成功,那么学习的目的就可能需要调整。这鼓励教育工作者询问他们是否在提出有关其教学目标的正确问题,而不是继续推动无效指导。因此,问题不在于博物馆教育者如何控制访客的学习。相反,问题变成如何利用系统(在这种情况下,如何利用学习过程)以促进变化,从而允许学习者继续以建设性和有意义的方式组织信息,而非破坏性或停滞不前的方式。将学习理解为杠杆而不是控制有助于促进更深层次、具体的理解,死记硬背的知识传输方式可能无法真正达到目的。

系统思维和结构主义最终鼓励的是将学习过程视为一种进化,而不是一系列理解的客观终点。在博物馆中,这意味着为访客提供差异化的学习机会,以及可用于从其他无法理解的对象中获取有益信息的工具。目前,技术本身就是一种关键而强大的工具,可以在互动中提供参与和差异化的学习机会。我的研究重点是技术如何在博物馆环境下助力意义的建构,以及组织如何使用

[①] Meadows, *Thinking in Systems*.

数字策略为博物馆的技术未来创建可持续的计划。

博物馆的系统思维和技术

以访客为中心的博物馆实践反映了博物馆的思维转变,从以事物为中心转变为以人为中心①。以访客为中心的模型强调了将意义建构（meaning making）作为博物馆体验不可或缺部分的重要性②。过去,个人推进意义建构过程的渠道仅限于临时文本或讲座,但现今随着社交媒体、手持设备和数字博物馆等新技术的不断涌现,访问者可以从许多不同的途径和信息来源中进行选择,意义建构的渠道变多变广,问题也从寻找信息转变为如何引导或设计该信息以适应访客个人品位和学习需求③。目前,博物馆发现自己面临着实施可持续技术实践以更好地为其受众服务的挑战。正如我所认为的,这些技术发展所鼓励的互动和沟通正是推动博物馆管理和组织采用系统方法的强大推手,技术发展还支持为访客提供个性化和差异化的学习机会。

在技术方面着眼长远的博物馆正在向馆内寻求能将移动技术（和其他技术）整合到博物馆主要框架中的先进解决方案。皇家

---

① Stephen E. Weil, "From Being *about* Something to Being *for* Somebody: The Ongoing transformation of the American Museum," *Daedalus* 128, no. 3 (1999): 229-258.
② John H. Falk and Lynn D. Dierking, *Learning from Museums: Visitor Experiences and the Making of Meaning* (Walnut Creek, CA: Altamira, 2000).
③ Koula Charitonos, Blake Canan, Eileen Scanlon, and Ann Jones. "Museum Learning via Social and Mobile Technologies: (How) Can Online Interactions Enhance the Visitor Experience?" *British Journal of Educational Technology* 43, no. 5 (2012): 802-819, doi: 10.1111/j.1467-8535.2012.01360.x.

安大略博物馆（Royal Ontario Museum）及印第安纳波利斯艺术博物馆（The Indianapolis Museum of Art）等机构已经开展创造性的工作，让机构内部的一些声音参与未来技术框架的搭建当中①。随着它们的不断发展，数字策略成为组织共同关注的问题，并且倾全组织之力，而不是单由技术或媒体部门独自操作。在此过程中，各部门之间的沟通流动性开始回应整体的生态系统原则。

郑柳河认为，当博物馆将工作重点从馆藏转移到参观者时，传统博物馆的等级管理模型，即馆长作为展览发展背后的唯一决策者的模型就会过时。郑将贝特森关于开放生态结构的社会系统的理论作为博物馆理论重组的概念框架②。在这个模型中，正如她和其他人所说的，作为馆藏、访客和其他周边博物馆部门之间的联络部门，教育起着核心作用③。这种新范式需要对机构传统边界和职责进行重新商议。这就要求博物馆教育者必须对博物馆的一些组织部分了如指掌，这些部分包括访客研究、评估、教育以及我一直强调的博物馆技术部门和数字策略创建部门④。

---

① Jane Alexander, "Gallery One at the Cleveland Museum of Art," *Curator* 57, no. 3 (2014): 347-362, doi:10.1111/cura.12073.
② Yuha Jung, "The Art Museum Ecosystem: A New Alternative Model," *Museum Management and Curatorship* 26, no. 4 (2011): 321-338, doi:10.1080/09647775.2011.603927.
③ Rika Burnham and Elliott Kai-Kee, "Museum Education and the Project of interpretation in the Twenty-First Century," *Journal of Aesthetic Education* 41, no. 2 (2007): 11-13, doi:10.1353/jae.2007.0010.
④ Pat Villeneuve and Ann Rowson Love, eds., *Visitor-Centered Exhibitions and Edu-Curation in Art Museums* (New York: Rowman & Littlefield, 2017).

随着技术的高速发展和定制化的普及,科技在公众的日常活动中变得越来越不可分割。在以访客为中心的博物馆中,科技成为创造意义和个人相关性的重要组成部分[1]。从这个角度来看,如果教育者能看到技术作为解释工具的必要性,他们就必须在技术的开发和应用过程中发挥积极作用,使技术成为博物馆新生态模型中一个不可或缺的节点。

发 展 与 前 进

当前是博物馆激动人心的关键时刻。我们需要博物馆领域的系统思维者进行整体思考,从文化组织面临的当前问题中获取包括技术在内的历史观点。将个性化的尖端技术整合到访客体验中,为访客参与和展览诠释提供新机遇。新机遇加上以访客为中心的博物馆实践思考和系统思维原则的转变,这样的组合或许能够吸引新的受众,并使博物馆成为更好的艺术和文化管家。

但是,需要着重注意的是,系统思维本身并不能解决问题。系统思维为我们提供了正确定义问题所在的切入点。运用系统思维,我们可以针对所面临的挑战提出更准确的问题,以便更快地找到更合适、更有创造性的解决方案。正如约翰·杜威(John Dewey)曾经说的,"把问题说清楚,就等于解决了问

---

[1] John H. Falk and Lynn D. Dierking, *The Museum Experience Revisited* (Walnut Creek, CA: Left Coast, 2012).

题的一半"①。

参考文献

Alexander, Jane. "Gallery One at the Cleveland Museum of Art." *Curator* 57, no. 3 (2014): 347-362. doi: 10.1111/cura.12073.

Bateson, Gregory. *Steps to an Ecology of Mind: Collected Essays in Anthropology, Psychiatry, Evolution, and Epistemology*. Chicago: University of Chicago Press, 2000.

Burnham, Rika, and Elliott Kai-Kee. "Museum Education and the Project of Interpretation in the Twenty-First Century." *Journal of Aesthetic Education* 41, no. 2 (2007): 11-13. doi: 10.1353/jae.2007.0010.

Capra, Fritjof. *The Turning Point: Science, Society, and the Rising Culture*. New York: Bantam, 1984.

Charitonos, Koula, Blake Canan, Eileen Scanlon, and Ann Jones. "Museum Learning via Social and Mobile Technologies: (How) Can Online Interactions Enhance the Visitor Experience?" *British Journal of Educational Technology* 43, no. 5 (2012): 802-819. doi: 10.1111/j.1467-8535.2012.01360.x.

Dewey, John. *Logic—The Theory of Inquiry*. Worcestershire,

---

① John, I. Dewey, *Logic—The Theory of Inquiry* (Worcestershire, UK: Read books Ltd, 2013), 112.

UK: Read Books Ltd, 2013. Falk, John H., and Lynn D. Dierking. *Learning from Museums: Visitor Experiences and the Making of Meaning*. Walnut Creek, CA: AltaMira, 2000.

———. *The Museum Experience Revisited*. Walnut Creek, CA: Left Coast, 2012.

Jung, Yuha. "The Art Museum Ecosystem: A New Alternative Model." *Museum Management and Curatorship* 26, no. 4 (2011): 321-338. doi:10.1080/09647775.2011.603927.

Laszlo, Ervin. *Introduction to Systems Philosophy: Toward a New Paradigm of Contemporary Thought*. New York: Gordon and Breach, 1972.

Liu, Chu Chih, and Ju Crissa Chen. "Evolution of Constructivism." *Contemporary Issues in Education Research* 3, no. 4 (2010): 63-66.

Love, Ann Rowson, Victoria Eudy, and Deborah Randolph. "Where Do We Go from Here? Research on Art Museum Mobile App Makers' Future Directions for Interactivity." Paper presented at the international Conference on the Arts in Society, London, July 22-24, 2015.

Meadows, Donella H. *Thinking in Systems: A Primer*. Edited by Diana Wright. White River Junction, VT: Chelsea Green, 2008.

Reich, Kersten. "Interactive Constructivism in Education." *Education and Culture* 23, no. 1 (2007): 7-26. doi:

10.1353/eac.2007.0011.

Senge, Peter M. *The Fifth Discipline: The Art and Practice of the Learning Organization*. New York: Doubleday, 2006.

Seuss, Dr. *The Cat in the Hat Comes Back!* New York: Beginner, 1958.

Villeneuve, Pat, and Ann Rowson Love, eds. *Visitor-Centered Exhibitions and Edu-Curation in Art Museums*. New York: Rowman & Littlefield, 2017.

Weil, Stephen E. "From Being *about* Something to Being *for* Somebody: the Ongoing Transformation of the American Museum." *Daedalus* 128, no. 3 (1999): 229-258.

第 4 章　范式、以访客为中心的博物馆实践及系统思维

帕特·维伦纽夫　宋姝妍

写这一章让我回想起了自己的博士课程，教授定期为我们设计详细的机构场景，要求我们解释事物发展的原因。知晓这一题适用的答案并不需要花太长时间，原因总能归结到历史和传统上。虽然当时认为这个答案太过草率，但现在我才明白拉里·莱斯利（Professor Larry Leslie）教授给出答案的精髓，在这里我也将用它来做阐述。本章中，我与一位对系统思维有浓厚兴趣的博士生一起，思考博物馆应采取何种措施才能实现系统思维的应用，正如本书所倡导的那样，可将其视为范式转变的优秀案例。我们首先将传统的范式概念与博物馆实践的现实并置讨论。其次我们认为，以访客为中心的博物馆实践范式转变，与系统组织结构方法的转变将同时发生。

范式入门

要了解范式转变，一定绕不开托马斯·库恩（Thomas. S.

Kuhn）几十年前出版的关于科学革命的经典著作①。库恩首先描述了一个特定科学界承认并用于指导一段时间内（直到被新接受的成就取代）进一步工作所获得的成就。他使用术语"范式"（paradigm）来指代某些类型的成就：（1）他们的想法足以吸引来自其他竞争科学活动的追随者；（2）尚未解决，留下多个问题待新支持者予以解决②。一旦被接受，范式就成为"特别连贯的科学研究传统"的基础。当学生对范式进行学习、接纳、延续的时候，我们称之为专业社会化过程③。

分隔的世界

尽管库恩能够清楚地记录科学中的范式转变，但在博物馆实践等非结构化或非经验的领域，变化更难以完成④。博物馆馆长和策展人的传统培训轨迹是首先完成相关学科高级学位的学习，而后在业内进行策展工作⑤。在艺术博物馆中，传统培训轨迹通常是艺术历史方面的培训，很少涉及博物馆工作或管理方面的任何内容，除少数可能通过实习获得的经验之外。在职培训——博物馆实践的专业社会化——发生在指定岗位之后，因为缺乏任何学术知识基础，从而有效延续了特定博物馆的历史和传统。传统

---

① Thomas S. Kuhn, *The Structure of Scientific Revolutions*, 4th ed. (Chicago: University of Chicago Press, 2012).
② Kuhn, *Structure of Scientific Revolutions*, 10.
③ Ibid.
④ Ibid.
⑤ 许多博物馆教育工作者也遵循同样的培训路径。David Ebitz, "Qualifications and the Professional Preparation and Development of Art Museum Educators," *Studies in Art Education* 46, no. 2 (2005): 150-169。

博物馆继承而来的组织结构等级分明、功能分隔，日常工作缺乏互动，各部门就像是在孤岛上工作一般①。

在博物馆实践中引入范式转变

在没有严格考虑博物馆管理模型或功能的情况下，应如何"反驳"这一实践并呼吁范式更新？

我们认为，动力源于现代主义建筑和工业设计的20世纪原则：形式服从功能。这表明博物馆继承的、等级分明的组织结构只要适用于博物馆就将保持运转。例如，传统的博物馆结构坚持以策展人为中心的做法，在展览开发的早期阶段有效地消除了教育和其他投入，使策展人能够独立创作②。尽管出版物和政策不断发声，试图推进一种以访客为中心的博物馆实践范式，但20多年来，这种传统模型仍然占据主流。

荷兰博物馆学家梵·门施（Van Mensch）在1990年的论著为这种转变奠定了基础③。在他的方法论性质的博物馆学研究

---

① Kathryn E. Blake, Jerry N. Smith, and Christian Adame, "Aligning Authority with Responsibility for Interpretation," in *Visitor-Centered Exhibitions and Edu-Curation in Art Museums*, ed. Pat Villeneuve and Ann Rowson Love (New york: Rowman & Littlefield, 2017), 85-96; Kaywin Feldman, preface to *Visitor-Centered Exhibitions and Edu-Curation in Art Museums*, ed. Pat Villeneuve and Ann Rowson Love (New York: Rowman & Littlefield, 2017), xiii.

② Ann Rowson Love and Pat Villeneuve, "Edu-Curation and the Edu-Curator," in *Visitor-Centered Exhibitions and Edu-Curation in Art Museums*, ed. Pat Villeneuve and Ann Rowson Love (New York: Rowman & Littlefield, 2017), 9-20.

③ Peter Van Mensch, "Methodological Museology, or Towards a Theory of Museum Practice," in *Objects of Knowledge*, ed. Sue Pearce (London: Athlone, 1990), 141-157.

中,他将博物馆的功能从传统的五类——收藏、保存、展览、研究、教育,提炼成三类——保存(假定包含收藏)、学习和沟通[1]。他最近提出的沟通功能是展览和教育的混合,将展览设计的协作方式与博物馆观众的利益相结合。

1992年,美国博物馆协会发布了一部具有里程碑意义的政策报告《卓越与公平:博物馆教育与公共范畴》(*Excellence and Equity: Education and the Public Dimension of Museums*)[2]。该报告隐晦地挑战了策展职能的优先顺序:"确立博物馆将最广义的教育置于其公共服务的中心。确保每个博物馆的使命都清楚地表明了为公众服务的承诺,并且是每个博物馆活动的核心。"[3] 报告建议,"与个人、组织、公司和其他博物馆合作,扩大博物馆的公共层面和提高其履行教育使命的能力"[4]。

同年,福克(Falk)和德尔金(Dierking)发表了博物馆体验模型,描述了影响博物馆参观的三个情境:个人情境(包括过往经历、兴趣和动机)、社交情境(团队互动和调解)、物理情境(空间和设计)[5]。范式中涉及的各种因素为丰富博物馆功能、影

---

[1] Edward P. Alexander, *Museums in Motion: An Introduction to the History and Functions of Museums* (Nashville, TN: American Association for State and Local History, 1979).

[2] Ellen Cochran Hirzy, ed., *Excellence and Equity: Education and the Public Dimension of Museums* (Washington, DC: American Association of Museums, 1992).

[3] Ibid., 7.

[4] Ibid., 20.

[5] John H. Falk and Lynn D. Dierking, The Museum Experience (Washington, DdC: Whalesback, 1992); John H. Falk and Lynn D. Dierking, *Learning from Museums: Visitor Experiences and the Making of Meaning* (Walnut Creek, CA: AltaMira, 2000). 在后面的出版物中,作者使用了社会文化语境这个术语。

响访客体验提供了许多途径。此后不久，海因（Hein）、胡珀·格林希尔（Hooper-Greenhill）和其他研究者开始撰写关于建构主义博物馆的文章，这个概念通过一种支持个人意义建构的展览方式，将解释展览的任务转给了参观者①。

20 世纪 90 年代末，当时最广为人知的美国博物馆理论家威尔（Weil）的著名观点，是博物馆必须从关于某事物（物体）转变成某物（访客）②。尽管维伦纽夫认为许多博物馆都欢迎改变，但实际上博物馆尚未完全转变为以访客为中心的模式③。然而，在没有技术突破的情况下，这些出版物可被视为建立范式转变的里程碑④。

范式转变引发连环转变

到目前为止，我们认为传统的博物馆实践——那些通过历史和传统而不是严格捍卫学术研究的实践——在博物馆认为有必要之前不会改变。最近的出版物表明，一些重要的博物馆正在接受

---

① George E. Hein, "The Constructivist Museum," in *The Educational Role of the Art Museum*, ed. Eilean Hooper-Greenhill (New York, Routledge, 1994), 73-79; Eilean Hooper-Greenhill, "Museum Learners as Active Postmodernists: Contextualizing Constructivism," in *The Educational Role of the Art Museum*, ed. Eilean Hooper Greenhill (New York: Routledge, 1994), 67-72.
② Stephen Weil, "From Being *about* Something to Being *for* Somebody: The Ongoing transformation of the American Museum," *Daedelus* 128, no. 3 (1999): 229-258.
③ Ann Rowson Love and Pat Villeneuve, "Edu-Curator: the New Leader in Art Museums," paper presented at National Convention of the National Art Education Association, Chicago, March 2016.
④ 柯林斯（Collins）在描述企业如何从优秀走向卓越时，使用了飞轮的比喻。虽然让飞轮开始旋转是很困难的，但一系列的小推力最终促成了旋转。Jim Collins, Good to Great: *Why Some Companies Make the Leap... and Others Don't* (New York: Collins, 2001).

改革，并表明该领域最终可能会完成向以访客为中心的实践的范式转变①。我们认为，这种功能变化也会影响组织形式，需要组织结构调整，重新协商权力安排，并促进新组建的工作组之间的沟通②。这将需要同时转向以系统为基础的博物馆实践，例如底特律艺术学院（Detroit Institute of the Arts）或明尼苏达历史中心（the Minnesota History Center）开发的以访客为中心的跨部门团队合作方法③。但由于博物馆与社区之间的差异，机构不能简单地"照搬"其他地方的运作结构。下文提供了一个案例，该博物馆使用软系统方法（SSM）来实现适合当地情况的范例转变。

软系统方法论

软系统方法论是一个探索的过程，对调查非结构化问题情况很有帮助④。正如切克兰德所介绍的，软系统方法论将整本书中

---

① Peter Samis and Mimi Michaelson, eds., *Creating the Visitor-Centered Museum* (New York: Routledge, 2017); Pat Villeneuve and Ann Rowson Love, eds., *Visitor-Centered Exhibitions and Edu-Curation in Art Museums* (New York: Rowman & Littlefield, 2017).
② Blake, Smith, and Adame, "Aligning Authority with Responsibility."
③ Jennifer Wild Czajkowski and Salvador Salort-Pons, "Building a Workplace that Supports Educator-Curator Collaboration," in *Visitor-Centered Exhibitions and Edu-Curation in Art Museums*, ed. Pat Villeneuve and Ann Rowson Love (New York: Rowman & Littlefield, 2017), 237-248; Samis and Michaelson, *Creating the Visitor-Centered Museum*.
④ Peter Checkland and Jim Scholes, *Soft Systems Methodology in Action* (Chichester, UK: John Wiley and Sons, 1990); Susan Gasson, "The Purpose of Soft Systems Methodology," accessed November 25, 2016. http://cci.drexel.edu/faculty/sgasson/SSM/Purpose.html.

的系统思维转化为系统实践①。软系统方法论范式（见图 4.1），结合了现实世界的方方面面和系统思维，其目的是诊断实际情况中的复杂问题，并制作结构化范式，以指导思考和改善现实世界的问题②。

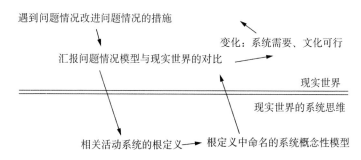

图 4.1　七阶段软系统方法论范式

资料来源：改编自切克兰德和舒尔斯（Scholes），《软系统方法论的实际作用》（*Soft Systems Methodology in Action*）。图由作者绘制。

软系统方法论应用了表 4.1 中定义的七个阶段，通过在复杂的现实世界情境中感知有目的的人类活动来诊断问题，从而获得有关问题情况的新知识和新见解③

---

① Peter Checkland, "The Development of Systems Thinking by Systems Practice: A Methodology from an Action Research Program," in *Progress in Cybernetics and Systems Research*, vol. 2, ed. Robert Trappl, Franz R. Pichler, and Francis de Paula Hanika (Washington, DC: Hemisphere), 278-83; Peter Checkland, "Soft System Methodology: A Thirty Year Retrospective," *System Research and Behavioral Science* 17, (2000): 11-58.

② Peter Checkland, *Systems Thinking, Systems Practice: Soft Systems Methodology: A 30 Year Retrospective* (West Sussex, UK: John Wiley and Sons, 1999); Checkland, "Soft System Methodology."

③ Checkland, *Systems Thinking, Systems Practice*.

表 4.1 软系统方法论

阶段	措施	模型中的阶段（见图 4.1）	
		现实世界	系统思维
1. 对情况进行考量	列出当前情况可观察到的所有症状	√	
2. 表达问题情况	检测阶段 1 中列明的各项因素及各因素间的联系，判断问题情况	√	
3. 撰写相关系统的根定义	回答 CATWOE 问题（见表 4.2）		√
4. 派生概念模型	构建解决 CATWOE 答案的理想模型		√
5. 将概念模型与现实世界进行对比	确认系统理想与现实的差距，从过程和结构的角度分析组成部分的问题	√	
6. 分析可行的及需要的转变	根据可行性及需要程度考量可能完成的变革	√	
7. 采取行动	落实变革措施以改进问题情况	√	

资料来源：作者。

软系统方法论范式转变效果如何

为了说明博物馆如何使用软系统方法来改变当前实践，我们将引用一个假设的"城市博物馆"来进行解释。该博物馆可能对以访客为中心的实践感兴趣，或者只是担心其传统展览的入场率下降。该馆将通过列出其观察到的情况（第 1 阶段）开始软系统反思性调查过程。该馆可能已经意识到，过去 5 年的参观人数减少了 20%，或发现少有家庭访客前往博物馆。这些症状及其他因素都可能指向展览枯燥、展示静态等标签（第 2 阶段）。接下来，博物馆将使用阶段 3 所需要的 CATWOE 来制定根定义①。该缩写代表的问题在表 4.2 中列出，用以反映每次变革的系统问题②。

表 4.2 CATWOE 问题清单

Customers 顾客	服务对象是谁？
Actors 行为者	谁来做工作？
Transformation 变革	什么需要变革？
Weltanschauung/Worldview 宇宙观/世界观	驱动这次变革的观点如何？
Owners 所有者	谁掌握权力/谁是权力所有者？
Environmental constraints 环境限制	什么因素会限制系统正常运作？

资料来源：作者。

城市博物馆对 CATWOE 的回答可能会体现出该馆客户是年龄较大且受过良好教育的观众，而行为者和所有者是专门从事相对鲜为人知的学术研究学科的独立策展人。相比之下，在以访客为中心的展览模型中，客户范围拓展至普罗大众，行为者是博物馆内部和外部的利益相关者，职责是扩大访客受众，同时广泛分配展览创作的授权和权力，如表 4.3 所示。如果城市博物馆认为采用优先考虑包容性、以游客为中心的展览观，或者由于环境限制而被迫需要这样做，策展过程就成为其变革发生的直接场景，需要对传统博物馆的等级管理进行重新思考，才能促进合作策展的博物馆实践。

由 CATWOE 的问题回答中得到启示，城市博物馆可以使用软系统方法论开发一个新的博物馆特定的概念范式，这个范式以

---

① D. S. Smyth and Peter Checkland, "Using a Systems Approach: the Structure of Root Definitions," *Journal of Applied Systems Analysis* 5, no. 1 (1976): 75-83.
② 与软系统方法论的各个阶段不同，CATWOE 问题不需要按照给出的顺序回答。

访客为中心进行策展，与独立策展人之外的其他行为者、所有者和客户进行合作（第 4 阶段）。之后，该馆将这一概念范式与现实世界（其社区）进行比较，以分析可行性并就任何所需的变更进行增补（第 5 和第 6 阶段）。它的实施（第 7 阶段）将在展览制作过程和组织结构方面产生范式转变。在其他博物馆功能中发起的以访客为中心的转变，从安保、筹款到藏品保护，通过博物馆组织系统地扩展，可以产生类似的结果。

表 4.3 CATWOE 展览范式的比较

Elements 元素	独立创意→以访客为中心的模式	
Customers 客户	受过良好教育的参观者（少数）	大众参观者（多数）
Actors 行为者	策展人	内部和外部的利益相关者
Transformation 变革	展览策划过程	
Weltanschauung 世界观	包容、协作、以访客为中心的展览	
Owners 所有者	馆长	内部和外部的利益相关者
Environmental constraints 环境限制	资源，尤其是财务方面	

资料来源：作者。

结　　论

因为博物馆工作在本质上并非科学，我们不能期待范式转变如库恩所描述的那样以可预测的方式发生。[①] 我们认为，当博物馆认为转变必需的时候，或一旦有足够动力促进转变的时候，模

---

① Kuhn, *Structure of Scientific Revolutions*.

型及围绕博物馆的组织结构会发生变化。在上述案例中，软系统方法引发了策展过程的转变，也必然影响组织结构，引起指向系统知情的组织结构的第二次范式转变。

参考文献

Alexander, Edward P. *Museums in Motion: An Introduction to the History and Functions of Museums*. Nashville, TN：American Association for State and Local History, 1979.

Blake, Kathryn E., Jerry N. Smith, and Christian Adame. "Aligning Authority with Responsibility for interpretation." in *Visitor-Centered Exhibitions and Edu-Curation in Art Museums*, edited by Pat Villeneuve and Ann Rowson Love, 85-96. New York：Rowman & Littlefield, 2017.

Checkland, Peter. "The development of Systems thinking by Systems Practice：A Methodology from an Action Research Program." in *Progress in Cybernetics and Systems Research* vol. 2, edited by Robert Trappl, Franz R. Pichler, and Francis de Paula Hanika, 278 – 283. Washington, DC：Hemisphere, 1975.

——. "Soft System Methodology：A Thirty Year Retrospective." *System Research and Behavioral Science* 17, (2000)：11-58.

——. *Systems Thinking, Systems Practice: Soft Systems Methodology: A 30 Year Retrospective*. West Sussex, UK：John Wiley and Sons, 1999.

Checkland, Peter, and Jim Scholes. *Soft Systems Methodology in Action*. Chichester, UK: John Wiley and Sons, 1990.

Collins, Jim. *Good to Great: Why Some Companies Make the Leap ... and Others Don't*. New York: Collins, 2001.

Czaijkowski, Jennifer Wild, and Salvador Salort-Pons. "Building a Workplace that Supports Educator-Curator Collaboration." in *Visitor-Centered Exhibitions and Edu-Curation in Art Museums*, edited by Pat Villeneuve and Ann Rowson Love, 237-248. New York: Rowman & Littlefield, 2017.

Ebitz, David. "Qualifications and the Professional Preparation and development of Art Museum Educators." *Studies in Art Education* 46, no. 2 (2005): 150-169.

Falk, John H., and Lynn D. Dierking. *Learning from Museums: Visitor Experiences and the Making of Meaning*. Walnut Creek, CA: AltaMira, 2000.

———. *The Museum Experience*. Washington, DC: Whalesback, 1992.

Feldman, Kaywin. "Preface." In *Visitor-Centered Exhibitions and Edu-Curation in Art Museums*, edited by Pat Villeneuve and Ann Rowson Love, xiii. New York: Rowman & Little-field, 2017.

Gasson, Susan. "The Purpose of Soft Systems Methodology." Accessed November 25, 2016. http://cci.drexel.edu/faculty/sgasson/SSM/Purpose.html

Hein, George E. "the Constructivist Museum." in *The

Educational Role of the Art Museum, edited by Eilean Hooper-Greenhill, 73-79. New York, Routledge, 1994.

Hirzy, Ellen Cochran, ed. *Excellence and Equity: Education and the Public Dimension of Museums*. Washington, DC: American Association of Museums, 1992.

Hooper-Greenhill, Eilean. "Museum Learners as Active Postmodernists: Contextualizing Constructivism." in *The Educational Role of the Art Museum*, edited by Eilean Hooper Greenhill, 67-72. New York: Routledge, 1994.

Kuhn, Thomas S. *The Structure of Scientific Revolutions*, 4th ed. Chicago: University of Chicago Press, 2012.

Love, Ann Rowson, and Pat Villeneuve. "Edu-Curation and the Edu-Curator." in *Visitor-Centered Exhibitions and Edu-Curation in Art Museums*, edited by Pat Villeneuve and Ann Rowson Love, 9-20. New York: Rowman & Littlefield, 2017.

——. "Edu-Curator: the New Leader in Art Museums." Paper presented at the National Convention of the National Art Education Association, Chicago, March 2016.

Samis, Peter, and Mimi Michaelson, eds. *Creating the Visitor-Centered Museum*. New York: Routledge, 2017.

Smyth, d. S., and Peter Checkland. "Using a Systems Approach: The Structure of Root Definitions." *Journal of Applied Systems Analysis* 5, no. 1 (1976): 75-83.

Van Mensch, Peter. "Methodological Museology, or Towards a

Theory of Museum Practice." in *Objects of Knowledge*, edited by Sue Pearce, 141-157. London: Athlone, 1990.

Villeneuve, Pat, and Ann Rowson Love, eds. *Visitor-Centered Exhibitions and Edu-Curation in Art Museums*. New York: Rowman & Littlefield, 2017.

Weil, Stephen. "From Being *about* Something to Being *for* Somebody: The Ongoing Transformation of the American Museum." *Daedelus* 128, no. 3 (1999): 229-258.

第三部分
系统思维在管理工作与领导力提升中的应用

本部分着重阐释系统思维方法在重塑管理与治理结构、提升领导力及培育组织文化工作中的应用。层级管理体系与一言堂模式可能催生无效的沟通体系和缺乏协作精神的工作场所文化,并由此导致组织发展停滞不前、组织机构不能有效反思其实践经验与教训,从而难以发展壮大或扩大影响力。在博物馆(基于本书第一部分介绍中首次提及的真实博物馆而构建的虚拟博物馆)中,一方面,由于管理结构采用层级式设计,其领导方式既非集体领导制又不具包容性,而员工又看不到工作的连续性和相互关联性——因此在工作中不能理解企业的明确意图和任务的预期影响。另一方面,博物馆的董事负责监控大部分决策过程,分支机构负责人向该名董事汇报,将博物馆的各项工作视作线性且相互独立的过程。

简斯(Janes)表示,博物馆通常采用早期工商管理模式中自上而下的层级管理方式,并有一位负责重大决策制定与实施的独立董事[①]。此种管理模式非但不能批判性地反思博物馆工作实践的不断变化,而且还驱使博物馆管理层年复一年做重复性工

---

① Robert R. Janes, *Museums in a Troubled World: Renewal, Irrelevance or Collapse?* (Abingdon, UK: Routledge, 2009).

作①。此外,此种模式亦不支持有助在相关个人之间催生真诚对话与协同理念的网络化沟通体系,不利于在博物馆工作实践中反映各方意见与不同观点②。尽管当前大多数博物馆均采用此种架构,但各自管理与领导方式却不尽相同。

管理并不仅仅只是博物馆高层管理者或领导者的任务。相反,管理涉及博物馆中所有参与实现博物馆对其受众产生积极、有意义影响的员工。第5章由兰迪·科恩撰写,旨在凸显博物馆管理中意向性实践与反思性实践的重要作用。意向性实践促使博物馆专业人员有意识地对本职工作进行规划和评估,反思性实践批判性反思并真实性反映自身工作,并借此将未来工作与博物馆优势和社区需求相关联。

在第6章中,帕特里克·格林、保罗·鲍尔斯和凯西·福克斯与读者分享了澳大利亚墨尔本维多利亚州博物馆所采纳的以集体领导力与团队协作为基础的管理模式。网络化博物馆是大型博物馆综合体(包括墨尔本博物馆、移民博物馆及科学博物馆)管理的最佳实践。该模式不仅有助博物馆员工确立共同目标、共享发展成果、实施轮岗、推行管理授权,还可赋予博物馆员工团队负责其热衷且擅长事宜的能力。网络化博物馆实践会影响基于集体愿景与信任且以持续改进为核心的学习型企业文化建设过程,反过来亦受其影响。本部分的两章介绍上述两类替代模型的目的在于促进博物馆向学习型组织转型③,力求通过共同学习推动博物馆更快更好更稳健发展。

---

① Robert R. Janes, "The Mindful Museum," *Curator* 53, no.3 (2010): 325-338.
② Janes, *Museums in a Troubled World*.
③ Peter Senge, *The Fifth Discipline: The Art and Practice of the Learning Organization* (New York: Doubleday, 2006).

第5章 意向性实践
思维方式与工作方法

兰迪·科恩

意向性实践最初作为一种概念,之后作为一种工作方式而被提出。该理论形成的基础是对个别博物馆组织实践观察结果的反思、我本人在诸多家博物馆供职的个人经历,以及我作为各类博物馆(从艺术博物馆到动物园)评估顾问的近三十年的工作积累。[①] 意向性实践是对三项重大观察结果的必要归纳,这三项观察结果是:(1)看到员工将评估视作一次兼具线性和偶然性特征的事件;(2)看到员工亦将项目工作视作线性且通常与既往项目脱节的孤立事件;(3)看到员工个人更倾向于独立工作或在所供职部门范围内工作,而非团队协作或跨部门工作。这三类线性和割裂性的组织行为相互交织、联结耦合。即便是在经常开展评估工作的博物馆,评估结果亦既未被讨论,也未被分享,更未应用于未来项目。人们对从一位员工本职工作中汲取经验教训兴味索然,仿佛已无任何东西需要学习一样;即使供职于同一个组织机

[①] Randi Korn, "The Case for Holistic Intentionality," *Curator: The Museum Journal* 50, no. 2 (2007): 255-263.

构，员工也可能认为一个部门中的工作与其他部门工作毫无瓜葛。

员工认为其工作是割裂的独立事项，而不致力于与同一机构中的同事协作。这导致学习环境迂滞陈腐、系统支离破碎，并可能借此孕育出一个步履蹒跚、每日艰难地在无统一目标的混沌状态下从一个项目到另一个项目踉跄前行的组织机构。但如果一家博物馆采用系统思维方式，情况又会怎样？作为一种整体思维方式，系统思维将各个项目视作一个连续统一体，构成所有服务于特定目的的项目网络的一部分。此外，如果一个组织机构的所有部门都作为一个有机系统开展运作并在共同事业中实现思想与行动的统一，那么情况又会怎样？最后，如果员工集体抽出时间思考并讨论各自工作实践与评估结果，情况又会怎样？在这样的博物馆中，员工在协同工作中不断学习，组织机构在向前迈进的同时，保持强劲发展势头并有望取得预期成果。以上描述精准勾勒出一个追求意向性实践的组织机构图景，同时还描述出一个由相互关联/相互依存的部门组成的高效运转体系。

意向性实践既是一种整体思维方式①，又是一种以实现意图为目标的工作方法，还是博物馆提升其社区影响力的一种策略。与系统思维相类似，意向性实践是一种在整个组织机构范围内实施的工作方式，有利于博物馆（或任何其他非营利机构）工作的推进。与其他工作方式相仿，在意向性实践过程中亦需遵循一些基本原则：

---

① Randi Korn, "Creating Public Value through Intentional Practice," in *Museums and Public Value: Creating Sustainable Futures*, ed. Carol A. Scott (Surrey, UK: Ashgate, 2013), 31-44.

1. 组织机构希望通过维护其所服务的受众利益,而实现比自身目标更大的愿景(例如影响力);

2. 员工清晰理解博物馆希望对观众产生的影响;

3. 为实现博物馆的预期影响力,员工不断调整本职工作;

4. 员工基于自身对博物馆发展的期许,定期评估博物馆的发展现状,以便不断学习和改进;

5. 员工反思博物馆实践和评估数据,并将学习成果应用于未来工作;

6. 员工在整个组织机构内开展各层级的协作;

7. 员工借由问询和主动倾听来理解和欣赏不同看法并汲取其精华。

意向性实践是一种不断演化发展的工作方式

过去 10 年间,意向性实践发生了巨大变化,并将继续演化发展。我将坚持完善所学知识与技能,并运用于概念和实践方法。在当前发展阶段,意向性实践包括围绕其核心(即影响力)而分布的四个行动象限(规划、一致化、评估及反思)(见图 5.1)。前述五个要素相互衔接、相互依赖,共同构成一个理想工作体系。

意向性实践意味着一个高效运作的体系——组织机构——围绕其核心,在四个象限内开展工作,而员工则致力于实现博物馆希望,在目标受众中造就预期影响力和发展成果。围绕意向性实践的核心并兼顾四个象限的工作策略,不应被视为员工的额外负担,而应被看作员工唯一的工作。关注与强度是必要的,因为如果一家组织机构的领导与员工缺乏持之以恒的关注,则预期影响力不太可能兑现。

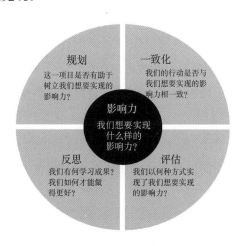

图 5.1　意向性实践循环

资料来源:作者。

确立共同目标或影响力,是博物馆追求意向性实践的先决条件。如果缺失阐明支持性成果的影响力声明,并将其作为各项工作的指导方针,则博物馆就可能像无舵之船一样迷失方向(图 5.2 "影响力金字塔"阐释了影响力声明、成果及指标之间的关系)。斯蒂芬·威尔(Stephen Weil)[①] 在博物馆的著作中表明了,作为博物馆应明晰阐释发展目标的支持者的态度。他建议博物馆借鉴联合劝募组织美国联合之路(United Way of America)的宗旨——

---

① Stephen Weil,"From Being *about* Something to Being *for* Somebody: The Ongoing Transformation of the American Museum," *Daedalus* 128, no. 3 (1999): 229-258.

"为改善人类生活品质作出积极贡献"①。在著作中,斯蒂芬抛出问题:"差异真的有用吗?抑或这只是我们所关切的意向性分歧?"他总结道:

> 在问责制领域,答案必将是后者。博物馆项目……可能催生一系列有意和无意的后果。然而,积极问责制的核心问题——在执行其项目时该组织机构是否有效利用其资源——只能从该项目预期后果的角度加以回答……一家好的博物馆必然会围绕一个明晰定义的目的开展运作,而此类目的又以该博物馆希冀并期望实现的一系列具体的积极成果加以描绘②。

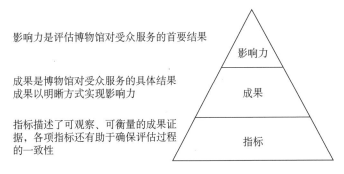

图 5.2　影响力金字塔

资料来源:作者。

如果缺乏阐明相关成果的影响力声明(此等说明旨在描述该组织机构希望在受众中实现的目标),组织机构目标难以明确地保证各项工作有效推进。影响力声明是融合三个重要概念

---

① Stephen Weil, *Making Museums Matter* (Washington, DC: Smithsonian Institution Press, 2002), 60.
② Ibid., 61-62.

的一句话陈述：(1) 员工的集体工作热情——员工完成各项工作的目的是什么；(2) 博物馆的独有特点——博物馆最擅长的领域是什么；以及 (3) 与公众相关的内容是什么（可能需要开展评估与研究），以便博物馆能够对人们生活产生积极影响。为创建影响力声明与成果，领导团队与员工队伍可在推进会中集体探讨上述三大议题。尽管此项工作具有挑战性（因为它需要达成共识和共同协商），但对于作为一个整体开展运作的领导团队与员工队伍而言，它不啻为极度令人振奋和鼓舞人心之举。

以下是博物馆影响力声明和使命声明的示例。使命声明旨在描述博物馆各项工作，而影响力声明则主要阐释博物馆各项工作对所服务受众的影响结果。使命声明与影响力声明相互补充、相互配合。使命声明通常将博物馆名称放在句首，详尽阐述博物馆的各项工作；而影响力声明则通常将"观众"或"受众"放在句首，主要关注博物馆工作的受众。

使命声明：

摩根图书馆与博物馆的使命是保存、建造、研究、呈现和诠释一系列具有非凡品质的展品，以挖掘乐趣、激发想象力、推进学习和培养创造力。

影响力声明：

观众与创意表达和思想史实展开亲密对话。

意向性实践导航

影响力声明成功创建后，组织机构将能够对未来项目做出决策，牢记"所有项目都应该与博物馆希冀造就的影响力和成果联系起来"。最初，组织机构可从意向性实践的任何象限入手，且可按任何顺序在四大象限间移动；然而，大多数博物馆都从"规划"象限入手；或者因为不了解人口统计数据以外的受众，而需要从"评估"象限入手；有时，某些博物馆会同时着眼于"规划"与"评估"象限。尽管在意向性实践核心的周围环绕着四个截然不同的部分或过程（意向性实践由这些要素构成），但这些要素并不相互排斥；员工可在规划过程中预留一致化设计和/或开展评估，且可以也应该定期反思其具体实践和评估数据。在博物馆意向性实践的内化过程中，领导团队与员工队伍应朝着同一个目标携手奋进，并运用他们共同制订的影响力声明来指导具体工作与决策过程。

规　　划

在"规划"象限中，员工借助影响力声明来分析、审查及检核现有的和全新的项目构想。影响力声明也可在困难时期用于指导组织决策。例如，在最近经济衰退期间，位于北卡罗来纳州的雷诺尔达之家美国艺术博物馆运用影响力声明来指导其预算规划工作。在规划制定过程中需要思考一个显而易见的问题："这一项目/计划是否有助于树立我们想要实现的影响力？"此外还须考量更具体的问题，其中包括该项目/计划的目标受众是谁以及它是否有助于凸显本组织机构的独有特点（请参阅下文中列出的待审核问题列表）。员工应能够轻松展示项目与部分预期成果的直接相关性。此外，员工还应意识到拒绝项目所需的勇气。博物馆通常擅长说"是",而不擅长说"不"。待审核问题鼓励员工在了解影响力声明、博物馆特点、目标受众和预期成果的背景下,缜密细致且实事求是地讨论传统项目和新项目,以便员工能够确定博物馆应接纳哪些新工作而拒绝哪些工作(或终止哪些现有项目)。譬如,影响力声明能够赋予博物馆执行董事以勇气,勇于对与博物馆预期影响力不符的请求说"不"。例如,巴尔的摩艺术博物馆的董事也曾使用一份影响力声明来指导其决策过程:望着桌面上铺陈的影响力声明,她深知自己的决定具备强有力的理由支持!

待 审 核 问 题

1. 受众:谁是目标受众?该项目的哪些方面密切贴近目标受众?哪些方面不能?

2. 使命/影响力/成果:该项目是否有助于实现使命和造就影响力?其原因何在?该项目能够为哪些具体成果提供支持?

3. 特点:该项目是否有助于凸显博物馆三个或更多的特点?具体而言,能够以何种方式凸显哪些特点?

4. 资源:该项目的资金环境是否满足资源需求?它是否需要新的资源或重新调整资源?如果存在差距,将如何解决?

5. 员工:项目是否需要额外员工或调整员工岗位?需要哪些员工直接参与?

评 估

由于需要了解观众，博物馆也可从"评估"象限入手①。了解观众有助于增强博物馆对观众的吸引力。有时候，我们无需将博物馆对观众的研究工作（例如基本受众研究）纳入评估的范畴；而其他时候，博物馆开展评估的目的在于确定展览或项目实现其既定目标（例如影响力与成果目标）的方法。传统上，在评估阶段，博物馆根据员工希冀实现的目标，系统性收集用户信息并审视用户对项目的体验。在意向性实践模式中，评估被从项目层面提升至机构层面，而评估工作则被设计用于研究整个博物馆实现其既定目标的方式。对整个博物馆的思考类似于将系统思维方法应用于具体的工作实践。其成功与否的评判标尺是成果与影响力评估。相比于评估独立项目或展览的工具与手段，影响力评估使用的数据收集工具与分析策略则更为复杂。例如，影响力评估必然要从会员、现场观众、教育工作者及社区领导等一系列人群中收集数据，然后采用定性与定量的分析方式实现数据的三角剖分。

反 思

反思涉及个体学习与组织学习，除非人们抽出时间专注思考

---

① Peter Senge, *The Fifth Discipline: The Art and Practice of the Learning Organization* (New York: Doubleday, 2006).

其本职工作、博物馆全局工作以及评估数据对前述两类工作的评价,否则此类学习将难以为继。对博物馆工作的反思未必需要数据作为支撑;事实上,博物馆甚至可以建议员工与同事一起反思博物馆的具体实践。尽管所有寻求意向性实践的博物馆都应开展内部协作,但有鉴于构成整个博物馆的部门与分支千差万别,同时考虑到团队共享与集体学习的强大作用,在全博物馆范围内动员各层面员工积极反思至关重要。因为组织反思的最大障碍是缺乏时间,而成功反思的秘诀在于养成可有效解决时间紧迫问题的新习惯,例如重新调整月度员工大会(每月召开一次)的议程,以帮助员工反思而非逐一审查每位员工当下的具体工作事项。

此外,还可采用每月一次特别午餐会的形式。此类午餐会的唯一目的是反思近期完工的项目或计划。任何促进员工在工作中相互学习取长补短的努力都有助于培育一种学习型企业文化,在此种氛围中,提出问题和探寻不同解决方案都变得大受欢迎和司空见惯。

一 致 化

"一致化"象限是博物馆需着手解决的最困难的象限。一旦博物馆完成影响力声明与支持性成果的编制工作,我们就有必要反躬自问:我们应如何调整各项工作,以便使观众能感受到我们为其精心设计的博物馆体验?只有最果敢的博物馆才会勇于尝试意向性实践中的一致化象限。那么"一致化"象限缘何如此难以企及?究其原因有以下几点:

1. 下文列出的一致化问题要求员工参照其希冀实现的影响

力目标，认真审视自身行动和资源。如果博物馆已凭借艰苦卓绝的努力，完成了影响力定义和特定受众成果的编制工作，那么它应该审视馆内所有计划和项目，以此判定哪些项目业已实现其既定影响力目标，哪些项目未能实现此类目标。为此，博物馆可以叫停无效项目，从而释放资源，用以变革既有项目或创立更匹配博物馆既定影响力目标的新项目[①]。然而这正是问题所在：改变个体行为与组织行为绝非易事，因为人们通常发自内心地抗拒变化；他们喜欢维持现状。当我询问博物馆采用现有工作方式的原因时，答案通常是："因为这是我们的惯常做法。"

a. 目标受众：当前展览、项目和举措适合哪些目标受众？哪些目标受众被忽略？为更好地贴近目标受众，可能需要改动哪些展览、项目及举措？

b. 影响力与成果：X 展览/项目/举措是否有助于博物馆实现其影响力与成果目标？具体而言，哪些展览/项目/举措要素有助于实现影响力与成果目标？哪些计划要素不利？为助力博物馆实现其影响力与成果目标，我们能够强化哪些要素？如何强化？

c. 独有特点：X 项目是否有助于凸显博物馆三个或更多的独有特点？具体而言，能够以何种方式凸显哪些独有特点？能否找到恰当方法强化 X 项目在凸显博物馆独有特点中的作用？X 项目是否还有助于凸显博物馆的其他独有特点？

d. 资源：X 项目如何获得资金支持？它是否需要额外资源或重新调整资源？相比可能达到的影响力水平，资源占用的增量是

---

① Stephen Weil, "A Success/Failure Matrix for Museums," *Museum News* 84, no. 1 (2002): 36-40.

否物有所值？

　　e. 员工：X项目是否需要额外员工？相比可能达到的影响力水平，额外的员工成本是否物有所值？

　　2. 尽管人们抗拒改变，但当博物馆决定采纳新举措时，接受改变就会变得不再艰难。出于某种原因，在人们现有基础上不断增加工作量而不删减任何事项或事务似乎更容易做到——似乎每一项新举措都有助于博物馆实现其既定的影响力目标。然而，就员工能力而言，不断增加工作量的想法不具有可持续性——但我想我知道为什么博物馆更易增加员工工作量而非削减员工工作量。工作量与博物馆衡量成功的方式有关；传统上，成功与规模和数量密切相关。例如，评审编程人员的一项指标便是其编写程序的数量，而另一项指标则是参与人数。数量通常是成功的标志；然而，人们可以合理辩称：数量本身不再足以构成成功的关键指标。譬如，参与人数仅意味着人们如期前往——而并未在重大意义领域提供任何指示。博物馆的项目数量亦是如此——由于人们往往更关注数量而非质量，因此项目质量可能不会被列入讨论范畴。有时，人们可能会问："那么博物馆在提升社区生活品质领域是否有所作为？"在本章中，对影响力目标是否实现的判定更多涉及质量的权衡而非数量的对比。这并不是说数量无关紧要，也不是说高品质项目就不能吸引高数量受众。数字自有其存在的意义。然而，一旦某家组织机构的定性价值以受影响受众的数量（这可以通过研究和评估实现）来表达，则数字可能会变得更有意义。

　　3. 当员工被要求在资源与影响力网格表（一个轴表示影响力的高低，另一个轴表示资源占用的多寡）中绘制其工作坐标曲线时，员工总是将其项目描绘为兼具高影响力和低资源占用率的工作。如果博物馆所有项目都极少占用资源但能实现极高影响力（正如员工说服自己和他人相信的那样），则我们无需进一步了解博物馆的具体实践——因为博物馆已在这一领域达至"完美境地"。威尔（Weil）也注意到并记录下这一现象："在某种程度上，我们几乎会下意识避免公开提及经营不善的博物馆。这可能只是基于可以理解的'同业关系'，甚至是出于彼此保护的同情愿望。"①

由于"一致化"象限与"评估"象限和传统的成功指标相互交织，且"一致化"象限要求工作人员精准且实事求是地标明其工作质量，因此"一致化"象限鲜少受人关注。倘使博物馆想要采纳意向性实践模式，则组织变革将无可避免。那么此时，博物馆应如何解决一致化问题或摒弃不合逻辑的工作习惯？由于人类思维总是偏向于理性化，因此需要实事求是地去寻求意向性实践，在一致化领域尤其如此。员工需核查判定哪些项目可能影响力较大而哪些项目可能影响力较小，并在此基础上确定哪些展览、项目和倡议需要修改而哪些需要遗弃。

实施意向性实践

博物馆寻求意向性实践的方式是确保意向性实践取得成功的关键。首先，组织机构内跨部门和上下级之间进行协作（领导与

---

① Stephen Weil, "A Success/Failure Matrix for Museums," *Museum News* 84, no. 1 (2002): 58.

员工）的意义非凡。此外，包容性与协作也至关重要；当员工朝着不同目标各自独立地开展运作时，组织意图将难以实现。如果企业文化缺失恰当的社交基础设施，则该组织机构可能需要培养员工的合作精神。领导力、开放性、勇气及信任只是着手构建博物馆范围内协作基础设施时所需的诸多组织特征中的几个示例。为了能开始探索和强化实现影响力目标的途径，所有员工都需要了解博物馆内各部门同事的工作。同样，领导团队也需对博物馆各项工作了如指掌。在从头开始着手构建自上而下的协作基础设施时，博物馆需采用行之有效的沟通策略。

沟通涉及信息与思想的交换方式。在执行协作性任务时，我们需要专家协助才能汇集所涉各方，携手努力实现共同目标。对所有意向性实践工作而言，询问或提问是一种卓有成效的辅助手段。提出问题有助于化解矛盾并表现出民主化姿态；询问有助于提高对问题的认识、澄清问题，并帮助个体更深刻领会和理解他人的观点。此外，询问还催生对话，而对话是人类学习的主要方式[1]。有人深信"耻于提问会导致不假思索的贸然行动"[2]，在博物馆寻求意向性实践的过程中，深思熟虑后行动至关重要。波里斯基（Preskill）与托雷斯（Torres）还指出："持续不断质疑我们工作的实践、流程和成果，能够在激发我们持续学习兴趣与相

---

[1] Joshua Gutwill and Sue Allen, *Group Inquiry at Science Museum Exhibits* (San Francisco: Exploratorium, 2010); Gaea Leinhardt, Kevin Crowley, and Karen Knutson, *Learning Conversations in Museums* (Mahwah, NJ: Lawrence Erlbaum, 2002).

[2] Hallie Preskill and Rosalie T. Torres, *Evaluative Inquiry for Learning in Organizations* (Thousand Oaks, CA: Sage, 1999), 61.

互连通感的同时，提高个体、团队和组织机构的绩效。"①

由于很难被视作重要的相关机构，因此博物馆可能需要参与两项看似迥然不同的行动，即在各自机构中搜索和探寻可能与其社区相关的契合点。一旦找到共性，博物馆就可重新调整各自工作以适应两项行动的要求。如果博物馆选择采纳此种工作方式，它的努力则终将获得回报，并借此转型成一家重视和践行持续学习循环过程的组织机构；此外，它还有望成为一个充满激情与诚实守信的组织——而这两点属性将深得观众和博物馆专业人士的认同与尊重。

参考文献

Gutwill, Joshua P., and Sue Allen. *Group Inquiry at Science Museum Exhibits*. San Francisco: Exploratorium, 2010.

Korn, Randi. "The Case for Holistic Intentionality." Curator: *The Museum Journal* 50, no. 2 (2007): 255-263.

——. "Creating Public Value through Intentional Practice." in *Museums and Public Value: Creating Sustainable Futures*, edited by Carol A. Scott. Surrey, UK: Ashgate, 2013.

Leinhardt, Gaea, Kevin Crowley, and Karen Knutson. *Learning Conversations in Museums*. Mahwah, NJ: Lawrence Erlbaum, 2002.

Preskill, Hallie, and Rosalie T. Torres. *Evaluative Inquiry for*

---

① Hallie Preskill and Rosalie T. Torres, *Evaluative Inquiry for Learning in Organizations* (Thousand Oaks, CA: Sage, 1999), 65-66.

Learning in Organizations. Thousand Oaks, CA: Sage, 1999.

Senge, Peter M. *The Fifth Discipline: The Art and Practice of the Learning Organization*. New York: Doubleday, 2006.

Weil, Stephen. "From Being about Something to Being for Somebody: The Ongoing Transformation of the American Museum." *Daedalus* 128, no. 3 (1999): 229-258.

——. *Making Museums Matter*. Washington, DC: Smithsonian Institution Press, 2002.

——. "A Success/Failure Matrix for Museums." *Museum News* 84, no.1 (2002): 36-40.

第6章 网络化博物馆中的领导者
维多利亚州博物馆系统思维范例

帕特里克·格林　保罗·鲍尔斯
凯西·福克斯

作为澳大利亚最大的博物馆集团，维多利亚州博物馆是一家网络化运作的组织机构。在这类组织中，"独立个体与团体充当独立的节点，跨越国境相互交联，为了一个共同的目标而携手奋斗；它在多位领导者的带领下，采用多样化自愿联系和交流沟通方式"[①]。此种方法与分层的、指挥与控制型、区块化且自上而下的管理实践相对立，而后者这种管理方式在当今博物馆中仍普遍存在。本章中我们将宝琳·甘德尔（Pauline Gandel）儿童画廊的发展历程作为案例，着重阐释网络化组织机构的原则如何应用于维多利亚州博物馆，用以展示博物馆的实际应用。

维多利亚州博物馆是根据维多利亚州议会法规建立的州立博物馆，藏品包罗万象，约有1 700万件，广泛覆盖科学、土著文化、社会历史及科技历史等各个领域。该博物馆在多个地点开展

---

① Jessica Lipnack and Jeffrey Stamps, *The TeamNet Factor: Bringing the Power of Boundary Crossing into the Heart of Your Business* (Essex Junction, VT: Oliver Wight, 1993).

业务，其中包括墨尔本博物馆（包括布吉拉卡原住民文化中心和墨尔本 IMAX 影院）、移民博物馆及科学博物馆（包括墨尔本天文馆）。该博物馆也是皇家展览大厦的管理者，该大厦建于 1880 年，最初作为墨尔本国际展览大厅，现已被联合国教科文组织列为世界遗产。此外，维多利亚州博物馆还有两个场外收藏存储设施，共拥有 500 名全职员工，分布在 3 个部门，每个部门的员工均由首席执行官（CEO）领导下的一名董事负责管理。

这四名管理者（3 位部门主管与 1 位首席执行官）构成维多利亚州博物馆的执行团队，并在董事会监督下行使博物馆运营权。当本书作者之一格林（Greene）于 2002 年被任命为维多利亚州博物馆首席执行官时，他试图采用一种方法，即通过增强各部门之间的相互关联性来提升组织机构发展的稳健性和敏捷性。[1] 在与员工协商后，该博物馆明确了其首选的企业文化：不同地点与空间工作的团队和个人，通过协作以实现共同目标和共同成果。

尽管在对维多利亚州博物馆新架构的考量过程中，格林尼并不了解系统思维理论，但其提升组织机构的全面性、有效性的努力，与系统思维理论有突出的相似之处。[2] 系统思维鼓励团队所有成员在迈向共同目标的进程中，理解不同部门、角

---

[1] J. Patrick Greene, "Creating a Culture of Change in Museums," in *Museum 2000*: *Confirmation or Challenge*, eds. Per-Uno Ågren and Sophie Nyman (Stockholm: Riksutställniinga, 2002), 187–190; J. Patrick Greene, "Museum Victoria: Building the Networked Museum," *reCollections: Journal of the National Museum of Australia* 1, no. 2 (2006).

[2] Peter M. Senge, *The Fifth Discipline: The Art and Practice of the Learning Organization* (New York: Doubleday, 2006).

色、成员及观点之间的相互连接与相互依赖，理解使博物馆及其社区受益的愿景，将组织视为更大社会系统中的网络化实体。这体现在维多利亚州博物馆网络化系统的架构与文化中，具体如图6.1所示。

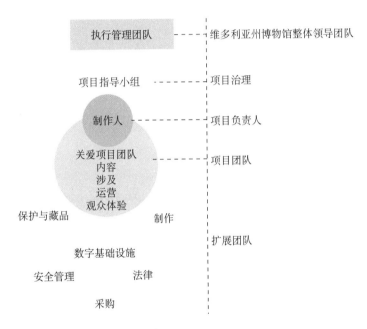

*执行管理团队由以下人员组成：
首席执行官
董事——藏品、研究和展览
董事——公众参与
董事——企业服务
**项目指导小组为儿童画廊项目设立，由以下人员组成：
展览经理
墨尔本博物馆经理
教育与公共项目经理
生产与技术服务经理

图6.1 维多利亚州博物馆组织结构

资料来源：作者。

此种企业文化已有意识维持长达十年之久,并已构成博物馆运作的基础。儿童画廊项目是维多利亚州博物馆改造升级后为其最年轻受众,即从婴儿到五岁儿童设计开发的项目。该项目始建于2014年7月,2016年12月正式向公众开放。儿童画廊位于墨尔本博物馆现有建筑内,是一个占地2.2万平方英尺的大型项目,包含由玻璃墙与多扇门连接的大型室内与室外空间。该项目借鉴了维多利亚州博物馆在教育、社区合作伙伴关系、受众参与、设计、制作及策展领域(自然科学、土著文化、历史及技术)的内部专业知识。该项目是展示网络化博物馆文化的实际应用与裨益的窗口。

项目团队:延展信任、赋权及信心

网络化模式的核心是智慧型权威理念——个体基于其所拥有的知识与智慧(而非其在等级制度中的地位)而获得权威。网络化博物馆的企业文化专注于在信任与信心的基础上赋能、赋权并引导其员工。团队成员之间以及管理者与代表之间的此种信任与信心构成网络化模式成功的核心。项目团队有权决定如何在项目中确定资源与支出的优先次序。此外,项目团队亦参与愿景制订和决策过程。在与儿童画廊相仿的大规模和高复杂度的项目中,项目团队需要不断平衡资源的优先顺序。而层级式决策过程则意味着可能错过机会,且项目成功的评判标准倾向于更易量化的项目管理措施(例如预算和进度)。

此类传统层级式机构与附带诸多规则且高度结构化的许多项目管理体系一致,但此种方式有悖于我们的企业文化。我们的方法中存在少量固定需求（例如项目规划与指导小组），但该过程更多地被视作是以制作人为核心的技术娴熟团队使用的一套工具。人们通常假设此类团队会根据项目、团队和具体情况的要求，完成工作方式的调整和定制。截至目前，模板和方法指南俱已更新，可供所有人访问。作为动态文件，它们反映了网络化博物馆致力于不断完善学习型企业文化。

开放性思维与流程有助于提高项目的完整性。在此种模式下，项目团队能够做出更微妙的定性判断，并在此基础上优先考虑对受众最有益的成果。有鉴于此，经由网络化博物馆表达的系统思维除有助于激发创意之外，更可赋予小型团队表达愿景和跟踪后续实现过程的权利，从而加速推进构想变为现实的过程。

网络化博物馆的特点

网络化博物馆的特点主要有：直观的企业文化、明确界定的领导地位与授权、赋予项目团队应有的权利。博物馆项目团队的成员来自不同工作组，他们共同负责确保项目成功完成。前述特征的有效应用和网络化的博物馆文化使维多利亚州博物馆受益匪浅。博物馆因此能够在持续创新的同时，在博物馆内部与外部培养和扩大建设性伙伴关系。

以共同价值观为基础的文化

为了确保员工队伍能够形成合力，所有员工被要求围绕组织机构的共同目标——战略规划来开展工作。规划制定过程中的一项关键要素,是鼓励整个组织机构中的各级各类员工积极参与。实施规划的第一步,是指派一组工作人员通过开展环保排查研究影响博物馆各项工作的所有要素。该小组由技术、财务、政治、人口和专业领域的工作人员组成。在完成环保排查之后,博物馆组织召开了数次研讨会(研讨会成员包括董事会成员和博物馆领导),并组织所有感兴趣的员工进行开放式座谈讨论。此外,博物馆在战略规划中还考虑了外部运作环境的不断变化以及培育兼具敏捷性与适应性组织机构的必要性。

鼓励各级各类员工积极参与规划过程,有助于确保最终出台的战略规划能够得到所有员工的认可与支持。此类战略规划通过组织政策、年度业务计划及部门计划,渗透落实到各个具体项目和员工工作计划中。这反过来又可提高战略规划成功实施的胜算,因为员工能够借此理解博物馆战略规划与其工作领域的关系,以及员工为预期成果作贡献的办法与途径。共同的愿景与价值观以及明晰的目标、时间表和流程,有助于员工在识别机会的同时理解边界所在,从而赋予员工自由创造的氛围。

儿童画廊项目体现了组织机构共同价值观的延展。该项目的诞生涉及一个由两人组成的团队(一位制片人和一位墨尔本博物馆教育与社区合作伙伴项目经理),以及涵盖面很广的内外部讨论。该项目在最初阶段并未向画廊外部发布任何简报或计划。此外,亦缺乏对项目目标、预算和截止日期的一般性了解。正式文件在很晚之后方才出现。

此种想法共享模式在项目内部营造出的包容性文化氛围,对该项目积极构想至关重要。网络化博物馆的运营有赖于能够激发创造力与协作的有效沟通、共同的理解和价值观。而政治定位、等级制度、权力纷争以及赋予特定知识与技能以特权，则会导致其运营偏离轨道。从初步讨论会开始，儿童画廊项目的自身价值即已清晰可见。博物馆借助初步讨论会使广大员工和利益相关方（他们中有些人后来成为项目团队核心成员）参与儿童画廊项目。通过前述策略，我们建立起一种能够反映开放性的、开诚布公沟通价值观的文化。

在几个月时间里，我们潜心收集多元化资料——包括意见、受众研究、既有文档和建筑规划——并允许存在不同意见。在这一阶段，制作人的任务是将各方意见纳入项目简报（即我们该做什么）和项目计划（即我们该如何做）。通过在一个人的领导下把所有工作统一起来，我们确保简报和计划相互匹配；我们根据活动目的确定活动预算，根据需要挑选团队成员，并根据需求与要求来编制项目时间表。

最终，维多利亚州博物馆执行团队批准了项目简报与规划。这一阶段以胜利告终。此外还成立了项目指导小组，负责监督项目交付并确保制作人问责制的严格执行。项目组成员资格基于相关性、专业知识和影响力（而非架构、权威或历史）来确定。

明确领导地位与授权范围

领导地位的确立绝不是一次偶发事件；领导力的构建在于有意识的培养：员工个体必须经过培训方能成为有效管理者和领导者。我们在投入大量资金用于培育领导团队和潜在领导者的同时，认识到我们机构中的许多员工即使现在并未担任管理职位，也会在某些时候发挥领导作用。我们的项目团队管理模式涉及从博物馆相关部门抽调小型团队，因此需要相关管理人员具备高超的领导能力与项目管理能力。为此，我们招募具备这些能力的人士，并为员工发展制定了覆盖面甚广的培训流程。除专业技术培训之外，正式培训还包括人际关系技巧培训、项目管理培训、指导与辅导等。此外，我们还要求管理人员指导员工恪守我们网络化博物馆的各项原则。

在这一领域，授权是取得成功的关键。而授权又需要我们委以信任和信心。鼓励员工承担责任的前提是员工不仅能获得经理与同事的支持，而且还清楚地了解组织机构对他们的期望。在这一观念的引领下，四人执行管理团队专注于文化、政策、决策和治理等战略性关键领域；此外，管理团队还赋予有能力完成项目的团队必要的权利。

维多利亚州博物馆的展览开发模式是其企业文化的产物。我们的定制化流程以从业者具有主观能动性为核心，致力于赋能协作型团队，使他们能够借助规则与工具来实现有效治理。制作人的职责（项目经理与创意总监两个传统职务职责的集合体）是设想、开发并借助一个项目团队来完成项目。项目团队由从整个机构抽调的相关人员组成。制作人必须善于协作，长于指导，并能判别不同技能与责任。制作人应接受项目团队多元文化，引导团队成员创建有凝聚力的项目愿景。因此，至关重要的一点是，制作人能够容忍自己和团队的不确定性，并能在团队经历失败和困难之时提振士气。事实证明，制作人角色很难招募，但一旦找到合适人选，这一角色将有助于大幅提高效率。

为确保项目团队获得充分授权，领导小组与执行管理团队应与项目团队适当保持距离。必须明确的是，每个项目的领导小组都应为制作人服务，而非相反。借助简单模板实行月度报告制度，有助于制作人及时报告计划执行进度、寻求帮助或请求决策。但是文件架构有时又导致领导小组陷入细枝末节。在儿童画廊项目中，三位高级管理人员（博物馆经理、教育与社区项目负责人及展览负责人）组成项目设计阶段领导小组。一旦项目进入制作阶段，制作负责人即加入领导小组。在组织机构的最高层，执行管理团队可及时获悉所有项目的月度工作进展（使用月度报告模板）；该模板用于指示预算、交付和人员配置状况，并突出显示重大预警信息或问题。在博物馆中，这种治理职能部门与项目团队主动保持距离的情况并不常见。事实上，如果没有网络化博物馆文化，此种做法将难以为继。在这种高度信任的氛围中，博物馆打造出一支能力突出、值得信赖的团队。

在工作的某一阶段结束时，所有项目都需获得某种形式的批准。在博物馆中，采用筒仓结构管理审批事宜很常见，例如，首席执行官借助筒仓结构来判断设计，或者首席财务官借助筒仓结构来审查预算。但因该系统而不可避免引致的不一致性问题，则需要项目团队负责解决，例如项目团队需解决因预算不足而需变更设计的问题。为避免此种情况的发生并确保项目契合博物馆的整体文化，我们要有一个透明度高、界限分明的阶段流程。

在工作某一阶段结束时，项目团队会介绍所有信息，并邀请所涉各方开诚布公地提出意见和建议。在网络化博物馆中，这意味着来自多个领域的员工被视作真正的利益相关方，能够对项目的具体方面作出有益贡献。领导小组可以接受或拒绝制作人的建议，或将问题上报至执行管理团队。一个大型展览项目的交付期可能长达三年，因此大致分为五个工作阶段（简报与规划阶段、概念设计阶段、开发设计阶段、建造阶段和服务准备阶段）。机构需要投入巨大的时间成本，但是相比由一小群高级职员定期对项目进行频繁审查，高技能员工的结构化参与有助于极大提高项目的连续性。

我们始终需要对支出、风险管理和法律合规性进行正式控制。网络化博物馆员工的技能应包括接受并将上述内容纳入规划与日常工作中。一个将着眼点放在设计与受众领域的团队，很容易将重点关注政策与规则的人群妖魔化，但从长远来看，此举并无助益。事实上，我们需投入时间，公开讨论各类突出矛盾。只要投入时间潜心了解项目交付的环境框架，我们总能找到确保创建性成果的有效途径，并通过创建系统与流程提供支持。

召集博物馆各个部门审查儿童画廊设计，赋予了项目团队检查和改进其工作方式的能力，并为项目交付注入强大推动力。

团 队 授 权

我们的工作模式预先假定展览开发活动具有相互依存性。除致力于提供令观众满意的展览之外，一个项目倘想成功，就必须在组织机构规定的参数范围内运作，这些参数包括可用于协助观众的楼层工作人员或清洁工作人员的数量等。此种相互依赖性体现在各团队成员角色任务的相互交织之中。例如，与观众需求一样，维护团队的需求也应纳入设计师的考量范畴。

随着项目规划与简报付诸实施，我们从网络化博物馆员工队伍中抽调出一个小型核心团队，并为该团队创造良好运作条件。制作人与该核心团队共同分担五个明晰定义的角色——体验开发人员、策展人、设计师、项目协调员和首席运营官。这五个角色反过来又获得专家网络的进一步支持。这些专家包括受众研究或采购领域专家,或者在特定项目阶段为完成特定任务所需的专家(例如木工)。我们借助联合驻扎、社交和研讨会等方式精心培育并维护该团队的凝聚力。当团队成员发生变化时,我们都确保以感恩的心态,举办庆祝活动告别旧成员或欢迎新成员。

在儿童画廊项目中,团队成员的共同特征是与以观众为中心的实践休戚相关。该项目的所有员工都支持这样一种观念,即创造性设想应该被检验而非被指示。此外,设计与制作人员还接受原型设计和改进的工作任务,而非局限于构建和安装事宜。项目设计完结后,项目核心团队扩展为从教育、策展、设计和运营领域抽调的八名关键员工组成的团队。此后在开发与交付阶段,该核心团队由生产和技术领域更多员工提供支持。此种基于团队的运作方式借由跨部门协作,确保项目的方方面面(包括员工培训、开业后业务规划以及展览和教育项目开发等)得以妥善覆盖。

儿童画廊项目团队的开放式工作文化体现出广大员工积极响应的态度。从与多元化群体(包括儿童、家庭、博物馆成员、教育工作者、学者、社区团体、创新型专业人士以及跨儿童健康、残疾和权利领域的专家)广泛开展开放式讨论开始,项目团队成员就始终秉持开放式态度,承认他们所知道的和不知道的内容。对于项目团队来说,此类会议的核心是认真倾听而非发号施令。与此同时,项目团队对正处于萌芽状态的新的创造性设想开展颇为严格的非教条式评议。

之后在整个项目中,项目团队以外部工作会议、审查会、评估会及评议会等方式，与前述多元化群体商讨各类问题。这些早期讨论会中出现的一个重要群体是被项目团队统称为卫生保健专家的群体。该群体由具有婴幼儿卫生保健专业知识的专家组成，其中包括职业治疗师、理疗师、早期干预/高风险儿童领域教师、自闭症领域专家等。在鼓励这一非正式工作组积极参与儿童画廊项目的过程中，项目小组致力于确保为项目推进提供最大支持，而不是简单地为项目小组提供一份项目外部人员所需的治理任务清单。召开会议的目的在于鼓励认真倾听和平等参与。项目团队成员邀请设计师与理疗师讨论建筑形式的创造性设想，鼓励技术人员与听力障碍专家面对面交流，鼓励图形设计师与语言病理学家一同以批判性观点审查各类概念，鼓励运营人员与职业治疗师一起评估施工活动，凡此种种，不一而足。因此，深入的见地从这类对话中井喷式迸发。尽管看似简单易行，但这些建议能够给有额外需求的儿童带来深远且有益的影响。此外，如果没有这些建立在信任基础上的开放式对话，这些建议无法被人们巧妙运用到儿童画廊项目中去。

网络化思维对博物馆内外部环境的裨益

儿童画廊项目的成功有赖于项目团队的高效工作方式。项目团队成员来自博物馆的相关部门，但却有着共同目标。反过来，项目团队的高效工作又有赖于管理者对项目团队的赋权，使团队能够携手构建对受众需求、愿望和使命的深刻理解，并在之后的工作中，将这些理解反映到各自特定的专业领域。所有这些都需要开放性的、开诚布公的沟通文化作为基石。这种沟通氛围能够在改善项目成果的同时,增进所有博物馆工作人员对项目及其受众的了解。这是在整个开发项目推进过程中,而非在项目建成开放后实现的。由此产生的整体项目成果超出仅在博物馆之外开放展览型画廊的范畴。

在儿童画廊项目中,项目团队致力于与博物馆外的创意人才建立联系。例如,儿童剧团的创意总监被介绍给项目团队后,双方即构建了一种持续性关系,并催生出一系列以儿童为主导的评估实践。同样,当一家婴幼儿学习机构被引荐给项目团队后,双方携手创建了一家最佳实践型儿童保育中心,并邀请工作人员、儿童及其父母参加了多次评估会议。最终,由于认识到博物馆与其社区之间相互连接的必要性,儿童画廊项目在这些外部团体之间以及外部团队与博物馆之间构建关联,并在此基础上形成互利互惠的关系。

在网络化博物馆模式下,此种外部关系是博物馆内部精神气质的逻辑延伸。对项目目标与价值的热忱、承诺和信心,以及对博物馆必将为项目实现提供支持的信心,都有助于团队文化的培育与维护。这种团队文化能够在与更广泛的专家团体开诚布公地共享信息与观点中受益。我们在维多利亚州博物馆所采用的工作模式(包括展览开发)之所以有效,是因为此种工作模式与其所处的文化背景(即网络化博物馆)相互依存,而这种文化背景又充分展现出系统思维或网络化思维的固有益处。

参考文献

Greene, J. Patrick. "Creating a Culture of Change in Museums." in *Museum* 2000: *Confirmation or Challenge*, edited by Per-

Uno Ågren and Sophie Nyman, 187–190. Stockholm: Riksutställniinga, 2002.

——. "Museum Victoria: Building the Networked Museum." reCollections: *Journal of the National Museum of Australia* 1, no. 2(2006).

Lipnack, Jessica, and Jeffrey Stamps. *The TeamNet Factor: Bringing the Power of Boundary Crossing into the Heart of Your Business.* Essex Junction, VT: Oliver Wight, 1993.

Senge, Peter M. *The Fifth Discipline: The Art and Practice of the Learning Organization.* New York: Doubleday, 2006.

第三部分　采取行动

1. 现在您将如何描述贵馆的组织结构？它看起来是否像一个自上而下的模型？您如何最直观描述贵馆的组织结构图或框架？在日常工作上，贵馆的领导模式在员工互动领域看起来是否等级森严或相互割裂？该模式是否有助于员工协作和共享权限？社区合作伙伴关系能够与贵馆组织结构的哪些领域相匹配？

2. 在本书第二部分，您在协作型项目中应用切克兰德方法论（Checkland）中的目标系统概念化分析法（CATWOE）。同样，在第三部分，您可在项目规划和实施过程中应用科恩（Korn）的意向性方式。对照影响力金字塔（见图5.2）图例，您希望在此项目中达成何种成果或影响力？面向受众的预期成果应包括哪些内容？我们可使用哪些具体指标来衡量项目是否成功或是否实现成果？所有团队成员都应就前述问题的答案达成共识，并将其悉数记录下来，与同事和观众分享。在构建你们团队希冀造就的影响力时，请借助以下问题思考意向性实践循环（见图5.1）：

① 我们想要造就何种影响力？（影响力）

② 该项目是否支持我们实现我们想要造就的影响力？（规划）

③ 我们的行动是否符合我们想要造就的影响力？（一致化）

④ 我们通过何种途径造就了此种影响力？（评估）

⑤ 我们从中能够汲取何种经验教训？我们如何才能做得更好？（反思）

3. 在了解维多利亚州博物馆以团队为基础的领导模式之后,您如何描述贵馆构建和推行共享领导力的可行性?共享领导力在贵馆会产生何种影响?您如何说服董事、董事会或同事致力于向更具协作性的领导力模式转型?

第四部分

系统思维下的人力资源管理

　　博物馆专业人士是博物馆的宝贵资产,他们在博物馆运营、文物展陈、历史解读以及借助展览和项目与观众沟通等方面发挥了重要作用。然而,许多博物馆并未在工作场所的文化建设方面投入应有的时间、精力和财力。事实上,良好的工作场所文化有助于鼓励员工做好应对任何意外挑战的准备,帮助员工为未来工作做好准备,并通过培训,让员工真正掌握如何以更具实际意义和相关性的有效方式加强与博物馆周边社区的紧密联系。本部分各章节将对这些问题做深入探讨。

　　在博物馆(基于本书第一部分简介中首次提及的真实博物馆而构建的虚拟博物馆)中,博物馆并没有在预测挑战和培训员工以迎接未来挑战等领域投入大量的人力、物力和财力。该领域亦不构成博物馆日常管理的重要环节。博物馆各个部门的员工都更关注其归口部门的具体工作,尽管洪涝灾害之类的挑战(博物馆位于大江大河流域)会影响到整个博物馆工作的方方面面。事实上,博物馆多年前即已取消人力资源总监职位,且对员工几乎没有任何形式的定期培训。博物馆接班人计划也面临多项风险,许多职位(例如开发总监和执行董事等)的人员流动率居高不下。例如,虽然开发总监人事更替频繁,但博物馆并未通过培训让开发人员掌握开发总监工作的相关技能并进而成为开发总监的后备人选。相反,博物馆每年聘请一位新的开发总监。此外,在非合作型工作场所文化氛围中,博物馆部门各自为政,因此博物馆鲜少有机会反思在满足社区需求和维护社区利益方面的工作。

　　博物馆这种情况并非罕见。恰恰相反,这在许多博物馆中十分常见。博物馆不应仅仅片面关注每个人或每个部门当前优先事项清单上的内容,而应主动预测未来挑战,并为迎接未来挑战做好准备。这包括为员工提供专业发展机遇和培训,使员工转变思维方式,在工作中积极反思社区需求,而非局限于根据博物馆对社区需求的理解、闭门造车地开展工作。唯此,博物馆员工方可及时有效地响应影响博物馆观众人数的各项变化(例如人口结构变化和经济变化等)。这要求博物馆构建系统思维范式,根据长期战略规划和应对挑战的一体化流程,在树立大局观、立足长远、寻求稳步发展的同时,有效解决和应对日常运营的问题和挑战。

在第7章中,艾米·吉尔曼与林恩·米勒重点介绍了托莱多艺术博物馆(Toledo Museum of Art)在全馆范围内推行的企业风险管理(Enterprise Risk Management, ERM)系统和人才管理(Talent Management, TM)系统。这两个系统全面覆盖博物馆内所有部门的各类人员,能够在提高员工工作积极性的同时促进博物馆可持续发展。企业风险管理识别对整个博物馆造成潜在影响的所有事项,并通过培训助力所有员工为迎接未来挑战做好准备。人才管理通过识别存在退休风险或空缺风险的职位,帮助博物馆识别人员风险,促使博物馆积极有效地开展初级员工晋升培训,为今后担任更高级别的职务做好准备。此外,人才管理系统还有助于博物馆优化实习计划,在探索博物馆专业人才培养模式的同时打造更加多元化的员工队伍。托莱多艺术博物馆将多元化的缺失视作一种风险,并为此创建出一套专用制度,防止博物馆在未来发展中出现员工队伍多元化缺失的现象。

在第8章中,道格拉斯·沃兹借助由全球可持续发展咨询公司总裁兼首席执行官阿兰·阿特基森(Alan AtKisson)开发的可持续发展评估工具,阐释了乔治亚·欧姬芙博物馆的可持续性研讨会制度。此次研讨会的目标是确定当地社区的新兴需求,并在博物馆的各项工作中纳入当地文化相关性考量。面向文化相关性的规划有助于创造良好氛围和环境,使所有员工都可通过开放式沟通机制参与讨论社区面临的紧迫问题,并提出实施计划或活动建议。尽管此类研讨会仅举办一次,但却促使博物馆专业人士全方位思考博物馆在社区中的角色和关联关系等问题。

第7章 企业风险管理和人才管理
博物馆可持续发展的重要载体

艾米·吉尔曼　林恩·米勒

各博物馆在日常工作中时常谈及跨机构思维和打破壁垒。然而，在实践中实施和秉持这一理念要比理论上的探讨困难得多。在托莱多艺术博物馆（TMA），我们采用一种特别方式分析系统思维及其在整个博物馆中的应用方式。我们已开始严格落实和推行企业风险管理（ERM）和人才管理模式，并因此取得丰硕成果，在有效完善一体化流程和提高员工工作积极性的同时，不断提升博物馆可持续发展能力。我们深知，员工是机构实现可持续发展的不竭资源，因此也是我们人才管理工作的重点，而人才管理又是博物馆风险管理评估的一个关键组成部分。然而，人才管理唯有在组织机构所有部门内和所有层级上全面执行相关流程，才能确保有效性。本章将在第一部分对企业风险管理流程进行全面阐述，重点突出可在不同规模、等级的机构中实施的企业风险管理的实务操作。本章第二部分将详细阐释博物馆人力资源部门内的风险管理。

托莱多艺术博物馆历来都是在部门层面上，且主要从财务或安全的角度出发，对风险进行评估。然而，作为一种概念，风险已超越所有边界的限制。风险评估的主旨并不是为大规模灾难做好准备——尽管防范和应对大规模灾难始终是风险评估的一个重要组成部分。事实上，风险评估是大问题和小问题交织缠结的产物。这些或大或小的问题构成任何既定博物馆内制度风险的完整网络。正如知名系统理论家罗素·艾可夫所说："管理人员不会遇到彼此孤立的问题，而是实时面对由复杂系统组成的动态情景。在这些复杂系统中，各类问题不断变化、相互作用。我将此种情境称为混沌状况。我们可以借助缜密分析从混沌状况中提炼问题。管理人员的职责不在于解决问题，而在于管理混沌状况。"① 博物馆是复杂的组织机构，各类问题都会出现，且往往出现在意想不到的领域。在此情况下，我们究竟可为员工提供何种实用工具，使他们能够头脑冷静且目标明确地处理不可避免的意外事件（混乱）？

托莱多艺术博物馆的企业风险管理

首先，了解风险的确切构成至关重要。然后，我们应以一种既清晰又富有远见的方式，有条不紊地评估组织机构各个层级的风险。在这里，风险被定义为构成潜在伤害或损失的各类暴露因素（无论暴露程度如何）。企业风险管理在整个组织机构中定义上述风险。通常，此类分析会产生一份与该组织机构一样复杂且巨大的初始列表。正因如此，随着企业风险管理愈来愈多地被纳

---

① Russell L. Ackoff, "The Future of Operational Research is Past," *Journal of the Operational Research Society* 30 (1979): 93-104.

入组织机构的日常管理工作范畴，定期在微观层面与宏观层面之间进行切换至关重要。在这里，微观层面侧重于个人风险，而宏观层面则侧重于整个组织机构所面临的风险。实现这一目标的唯一有效方式，是借助系统思维方法来推进组织机构的各项计划。为将企业风险管理文化纳入各类员工的工作之中，我们必须专注于细节。与此同时，我们还必须高屋建瓴、自上而下地驱动企业风险管理工作。唯有如此，我们方能全面了解整体风险组合。员工、志愿者、观众和博物馆董事会每天都会做出影响博物馆整体风险的决策。例如，"暂停屋顶的全面修缮工程而仅专注于修补和处理出现的小问题"，似乎更快捷。然而，此类决定不应仅依据对基本操作层面的判断而仓促做出。在某些情况下，延期维护的决定可能不会导致任何问题（即，不会突发重大事件，事情最终得以圆满解决）。但在其他情况下，可能会因为一场突发的天气事件（特别是冬季突降大雪或遇风暴突袭）而导致情况发生戏剧性变化，使得一项微不足道的维护作业突然之间演化成一场危机，继而引发数额庞大的计划外资金支出。

企业风险管理流程的重点不在于宣称所有事物都具有同等风险，亦不在于当灾难性事件确实超出组织机构控制范围时，通过大肆宣扬灾难来吓唬员工或领导。相反，企业风险管理流程旨在帮助组织机构中各类员工全面看待风险并做出明智决策。此种系统化流程能够在推促整个组织机构内部开展全方位风险评估的同时，通过与一线员工协作来了解在个人层面减轻此类风险的方法，列出企业风险管理的优先次序，并培育企业灾害意识。我们永远无法悉数预见所有问题，我们只能致力于加强自身应对或将出现的问题与危机的能力。

托莱多艺术博物馆对组织风险进行识别，并对已识别风险进行优先级排序。此外，博物馆还确立了明确步骤，在确保所有员工都能理解"并非所有风险都可完全消减"的基础上，尽可能消减风险或合理消减风险。有时，最有效的风险消减措施是在事情发生时即已准备就绪。自启动企业风险管理体系建设工作以来，我们编制了一份热图，将每个风险类别放在一个矩阵中，矩阵确定了该风险类别周边突发事件的可能性及其潜在影响（见图7.1）。

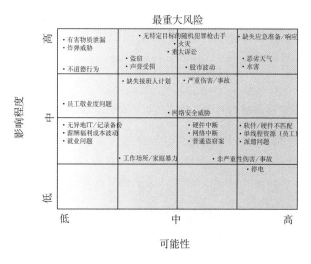

图7.1 风险管理热图

资料来源：作者。

该热图是覆盖整个博物馆风险类别的有用战略概述。之后，我们成立了一个由执行董事级别员工和重要部门主管组成的工作组，并开发了一个易于理解和执行的模板，用于处理各类意外事件。通过这种方式，博物馆各个部门的员工得以理解其本职工作如何能适应更宽泛的风险矩阵。目前，我们在致力于系统化识别更多部门专有风险的同时，不断更新每个博物馆工作组的标准操作程序（standard operation procedures，SOP）。严格审查标准操作程序有助于每位员工了解其日常工作与机构风险之间的关系。

风险管理领域的一项关键难题是：您永远不知道每一天您需应对的风险会出现在何处。下一次风险会源于员工、天气，抑或外界活动？有鉴于此，实践演练至关重要。为此，我们定期召集相关人员组成小组，探讨热图中实际存在的风险，并逐项研究各种可能情境。在这一过程中，托莱多艺术博物馆很快意识到：此类实践虽然或可引发暂时性紧张焦虑，但往往会凸显出可立即采取行动以降低风险的必要措施。开始时，您可能会觉得谈论诸如附近公路上油罐车失火或内部盗窃案之类的危机实属多此一举，但实践演练会帮助您在现实工作中面对突发事件时保持冷静。务请谨记，空乘人员在每次执行飞行任务前都必须温习应急程序，并不是因为他们认为有些人不熟悉应急程序，而是因为一次又一次的研究再三证明，信息演练（即使只是在脑海中演练信息亦是如此）只需利用数分钟时间目测识别最近出口的位置，但却有助于建立肌肉记忆，帮助您在意外事件和紧急情况下做出最佳响应。尼古拉·戴维斯（Nicola Davies）在一篇文章中阐述了肌肉记忆与危机响应训练的重要性。他指出："通过不断复现并习惯于预期的动作或任务，我们的大脑能够在新出现的情境中识别预期任务，并更迅速高效地做出响应。"[1]

大多数情况下，我们都在处理小问题，并且只是努力确保小

---

[1] Nicola Davies, "Muscle Memory and Visualization," *Frontline Security* 9, no. 3 (2014): 20-22.

问题不会演变为大问题。而这正是人力资源部门发挥核心作用的领域。尽管我们无法控制天气或不可抗力因素，但我们能够确保我们的员工在应对和处理危险境况时充分知情、训练有素且保持积极性和主动性。我们还可秉持务实精神，贯彻落实接班人计划和团队建设，以此确保博物馆不存在由一位工作人员集中掌握大量资源或信息的情形。对组织机构而言，这些都是因其敏感性特征或有时难以组织讨论而避免提及的议题，因此都构成组织机构面临的风险之一。我们将下一部分的主要内容列示于此，帮助读者深入了解我们博物馆内部采取的务实方法。该方法的架构可根据任何规模博物馆的实际情况轻松调整。

企业风险管理团队由三个关键团队组成——尽管这些团队在人员配置上存在交叠现象，但其中两个团队的预期职权范围截然不同。这两个团队分别是：负责决策的高级管理团队和负责采取行动以减少事故危害或做出应急响应的运营团队。第三个团队为安保团队，专门负责博物馆的日常运营以及把安全文化建设纳入整个组织机构各级各类重要议程之中。安保团队将在本章后半部分详细阐释，该团队一般侧重于优化博物馆的日常业务（并以此降低风险），而非制定政策、直接处理意外事件或紧急性问题（见图 7.2）。

承担博物馆关键职能的是领导和指定候补人选。博物馆副馆长担任运营团队的联络人，主要职责是确保博物馆董事充分了解运营团队正在处理的问题和突发事件。企业风险管理运营团队的成员包括以下领域的代表：借藏、财务、开发、信息技术、设施、营销/传播、人力资源、安全、教育、登记员及外部顾问（法律顾问或其他人员，具体视情况而定）。作为初步工作的成

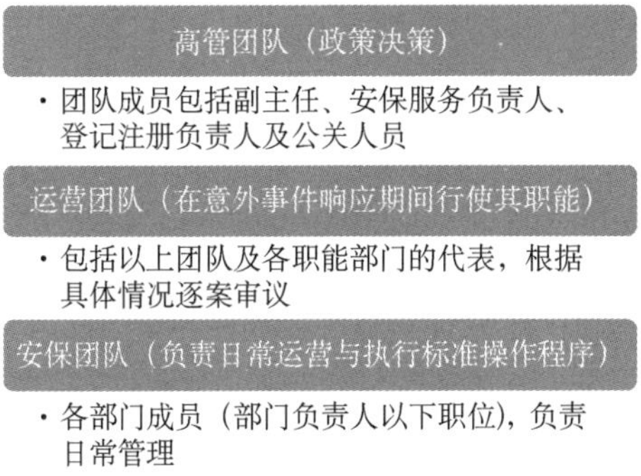

> **高管团队（政策决策）**
> - 团队成员包括副主任、安保服务负责人、登记注册负责人及公关人员
>
> **运营团队（在意外事件响应期间行使其职能）**
> - 包括以上团队及各职能部门的代表，根据具体情况逐案审议
>
> **安保团队（负责日常运营与执行标准操作程序）**
> - 各部门成员（部门负责人以下职位），负责日常管理

图 7.2　企业风险管理团队架构

资料来源：作者。

果，该团队确定，为最大限度地发挥潜在作用，应急计划应尽可能篇幅短小，且应将重点放在辨识现场事件级别及紧急程度上。运营团队应采用不同类型的沟通与交流方式，与相关部门或高级职员探讨具体事件的紧急程度与事件分级。下面各段简要定义了突发事件的级别，以充分展示突发事件严重性的升级过程及应急响应机制。

一级突发事件是短期性事件，通常可由应急服务区妥善解决。该级别突发事件不太可能对生命、健康、财产或博物馆的整体运营产生不利影响。突发事件通知的接收方仅限于直接参与此事件的人员和传播主管。一级突发事件的示例可包括与计算机相关的恶作剧或病毒、局部水管断裂或短期停电等。

二级突发事件可能会对博物馆运营产生不利影响，威胁到员工、志愿者和观众的生命或健康以及艺术收藏品和其他财产的安全。二级突发事件通常是影响相对较小的事件，具有可预测的持续时间，且除了不便于使用受影响的建筑物之外，整体影响很小。博物馆会就该级别事件通知高级管理层并随时告知问题解决的进展情况。二级紧急情况的示例可包括玻璃工坊中供热车间发生煤气泄漏、咖啡厅后厨突发小型火灾或与天气有关的事故。由于受影响范围有限或集中，因此一级或二级突发事件不需要博物馆在全馆范围内做出响应，标准操作程序可用于解决这些级别的突发事件。

三级突发事件的持续时间不可预测，可能导致博物馆的部分或全部业务无法正常运营。一些突发事件可能变得错综复杂，因为应急响应可能会牵涉不同领域的不同人员——有时还需与外部消防部门、医护人员或警方通力合作——因此各部门之间必须加强协调。发生三级突发事件时，高级管理层的联络人将负责决定是否激活企业风险管理运营团队，因为需要面对复杂情况做出快速决策并提出行动建议。三级突发事件的示例可包括暴风雪、龙卷风、爆炸、犯罪、恐怖威胁、枪击、博物馆内或附近发生内乱、羁押人质、重大盗窃案以及计算机系统重大安全漏洞。如发生三级突发事件，管理层必须快速有效地做出响应。企业风险管理团队高级管理层联络员负责判定各类突发事件何时应被定级为三级突发事件，在召集运营团队的同时，确保应急响应及时、有序、有效开展。

全面风险管理办法依赖于组织机构能够把合适的人放到合适的位置，并确保我们可以信任这些人员在严格遵循业已颁布的企业风险管理计划的同时，面对不符合培训或后续讨论所呈现的现实情况时能够做出精准判断。在本章剩余部分，我们将重点阐释托莱多艺术博物馆的人力资源管理制度与做法，以及评估和降低这一重要领域中风险的方式方法。

人力资源与企业风险管理

人力资源是博物馆的第一资源，人才决定博物馆的发展和命运，因此人力资源与人才战略是博物馆核心力形成的重要源泉，也是其最重要的风险领域之一。有鉴于此，我们需要采纳全面人才管理模式。在《为人上司》(Being the Boss) 一书中，琳达·希尔（Linda Hill）和肯特·莱恩巴克（Kent Lineback）强调的关键概念之一是，日常工作中要在战略思维与实际行动和战术行动之间求取平衡。[1] 持续关注组织机构各个层面的人才队伍建设可在上述两个领域作出重大贡献：主动识别影响战略思维的冲突、绩效不佳或人才流失风险，但是解决这些问题的办法应具有战术性，且应构成日常工作的重中之重。我们必须强调的是，这一原理同样适用于博物馆馆长和观众服务人员的主管。自2013年外聘人力资源总监以来，博物馆更加重视从整体角度全面关注在博物馆工作的员工和志愿者队伍。这对博物馆的各个层面都产生了不同程度的影响。现如今，博物馆已着手编制关键领导岗的接班人计划。此外，博物馆还拥有一套人才招募流程和多个早期职业生涯发展通道，前者可确保博物馆在拥有所需人才的同时降低个人层面风险，后者则有助于博物馆多样化发展。

---

[1] Linda Hill and Kent Lineback, *Being the Boss: The 3 Imperatives for Becoming a Great Leader* (Boston: Harvard Business Review Press, 2011), 16.

构建人才需求与风险需求间的映射关系

在最高领导层面，博物馆开始将企业风险与部门职责和个人角色联系起来。出现职位空缺时，人力资源工作人员与招聘经理即合作开展人力储备盘点与角色评估。通过此项做法，博物馆能够通过有效调整个人层面的风险来提高一线员工的责任感。总体而言，此举提升了风险责任制的透明度，使博物馆能够在识别所需人才的同时找到员工的技能差距与能力差距。得益于这一做法和全方位人才招募流程，博物馆能够有序开展结构变更与人员变更，从而提升风险管理责任和能力分配的合理性。

例如，三年来，博物馆对安保部门架构进行了渐进式调整，从传统的徒步巡逻式安保团队过渡到全方位安全保卫服务部门。这意味着博物馆在安保工作领域顺利完成思维转型，即从把安保工作简单等同于事务性安全防范工作，转变为关注安全保卫工作的战略性（即主动识别可能影响博物馆未来发展的问题）与实用性（例如一线安保人员数量和巡逻类型）。或者简言之，博物馆安保工作思路业已从一个狭隘定义（狭隘片面的安保思想观）转变为一种系统思维方法（重点关注影响博物馆其他部门或受其他部门影响的安保问题和人员）。此种根本性变革的第一步是构建人才需求与更全面安全风险评估的对应关系。这一步采用自上而下的模式，由领导集体发起，之后贯彻落实到博物馆的各个层面。然后，博物馆顺利完成操作程序标准化工作。最后，博物馆确立安保部门工作人员需具备的核心技能和能力。由于安保部门架构纳入了更多安全保卫服务内容，因此安保工作如今包含更多风险评估与应急响应内容。

此外,博物馆还召集各部门负责人与员工齐聚一堂,携手组建安保团队(在之前企业风险管理章节中提及的第三个团队),及时有效地解决整个博物馆内涉及健康与安全的各类问题,以此将企业风险管理的这一关键组成部分落到实处。安保团队成立后,博物馆愈来愈明显地发现,倘若想构建行之有效的安全文化体系,安保团队成员就必须在个人层面具有广泛代表性,并严格执行问责制度,以此提高识别和消减安全风险的能力。目前,该团队继续跨部门合作,并通过各种沟通渠道在各个层面开展工作,有效识别和消减健康安全风险。

接班人计划

托莱多艺术博物馆认为,人才的开发与保留有助于提高个人和整个博物馆的绩效水平,从而使博物馆区别于社区中的其他组织机构。随着就业市场和人口结构的变化,优秀人才的招募与保留将继续受到博物馆外部环境因素的限制。在大力推进企业风险管理和可持续发展时,博物馆考虑的另一项人力资源管理工作的重要组成部分是接班人计划。

2013年,博物馆创建了接班人计划矩阵,使得博物馆最高领导层能够纵览全局,并且自上而下地对人才离职风险进行分类。该接班人计划矩阵为分部门的计划矩阵,主要用于评估职位重要性、退休风险和人才保留风险,并将风险影响程度划分为1、2、3三个等级。为提升数据的可视化效果,这三个风险等级分别用红色、黄色和绿色表示。红色代表重大人才保留风险、黄色代表中等风险,而绿色则代表低风险。此外,博物馆还收集了额外数据,以量化准备继任的员工人数并排列计划需求的优先级顺序(表7.1是接班人计划的示例,包含为多个部门填写的样本数据)。

表 7.1 托莱多艺术博物馆接班人计划

部门	职位	现任者	退休时间	职位重要性	退休风险	人才保留风险	现有员工数量	未来1—2年的储备员工数量	继任规划优先事项
馆长办公室	馆长	格林	09/01/2010				1	1	
馆长办公室	首席运营官	菲特	01/28/1991				1	2	
馆长办公室	副馆长	米勒	05/10/2005				1	1	
馆长办公室	协调人,特别项目办公室协调员	西尔弗曼	08/06/2010						
馆长办公室	行政助理	克雷普特	06/16/2010						
财务	首席财务官	菲茨帕特里克	05/05/2014						在职位发展阶段;期待EIC战略
财务	采购行政官	沙利文	09/15/1981				1	1	
财务	副总监	米勒	09/18/1975					1	在职位发展阶段
策展部	展览负责人	威廉	06/19/1978						外部
策展部	资深策展人	阿庞	09/11/1989					1	外部
藏品部	藏品保护主管	卡雷莫尔	02/11/2003					1	
藏品部	藏品保护技术人员	史密斯	11/19/1979					1	
人力资源部	人力资源负责人	米勒	06/10/2013					1	
人力资源部	人力资源经理	博伊德	07/14/2014						
信息部	首席信息官	乔布斯	01/21/2014					1	在职位发展阶段;期待EIC战略
信息部	分类系统主管/登记员	米尔	07/10/2006					2	在职位发展阶段;期待EIC战略
信息部	技术/视听设备技术员	阿庞	06/05/2013						

(续表)

部门	职位	现任者	退休时间	职位重要性	退休风险	人才保留风险	现有员工数量	未来1—2年的储备员工数量	继任规划优先事项
信息部	图书馆馆长	斯坦布鲁克	06/16/2008					1	
安保部	安保部负责人	曼宁	01/13/2014						在职位发展阶段；期待EIC战略
安保部	安保经理	乔伊斯	02/19/2001					1	
公共传播部	传播部负责人	菲茨杰拉德	03/04/2009					1	
公共传播部	社交媒体与数字通信经理	萨姆森	05/28/2013				1		
公共传播部	新闻公关经理	比尔曼	05/27/2009				1		
业务发展部	业务发展部负责人	阿庞切克	10/14/2013					1	在职位发展阶段；期待EIC战略
业务发展部	社交媒体与数字通信经理	克林顿	12/01/2009						
业务发展部	发展服务经理	伦纳德	07/14/2014					1	在职位发展阶段；期待EIC战略
业务发展部	会员负责人	麦基	10/28/2010						
教育部	教育部负责人	格罗斯	08/29/2011				1		在职位发展阶段
教育部	家庭中心经理	麦当劳	08/29/2011						
教育部	课程经理	墨菲	09/11/2001					1	
设备部	设备部负责人	伯吉斯	06/29/1992					1	在职位发展阶段；期待EIC战略
设备部	夜间设备主管	米尔纳	07/11/1987						
零售商店	零售运营负责人	斯托克	08/14/1998						
零售商店	零售运营助理经理	梅	09/01/2009						

资料来源：作者。
注：因原文表格清晰度原因，"职位重要性""退休风险"和"人才保留风险"三栏的数据未作翻译。

第7章 企业风险管理和人才管理

这是利用系统化方法识别组织机构长期人才风险的第一步，并使得博物馆能够通过制定计划来弥补各项不足。自此以后，博物馆在各类高级别专业知识与技术职务中都发现了重大风险。为应对这些风险，博物馆人力资源部门将工作重点逐步从"履行人才招募职能"转换到"专注于各类早期职业生涯角色与职位的开发"上，并将后者视作培育未来领导者的一条开发通道。通过向更积极主动型管理机构转型，博物馆借助内部人员晋升填补机制，成功解决了各类职位空缺问题，并消减了诸多与人才相关的风险。

此后，为满足各级各类人才需求，博物馆实习计划和青年人才队伍建设工作的规模总量呈指数级增长。博物馆的一项核心原则（即我们必须在工作中体现多样性和包容性）也是企业风险管理工作长期关注的问题。在这种情况下，博物馆存在忽视该项核心原则重要性的风险，因为作为一个组织，我们可能没有借助员工充分思考我们所服务的社区。早期职业生涯规划也致力于实现博物馆不断提高员工队伍多元化程度的愿景。目前，托莱多艺术博物馆已将暑期实习计划的多元化招聘比例有效提升至占比40%的水平（托莱多艺术博物馆向所有实习生支付报酬）。系统思维方法提供了一个有用框架，使得博物馆能够将多元化目标从理想的战略性目标转变为战术性的实用目标。朝着多元化目标努力可以让我们感受到渐进式变化，但正如在暑期实习计划转型工作证明的那样，当明晰目标与高级领导层的赞许与倡导相一致时，重大变化就可能发生。仅口头宣称我们期望提高员工队伍多元化程度往往无济于事。我们必须采取特定措施，方能从根本上实现变革。例如，这些行动可能涉及改变招聘方式，但是不积跬步无以至千里，我们唯有通过小步的积累，方能实现大步的制度变革。

托莱多艺术博物馆的企业风险全面管理审查之旅已被证明是一场发现之旅。尽管参与企业风险管理过程的许多人都已在该博物馆工作多年，但这种缜密考量使得所有参与者都能重新审视博物馆最为人熟知的方面。此外，它还赋予我们一个有益模板，让我们不仅能够审视我们的工作内容，还能检视我们的工作方法。在此过程中，我们努力将制度性的战略目标与实用性的战术行动结合起来。这些行动助力我们逐渐接近并达成更广泛的发展目标，并帮助一线工作人员在执行工作时优先采用此种思维方式。接下来的步骤涉及更深入地研究目标（例如本章所述的专注于人才管理的目标）。在我们启动该进程之后不久，我们就不断鼓励员工提出问题、讨论困难，并创建出一个旨在应对意外事件的有益架构。这些都是管理面向公众型复杂机构的重要工作内容，有助于催生出更加强大、更具弹性且更富实效的社区资源。

参考文献

Ackoff, Russel L. "The Future of Operational Research is Past." *Journal of the Operational Research Society* 30（1979）：93-104.

Davies, Nicola. "Muscle Memory and Visualization." *Frontline Security* 9, no. 3（2014）：20-22.

Hill, Linda, and Kent Lineback. *Being the Boss: The 3 Imperatives for Becoming a Great Leader*. Boston：Harvard Business Review Press, 2011, 16.

第 8 章　文化相关性规划

乔治亚·欧姬芙博物馆系统研讨会

道格拉斯·沃兹

"当系统的实际创建者开始将自己视为问题的根源时,他们无可避免地将发现一种有助于取得其真正渴望成果的新能力。"①

"人类的艰苦努力是更广泛系统的一个组成部分……它受关联行为的无形枷锁的束缚,往往需要数年时间方能充分发挥它们对彼此的影响力。作为一种概念框架,系统思维是过去五十年来逐渐发展形成的知识与工具的载体,有助于更清晰地呈现整体脉络,并帮助我们了解改变现状的有效方式。"② 在文化背景下,采用系统思维方法的目的在于阐明各项事务在社会与自然领域内的相互联系及社会与自然领域之间的相互联系。博物馆是更大社会经济和环境系统的一个重要组成部分,有可能产生远远超出其载体本身的文化影响。博物馆面临的最大挑战之一,是在更大范围内规划和衡量其文化成果,而不是仅仅专注于博物馆的内部职

---

① Peter Senge, Otto Scharmer, Joseph Jaworski, and Betty Sue Flowers, *Presence: An Exploration of Profound Change in People, Organizations, and Society* (New York: Doubleday, 2004), 45.

② Peter Senge, *The Fifth Discipline: The Art and Practice of the Learning Organization* (New York: Doubleday, 1990), 7.

能和公共文化服务输出。借助系统思维，博物馆将能够面向个人、团体和社区，以最佳方式实现其全部价值和相关性，但所有这些都必须存在于生物圈的限制范围之内。

霍林（C. S. Holling）是系统思维领域的一位架构师。为更好地了解最微观尺度（细胞）与最宏观尺度（整个森林）之间的关系，他研究了一系列复杂的森林生态系统①。在与他人合著的《扰沌理论：理解人类和自然系统中的转变》（*Panarchy: Understanding Transformations in Human and Natural Systems*）一书中，霍林以令人信服的资料和证据阐释了系统动力学（一种研究非线性复杂系统和现象的方法）在文化和自然环境中的应用。②"文化"一词在不同语境中代表着不同含义。③ 广义上，文化系指个人和群体随着时间的推移所创造的物质财富和精神财富的总和。在西方社会，我们的生活文化与一系列复杂机制和因素有关，这些机制和因素催生出当今多元化、城市化和全球化的现实背景——而这些现实背景恰好包括生物圈的系统性退化（例如气候变化和物种灭绝）以及部分人群在社会和经济领域面临的严

---

① Crawford S. Holling, "Resilience and Stability of Ecological Systems," *Annual Review of Ecology and Systematics* 4, no. 1 (1973): 1-23.
② Lance Gunderson and Crawford S. Holling, eds., *Panarchy: Understanding Transformations in Human and Natural Systems* (Washington, DC: Island Press, 2002).
③ 例如：Robert R. Janes, *Museums in a Troubled World. Renewal, Irrelevance or Collapse?* (New York: Routledge, 2009); Glenn Sutter, "Thinking Like a System: Are Museums Up for the Challenge?" *Museums and Social Issues* 1, no. 2 (2006): 203-218; Douglas Worts, "On Museums, Culture and Sustainable Development," in *Museums and Sustainable Communities: Canadian Perspectives*, ed. Lisette Ferera (Quebec City: International Council of Museums-Canada, 1998), 21-27。

重不平等问题。价值观、态度、信仰、传统、知识、目标和衡量成功的标准都有助于形成人类共同的文化基础,并推动人类社会系统的进一步发展。

人们普遍认为,博物馆是向公众开放的文化机构。博物馆收集早期和现代的历史、象征和艺术材料,同时也聚焦文化建设和发展。在《经营公民的参与:博物馆的挑战》(Mastering Civic Engagement: A Challenge to Museums)一书中,作者鼓励博物馆将文化视作一种有机的适应进程——一种以重要物质文化为标志的进程,但其本身并不等同于生活文化。[1] 该书还引述了埃德加·沙因(Edgar Schein)的话,称文化是"由某个特定群体发明、发现或发展的基本假设的一种模式,它在摸索中学会解决其外部适应和内部整合的各类问题"[2]。

博物馆致力于通过关注文化(或至少是文化的一个子集)改善社区公众的生活品质。鉴于当代博物馆高度重视构建与当地社区文化相关的工作,系统思维方法为博物馆实现这一目标提供了强有力载体和全方位工具。博物馆鼓励个人、社区和组织积极参与,携手面向纷繁复杂、迅速变化的世界,创建适应性文化。但实现这一目标的困难在于,博物馆通常更注重开展传统的博物馆活动(例如收集展品资料和开发各类展项),而不是致力于寻求取得深入影响社会福祉和更广泛文化的新成果。鉴于此,寻求具

---

[1] American Association of Museums, *Mastering Civic Engagement: A Challenge to Museums* (Washington, DC: American Association of Museums, 2002).

[2] Edgar H. Stein, *Organizational Culture and Leadership: A Dynamic View* (San Francisco: Jossey-bass, 1985), quoted in Daniel Kertzner, "The Lens of Organizational Culture," in *Mastering Civic Engagement: A Challenge to Museums* (Washington, DC: American Association of Museums, 2002), 40.

有社会影响力的博物馆新成果可能会迫使博物馆员工向舒适区之外拓展。博物馆历来偏爱借助内部权威架构,采用专家对新手模式(expert-to-novice)来提升公众参与率。这意味着,在规划过程中运用涉及范围更广且系统的方法,将构成对权力等级制度的挑战和潜在破坏。此外,系统思维方法还要求博物馆员工在面对高度复杂的情况时采取谦卑的态度。然而,在历来以专业知识和权威观点为重的环境中,谦卑不啻为一项挑战。

本章概述了一种研讨会的组织方式。该方式旨在通过提出以下问题,帮助博物馆员工在规划社区文化建设参与工作时充分考虑博物馆工作与公众的相关性:

1. 目前有哪些对公众生活产生影响的新趋势?

2. 导致这些趋势形成的社会、环境、经济和文化因素是什么?

3. 在大型文化体系中,为推进在整个体系中实现预期的大量变化,改变这一体系最有效的内部作用点在哪里?

4. 与历史、艺术和创造力相关的哪些创新类别最具备创造有意义的变化的能力?

5. 何种类型的反馈机制有助于引导这些创新的发展,并对更大社区产生影响(而不仅仅影响博物馆观众)?

乔治亚·欧姬芙博物馆与圣达菲城市背景简介

2014年,乔治亚·欧姬芙博物馆研究中心邀请我担任该研究中心首席研究员(专注于博物馆研究领域)。根据当地居留许可的要求，我在位于新墨西哥州圣达菲（Santa Fe）的一家博物馆工作了一个月。在这里，我的工作重心是携手博物馆员工，确定在博物馆、圣达菲公民、其他组织机构和当地社区之间构建新型更稳固关系的方式方法。

圣达菲每年吸引着大批海内外游客，博物馆既是圣达菲旅游业的推动者，亦是游客接待方。乔治亚·欧姬芙博物馆每年游客接待量颇为可观（2015年约为15.8万人）。[①] 根据对观众评论的回顾，观众（主要是游客）对在该博物馆的体验感到满意。然而，观众服务工作并不是我的研讨会关注的重点。

乔治亚·欧姬芙博物馆馆长罗伯特·克雷特（Robert Kret）为我的项目提供了一个重要参考点。他告诉我，85%的博物馆观众来自新墨西哥州以外的地方，他希望找到与当地民众建立有意义的联系的新方法。这一数据并不是欧姬芙博物馆的独有特色。在许多地方，特别是当旅游业构成当地经济的主要推动力时，这是一种普遍现象。我的目标在于引入一些工具、技能和动机，组织博物馆工作人员召开为期两天的研讨会，支持欧姬芙博物馆以不同的方式思考和规划，以便在加强与当地社区联系的同时，对当地社区生活文化产生积极影响。

圣达菲的文化复杂多变、充满活力、多样共生且面临各种挑战。圣达菲共有7万常住人口，主要分布在沙漠地带。大部分居民居住在一层或两层建筑物中，由与景观融为一体的土坯砌成。诸多艺术家被圣达菲吸引前来发展定居，这成为促进圣达菲经济

[①] "2015: The Story in Numbers," Georgia O'Keeffe Museum, accessed December 2016, https://www.okeeffemuseum.org/about-the-museum/annual-reports/.

发展的重要力量。但同时，该城市长期受到收入差距过大、营养不足、毕业率低和就业不足等问题的困扰。① 由于该项目的重点是加强乔治亚·欧姬芙博物馆与当地社区的紧密联系，因此我们必须清楚地界定对于当地多元化社区重要的各项要素，并以此作为架设桥梁和构建关系的切入点。

从历史上看，乔治亚·欧姬芙博物馆的工作重点始终是利用乔治亚·欧姬芙的艺术作品吸引更多公众走进博物馆，了解更多与该艺术家及其绘画作品有关的知识。然而，多年来当地居民已经证实，该博物馆终年门可罗雀。在此次研讨会上，我建议博物馆员工结合当地社区需求和利益，广义界定乔治亚·欧姬芙的精神。尽管欧姬芙的作品在博物馆工作中可能有用，但从广义上看，欧姬芙的大胆原创精神可在创新和公众参与领域提供更多备选方案，因此我们不能仅仅狭隘地关注欧姬芙在绘画领域的艺术遗产。在迈向这条变革之路的征程中，我们需要回答的一个关键问题是："对于博物馆期望与当地社区建立的关系，本质而言，谁应负责？"很明显，博物馆与当地社区有必要就此类关系加强磋商与合作。通过这种方式，博物馆与当地社区的关系注定会随着时间的推移而变化。

构建研讨会框架

举办此次研讨会的目的在于引发博物馆如何更好地连接圣达

---

① Reed Liming, ed., *Santa Fe Trends—2014* (Santa Fe, NM: City of Santa Fe, 2014), www.santafenm.gov/document_center/document/1528.

菲生活文化的讨论，拓展思路。乔治亚·欧姬芙非常善于捕捉自然的复杂变化和她所在社区的人文维度。尽管她的作品在世界各地都脍炙人口，但作为艺术家的艺术遗产和文化遗产早已超越作品本身。在对欧姬芙的研究中，研究人员还专门研究了她在艺术之外领域对人们产生的激励和影响，并不断产生新的深刻见解。[1]

我将此次研讨会的目标定义为"开展有益讨论，识别有用关系，拓展思路，就本博物馆如何加强与当地社区的紧密联系和强调与当地社区的相关性等问题提出有益建议"。该博物馆总计79名员工，其中20名员工参加了此次研讨会，包括大多数高级管理层、教育员和策展人、信息技术专家和营销专家。与会人员被要求暂时搁置他们对博物馆的惯常思维模式，以便在为期两天的研讨会中能够跳出固有框框，站在不同立场上全面审视问题。如果他们能够将博物馆视作一个更大规模互联体系（社会、环境、经济和文化体系）中的一名参与者，并充分考虑各种变化与变量，则他们在此次研讨会中就能够识别更多新机遇。倘使希望与当地社区构建新型关系，那么博物馆需要解决以下三个问题：（1）对影响地方文化发展的因素形成新的认识；（2）制订有助于构建与社会公众新型关系的创新战略；（3）了解如何建立适当的反馈机制（例如前置、形成及总结评估策略），帮助正确引导不断演化的关系。

---

[1] 详见欧姬芙（O'Keeffe）关于博物馆及其与新墨西哥州阿比奎社区关系的研究文献。

系统思维与可持续发展规划工具

此次研讨会围绕着美国可持续发展教育家兼顾问阿兰·阿特基森开发的可持续发展规划评估工具（可持续发展指南针与金字塔，具体解释见下文）而展开。[①] 在为期两天的研讨会期间，与会人员将了解和实践如何运用五个基本步骤指导和管理系统思维进程。

1. 识别对当地社区产生影响的重大趋势与指标；
2. 识别形成趋势的系统影响因素（例如经济、社会、环境及历史领域的价值观和影响因素）和潜在杠杆作用点，以此引入创新举措；
3. 推动可在杠杆作用点实施的潜在创新，借此推动有助于指导创新的文化趋势和文化指标的转变；
4. 确定有效实施创新的战略；
5. 采取行动。

可持续发展指南针

"可持续发展指南针"是此次研讨会为与会人员提供的有用工具之一，它旨在帮助个人、组织和团体在其规划过程中纳入多

[①] 阿兰·阿特基森是全球可持续发展咨询公司阿特基森的总裁兼首席执行官。

方观点。① 在研讨会中，与会人员被分成四个小组，每个小组被分配一个罗盘，以帮助小组成员从自然、经济、社会和福祉领域（见图8.1），就手头任务提出更多不同观点。可持续发展是指复杂系统的健康程度和复原力。它不是一个仅专注环境视角的术语，也不是一个仅涉及社会正义的概念。相反，可持续发展是一种基于系统思维的方法，可用于理解和规划自然、社会和经济交织领域内的动态平衡。文化是人类价值观、将我们与我们所生活的广袤世界联系起来的实践和制度的基础层面。

为使与会人员的探究过程具体化，我构建了一个四个立面的多层金字塔，金字塔的每一面专用于表征指南针四个方位中的一项要素（见图8.1）。创设金字塔工具的目的，是将从四种不同角度产生的不同深刻见解整合到相互依赖型复杂系统的整体理解中。

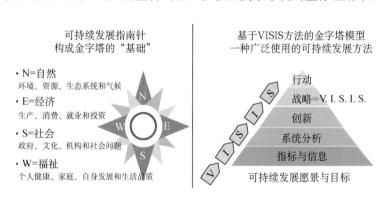

图8.1 可持续发展指南针和金字塔

资料来源：阿兰·阿特基森。

---

① Alan AtKisson, *The Sustainability Transformation: How to Accelerate Positive Change in Challenging Times* (London: Routledge, 2010).

金 字 塔

构建金字塔的目的在于以一种相对简单的方式,为一项相对复杂的思维训练添加一个有趣且有形的维度。简言之,金字塔旨在帮助与会人员更准确地理解规划过程的不同阶段的信息。金字塔有助于融会贯通来自四个角度的五个不同阶段(1—5层,详见下文),从而为手头任务注入更多的深刻见解和透彻分析。在该项练习中,至关重要的一点,是学员必须在明确目标的基础上构建金字塔。

在研讨会中,各小组在认真考量当地社区的总体需求和实际情况后,纷纷编制完成他们认为有意义的趋势和指标清单。这些趋势是各小组内部讨论的结果。有些趋势是各小组借鉴相关报告数据的成果〔例如《2014年圣达菲趋势》(Santa Fe Trends-2014)〕[1],而其他趋势则是基于小组成员根据各自社区生活经验而达成的一致共识。无可否认,尽可能清楚地了解这些趋势将会大有裨益,但反思可能正在形成的趋势也将受益匪浅,即便此类趋势可能还未形成与之相关的实际衡量手段。在实际规划中,我们需尽一切努力来验证实际的趋势数据。

第1层:趋势和指标

以下是与会人员认为在当地社区中具有重要意义的趋势示例。通过指南针的四个方位,与会人员将注意力从以博物馆为中

---

[1] Liming, *Santa Fe Trends—2014*.

心（例如藏品、展览等）转移到以社区为中心（例如当地需求、机遇等）上来。各小组逐项确定了相关趋势和每项趋势的发展方向（见表 8.1）。

表 8.1 对社区至关重要的趋势和方向

社会	经济 （小组制作了两份经济领域列表，一份基于博物馆，另一份基于该州）	自然	福祉
种族主义——容忍度逐渐增加	博物馆：（本地）会员人数——不断增加	供水（降雨，降水）——不断下降	追求精神生活的机会——不断增加
饥荒——不断增多	博物馆：主要捐助者人数——不断增加	平均气温——不断上升	教育在培养青年生存能力方面的有效性——不断下降
公共教育质量——不断下降	博物馆：搭乘航班抵达的游客人数——不断增加	森林损失（和损失风险）——不断增加	财富差距——不断扩大
收入分配差距——不断扩大	本州：年轻专业人士的人数——不断下降	公众对当地食物的关注度（从农场到餐桌）——不断增加	工作回报（即工作是否有意义）——不断下降
青年人口——不断减少（离开本州）	本州：实际工资——不断减少		
	本州：就业率——不断上升		
	本州：贫困率——不断上升		

资料来源：作者。

在构建金字塔第一层（即指标与信息）的过程中，与会人员审查了所有四个小组的工作，并将各小组见解添加到金字塔架构的最底层（见图8.1）。所有人清楚地看到，这些不同领域亦存在大量交叠重合之处。譬如，就业率是经济学项下的一个要素，但它们对社会和福祉亦会产生重大影响。此种做法的益处，不仅在于反映与博物馆工作及发展密切相关的当地环境，而且还鼓励各小组研究正在不断影响地方文化发展的各类问题与趋势。

第2层：系统映射

在确定一系列趋势和指标之后，四个小组分别选择其中一个或两个最重要的趋势和问题，来创建一份旨在显示因果关系的系统图。指标和趋势通常可呈现一个系统的运作情况。趋势（例如收入分配差距不断扩大、自然栖息地逐步丧失、跨文化的紧张局势，或对食品和健康的关注度增加）有助于我们识别亟须转变的相关领域。我们有时需要强化一些趋势或扭转另一些趋势。通过核查趋势形成的原因（例如二氧化碳排放量增大如何导致地表气温升高）以及该原因的根源（例如旅游市场增长如何导致旅途中二氧化碳排放量增多），我们将能够识别更大规模体系中潜在的杠杆作用点。在这些杠杆作用点上，如果采用恰当模式的创新，将能够在整个系统中产生巨大的影响。

参与规划进程练习的每个小组生成一份系统图，作为该小组的工作文档。由于图内包含诸多要素和一系列因果关系，因此这些系统图可能看起来像一盘意大利面（见图8.2）。

被选作映射练习核心的四大主要趋势（每个小组负责确定一个主要趋势）是：经济领域"缺失市政府与州政府对博物馆的资助"；自然领域"气温不断升高"；社会领域"公共教育的效果降低"；福祉领域"好工作匮乏"。为完成映射图，各小组需自问自

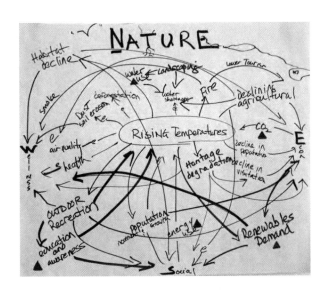

图 8.2　自然领域系统映射图

资料来源：作者。

答一系列问题，例如：

- 导致这一趋势和问题发生转变的原因是什么？
- 这一趋势和问题会产生何种影响？
- 在各类影响与原因中，我们能够看出何种关联？
- 系统中是否存在杠杆作用点？如果能启动正确的干预措施，系统是否会发生重大转变？

为便于说明，我谨此详细阐述其中一个小组的映射方法。

在图 8.2 中，研究自然领域的小组选择以气温升高作为其主要趋势映射图。小三角形表示由小组成员确定的潜在杠杆作用点的位置。在这个作用点上，恰当创新能够在系统中创造出有益变化，从而有助于分析令人不安的气温升高趋势及其影响。在研讨会阶段，该小组并未着手创新，而只是简单审视系统环境，以便找到采取干预措施的恰当环节。①

经研究,该小组确定了如下五个可能的杠杆作用点,并将其添加到金字塔的"自然领域"区块:碳排放、管理能源使用、教育与提高认识、用水和可再生能源领域不断增长的需求。

第3层:创新

这里的创新是指系统内部干预措施。创新类型可以多种多样,包括新型产品、新颖流程和思维方式变化等。对博物馆而言,跳出固有框框看问题,包括考虑可能远超传统公众参与策略范畴(例如特殊展品),或安排在非节假日或非下班时间的项目选项。创新也可能发生在社区内,涉及与其他组织机构创建合作伙伴关系;可考虑将注意力从介绍乔治亚·欧姬芙的作品与生平转移到其他领域中去,更多关注将欧姬芙作为社区内创意灵感的源泉以解决当前趋势和需求。通过此类过程形成的创新,可能有助于鼓励博物馆积极扩展其现有使命与愿景。博物馆领导层可能会对此类领域的探索感到不适。然而,这只是一个学习型组织通过自我扩展以更好地适应不断演化的外部世界的实践内容之一。②

博物馆面临的挑战之一,是找到博物馆(无论是否存在合作伙伴)能够大胆开拓创新的途径。因此,与会人员还需要考虑反

---

① 关于这个主题的进一步讨论,见 Donella Meadows,*Places to Intervene in a System* (Hartland, VT: The Sustainability Institute, 1999),http://donellameadows.org/archives/leverage-points-places-to-intervene-in-a-system/。

② Peter Senge, "Does your Organization Have a Learning disability?" in *The Fifth Discipline: The Art and Practice of the Learning Organization* (New York: Doubleday, 1990), 17-26.

馈机制，以便博物馆能充分了解拟议计划是否已对个人、团体、社区、企业和政府等产生预期的积极影响。考虑到之前确定的杠杆作用点，每个小组都针对他们认为切实可行的创新领域提出了一系列创想。在针对创新及其相应目标、影响和战略进行集思广益讨论之后，该小组甄选出小组投票排名前三的设想，然后将这些设想写在金字塔上，因为每个小组都需向其他小组介绍各自的想法。

在所有创新均由指南针的四个方位呈现给所有组员后，各位与会人员认真研读在金字塔四个立面上列示的所有创新举措，并以投票方式选择其一。最终表决结果如下。

1. 创建一座（或者在可能情况下多座）社区花园：汲取艺术家作为园丁和自然世界观察者的灵感创造力。该花园将成为促进社区对话、激发创造力、增强问题意识的场所以及帮助社区成员在食品、饮食习惯和自然系统领域提升技能的场所。

2. 员工志愿者活动：通过制定计划，支持博物馆员工在全市范围内的一系列组织机构提供志愿者服务，在更好了解城市社区多样化需求的同时，与其他潜在合作伙伴机构构建良好的关系网络。

3. 打造学习型博物馆：利用艺术和科学领域的创造力（可能需借助合作伙伴关系），不懈探索替代能源、可持续文化和绿色建筑的创新解决方案。

4. 为当地人提供博物馆实习机会：主动吸引不同背景的当地年轻人走进博物馆，借此培养与博物馆运营相关的技能。

至此，与会人员一致认为，必须详尽地阐述这些理念，因为在面向原始想法开发投入资源之前，博物馆必须对这些理念进行全面评估。理想情况下，应为每个想法编制一份项目简报，内容包括清晰阐释项目目标、明确陈述项目需求、详细列明各项拟议策略和设计指导评估这些措施的反馈机制。

第4层：战略

金字塔的第4层将获选创新举措推进到下一阶段所必需的策略。各个小组精心准备了一份适当的行动清单，以便在贯彻落实新举措的同时，确定引领这些进程的领导个体。此外，四个小组还提出了诸多切实可行的有益想法，有助于为项目奠定坚实基础、获取内外部支持和解决财务领域的潜在问题。在此仅举一例加以说明，即倡导员工志愿服务创新的小组，后来被称为"社区指南针"小组。该项目涉及博物馆员工带薪从事社区志愿者工作，是博物馆加强与社区建设紧密联系和更好了解当地人口需求的一种方式。该小组提出了以下战略：

1. 携手各种社区组织构建合作伙伴关系，乔治亚·欧姬芙博物馆员工可在这些社区组织中积极参与有针对性的志愿者项目。

2. 开发一个试点项目，以检验创想。

3. 检验志愿者对社区需求与机遇的见解是否深入、恰当。

4. 评估创建与社区的合作伙伴关系的可能性。在这种伙伴关系中，乔治亚·欧姬芙博物馆可将乔治亚·欧姬芙的精神有效地发扬光大。

5. 通过各类协作项目，提高乔治亚·欧姬芙博物馆的曝光率。

6. 在这次研讨会产生的所有创新项目中，"社区指南针"小组的项目历经推进阶段,现在进入实施阶段。①

第5层:行动

此次研讨会的巅峰活动(包括将金字塔最顶端内容放置到位的难忘时刻)是鼓励与会人员做出采取进一步措施的个人承诺。在此次研讨会中,博物馆员工承诺将采取进一步措施来充分落实各自创想,以便创建、测试乃至正式实施其创想原型(见图 8.3)。

图 8.3 乔治亚·欧姬芙博物馆员工与已完工金字塔合影留念

资料来源:作者。

人力资源专业化发展潜力

得益于此次专业化发展研讨会,乔治亚·欧姬芙博物馆已做

---

① Eumie Imm-Stroukoff, Director of GOKM Research Center, correspondence with author, August 25, 2016.

好进一步行动的准备，使博物馆工作能够与社区建设更紧密结合在一起。在此过程中，人力资源或可成为一个重要切入点，帮助博物馆员工熟悉系统化方法，从而能够在这个挑战的过程中游刃有余。那些为积累专业知识而投入大量时间和精力的员工可能不得不暂且放下这些执念，为构建互信关系、共同愿景和恰当方法而努力与其他员工及社区精诚合作。完成这一过程需假以时日。各项倡议可通过短期和长期目标逐步推进。通过采用系统思维方法，博物馆或可扩大其传统的影响范围，并担纲起文化动态促进者的角色。诚然，全新技能、目标和衡量成功的标准都不可或缺，但博物馆可借助各类工具实现其培育预期博物馆文化的美好愿景，并在此基础上建设具有适应性的、可持续性的繁荣文化。

参考文献

American Association of Museums. *Mastering Civic Engagement: A Challenge to Museums*. Washington, DC: American Association of Museums, 2002.

AtKisson, Alan. *The Sustainability Transformation: How to Accelerate Positive Change in Challenging Times*. New York: Routledge, 2010.

Georgia O'Keeffe Museum. "2015: The Story in Numbers." Accessed December 2016. https://www.okeeffemuseum.org/about-the-museum/annual-reports/.

Gunderson, Lance, and Crawford S. Holling, eds. *Panarchy: Understanding Transformations in Human and Natural Systems*. Washington, DC: Island Press, 2002.

Holling, Crawford S. "Resilience and Stability of Ecological Systems." *Annual Review of Ecology and Systematics* 4, no. 1 (1973): 1-23.

Imm-Stroukoff, Eumie, Director of GOKM Research Center, correspondence with author, August 25, 2016.

Janes, Robert R. *Museums in a Troubled World: Renewal, Irrelevance or Collapse?* New York: Routledge, 2009.

Liming, Reed, ed. Santa Fe Trends—2014. Santa Fe, NM: City of Santa Fe, 2014. www.santa fenm.gov/document_center/document/1528.

Meadows, Donella. *Places to Intervene in a System*. Hartland, VT: The Sustainability Institute, 1999. http://donellameadows.org/archives/leverage-points-places-to-intervene-in-a-system/.

——. *Thinking in Systems*. White River Junction, VT: Chelsea Green, 2008.

Museums Association (UK). *Museums Change Lives*. London: Museums Association, 2013.

Senge, Peter. "Does your Organization Have a Learning Disability?" in *The Fifth Discipline: The Art and Practice of the Learning Organization*, 17 - 26. New York: Doubleday, 1990.

——. *The Fifth Discipline: The Art and Practice of the Learning Organization*. New York: Doubleday, 1990.

Senge, Peter, C. Otto Scharmer, Joseph Jaworski, and Betty Sue Flowers. *Presence: An Exploration of Profound*

Change in People, Organizations, and Society. New York: Doubleday, 2004.

Stein, Edgar H. *Organizational Culture and Leadership: A Dynamic View*. San Francisco: Jossey-Bass, 1985. Quoted in Kertzner, Daniel. "The Lens of Organizational Culture." in *Mastering Civic Engagement: A Challenge to Museums*, 40. Washington, DC: American Association of Museums, 2002.

Sutter, Glenn. "Thinking Like a System: Are Museums Up to the Challenge?" *Museums & Social Issues* 1, no. 2 (2006): 203-218.

Worts, Douglas. "On Museums, Culture and Sustainable Development." in *Museums and Sustainable Communities: Canadian Perspectives*, edited by Lisette Ferera, 21-27. Quebec City: International Council of Museums-Canada, 1998.

第四部分 采取行动

通常,组织结构推行变革的第一步涉及专业化发展(亦可称为"试水"),然后继之以团队导向的组织规划。沃兹(Worts)在其编撰的第8章中分享了一家博物馆致力于满足社区需求并力求博物馆工作与社区建设紧密结合的示例。在沃兹的推动下,乔治亚·欧姬芙博物馆采纳了阿兰·阿特基森的可持续发展步骤。那么贵馆会如何完成以下步骤?

- 识别对当地社区产生影响的趋势与指标。
- 识别形成趋势的系统影响因素和潜在杠杆作用点,以此引入新型创新举措。
- 推动杠杆作用点实施的潜在创新,借此驱动有助于指导创新的文化趋势和文化指标的转变。
- 确定有效实施创新的战略。
- 采取行动。

本部分两个章节都提供了有益方法。它们以托莱多艺术博物馆和乔治亚·欧姬芙博物馆为例,详细说明人力资源部门如何启动,并为博物馆各部门之间的团队合作提供持续支持。为保留人才、促进可持续发展、实现风险管理、探索多元化运营管理模式及鼓励社区参与,贵馆的人力资源部门在哪些方面为跨部门规划提供支持?您认为人力资源部门还有可能在哪些领域为此作出新的贡献?

第五部分
系统思维下的展览与项目

在基于系统的博物馆实践中,博物馆工作以观众为中心,展览与项目以相互关联的方式为观众带来全方位博物馆体验。此外,展览与项目的设计制作过程兼具有机性与流畅性,而且时常迸发出一些意想不到的创意。为打造影响深远的博物馆展览与项目,博物馆必须统筹考虑各个利益相关方(内部和外部)并兼顾博物馆长期规划;这些都是长期持续、错综复杂的学习过程的一部分,有助于为不同受众带来最轻松愉悦且最富教育意义的体验。

博物馆(基于本书第一部分简介中首次提及的真实博物馆而构建的虚拟博物馆)常常将策划展览与项目分开,未能周全考虑展项的各个方面和各种要素。展览由少数人策划(通常由一位策展人策划),没有纳入博物馆其他职能部门、观众或外部利益相关方的意见建议及需求。在策展工作完成后,展项通常由博物馆教育部门负责制作。此外,尽管筹款与营销等其他职能部门在筹措资金和推广展览与项目方面发挥重要作用,但它们从未被纳入展览团队,亦不了解博物馆正在规划的各个展项。这导致策划与筹款营销等活动严重脱节的问题:一方面,筹款人员不辞劳苦地为他们并未深入了解的展览和项目筹集资金;另一方面,营销人员则在并不知晓普通受众如何能受益于特定展项的情况下,努力宣传和推广博物馆的各项活动。此外,由一两个人完成策划的展览本身并不太关注其对观众的潜在影响力,观众的意见与建议鲜少被纳入展览规划过程。相反,展览本身更注重于呈现某一个人的愿景和学术成就,尽管这对大多数社区成员来说也许真的无关紧要。这是博物馆以孤立和非协作方式完成展览与项目开发工作的一个极端示例。本部分各章节将提供与博物馆截然不同的策展示例。

这些章节将简要介绍采用更有效的集体合作机制开发展览和项目的过程。在此类过程中,由各类博物馆专业人士、合作伙伴及其他外部成员组成的团队从项目伊始就参与博物馆服务的规划与执行,为整个博物馆及周边社区的共同利益携手努力。卡洛琳·安琪儿·伯克与莫妮卡·帕克·詹姆斯在第9章中应用复杂性理论(complexity theory),将展览本身解释为一个复杂的有机系统,并通过波士顿科学博物馆和爱德华肯尼迪参议院研究所的大型展览策划实例,详细阐述展览的策划过程及各种内外部子系统在策展过程中的应用。本章还详细讲述了如何通过积极鼓励观众提供反馈和测试原型,在观众体验与期望的基础上制订展览策划的预期成果。

黛博拉·兰道夫和科拉·费舍尔在其编撰的第10章中着重介绍了由策展人兰道夫和讲解员费舍尔与当地组织机构协作推进的展项集体策划过程。他们不仅策划展览,而且规划项目,鼓励兼具创造性、社会包容性和可持续性的集体行为。本章重点介绍了在美国北卡罗来纳州温斯顿-塞勒姆东南当代艺术中心举办的"集体行为展"。该展览的特点是具有反等级性、公共性和包容性,而系统思维知识则是该展览的一项内容。在策展过程中,该艺术中心不仅将系统方法应用于"集体行为展"的策展过程,而且邀请系统思维家与艺术家加盟系统思维知识的创建过程。

第9章 管理复杂多变环境下的展览策划

卡洛琳·安琪儿·伯克
莫妮卡·帕克·詹姆斯

打造兼具相关性、独特性和富有意义的博物馆观展体验，是一项既令人振奋又极具挑战性的任务。博物馆观展体验不可能凭空产生。展览是由拥有不同专业知识与经验的多元化团队在复杂多变环境中策划的复杂项目。该过程要求投入度和影响力各不相同的内部与外部利益相关方积极参与其中。每一项展览都是一个由概念变成实体的创意设计过程，该过程因每个博物馆具体情况的不同而各不相同。在本章中，我们将探讨展览策划过程中的系统思维方法如何帮助确保该过程能够为策展团队留下积极体验，并进而形成能够实现项目目标且支持博物馆践行使命的最终产品。

系统思维与展览策划堪称天作之合。作为创造性进程，系统思维涉及各种各样的要素或子系统，协同运作，为整体服务。根据我们的经验，与展览策划过程最相关的概念属于复杂性理论。正如杰克逊所总结的那样，复杂性理论关注的是系统各部分之间的关系，因此被视作一个不断变化的进程。只有在此类关系模式的背景下，方能理解整个系统。①

在此背景下，"系统"指的是两个相互关联的生态系统：其一是展览及与展览相互关联的诸多要素；其二是策划展览的动态过程。前者可被视作后者的一个复杂产物，但一个系统的关键要素是：相互关联的人员、要素和资源之间的动态关系。这些要素均根据规则和惯例行事，并对内部与外部影响因素做出响应。通过理解系统的动态本质，系统思维专家将对变化和复杂性寄予期望，并对这些期望进行建模，同时以与成功策展过程相匹配的方式进行调整。

在本章中，我们将着重介绍一个展览策划模型。在该模型中，项目经理邀请策展专家团队积极参与策展过程，并借此引导创意的设计制作和实施。根据我们作为创意项目经理的经验，我们的职责是管理创意流程，在响应变化和专注实现项目目标之间审慎求取平衡。

我们所遵循的展览策划模型在关联性愈发紧密的各个阶段不断演变。描述可能看起来具有线性特征，但实际上展览策划过程兼具复杂性与迭代性，能够对不断变化的策展环境做出响应。项目经理的职责是认识到这种复杂性，并在了解展览项目团队所有成员的角色任务和领会展览策划环境之细微差别的基础上，指导与创意相关的各项工作，并确保项目顺利完工。

展览项目团队的规模与构成各不相同。我们在开发常设展览和巡回展览领域经验丰富，展览面积从 500 平方英尺到 13 000 平

---

① Michael C. Jackson, *Systems Thinking: Creative Holism for Managers* (West Sussex, UK: Wiley, 2003), 113-133.

方英尺不等。成功案例包括在波士顿科学博物馆举办的"人类生活厅"(Hall of Human Life,展览面积达 10 000 平方英尺的常设展览),由波士顿科学博物馆与皮克斯动画工作室(Pixar Animation Studios)合作开发、展览面积达 13 000 平方英尺的巡回展览"皮克斯背后的科学"(Science Behind Pixar),以及波士顿科学博物馆和爱德华肯尼迪参议院研究所的小型藏品展。

上述展览均涉及核心团队,团队包括一名项目经理和一名或多名展览策划领域的专业人士(亦称内容开发人员、展览策划人员或其他职位名称)、平面设计师、展览设计师、技术设计师、软件设计师和藏品研究人员。其他团队成员包括营销代表、保存或实施专员、讲解员、硬件代表、巡回展览工作人员(负责展览在其他博物馆展出的相关事宜)以及观众顾问(确保展览满足特别观众的目标,其中包括视力受损观众、听力受损观众或存在其他观展障碍的观众)。

为阐释系统思维方法对展览策展过程的好处,我们将从选题策划和创意构思阶段开始(见图 9.1),简要概述我们使用的过程模型。在此过程中,一种做法是召集众多博物馆专业人士及其他利益相关方召开大型头脑风暴会议,广泛收集有关展览概念的创意和观点。此举不仅有助于在更大规模的组织系统中激发工作人员对该项目的工作热情、全情投入和大力支持,还有助于项目团队厘清对该项目的基本想法和假设,识别其与博物馆使命之间的关联。策展伊始,项目团队可包括如上所述核心团队的所有成员,亦可仅包括项目经理、展览策划人员或藏品研究人员及展览设计人员。除负责确定展览的范围和方向外,项目团队还将围绕项目达成初步共识。项目团队需要确定必要事项、有益事项和规

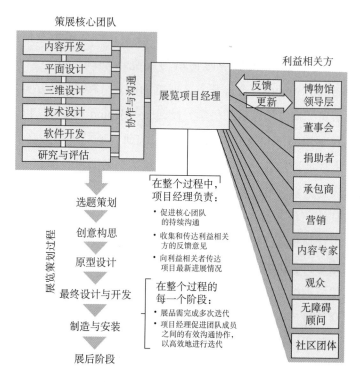

图 9.1 展览策划过程模型图

资料来源：艾米莉·马什（Emily Marsh）。

避事项，并同时制定筹资计划、启动时间表和预算。此外，还须确保项目拥护者积极参与相关进程、适时批准相关事项。这些拥护者可能是董事会成员、高级领导代表、主要合作者或其他投资个体。该过程的最终产品是博物馆版本的设计简报。除此之外，项目团队还应确定必须恪守的阶段性进程。不难想象的是，当团队与各利益相关方达成共识时，项目团队需要迭代这些阶段性可交付成果。但此时，项目经理应负责在其他子系统的协作参与和项目管理规则之间求取平衡。在此动态过程中，一些规则和资源参数固定不变，因此，项目团队的一项重要工作就是满足这些固定参数的要求。

在创意构思过程中，核心团队负责针对项目内容、设计及学习目标制订项目综合计划。该团队成员可适当扩充范围，纳入具有不同技能的其他成员，包括内容和教育，实物、图形、软件和技术设计，评价，营销，策划。核心团队可利用创意构思过程开展团队研究、进行前置评估、启动初步市场测试、审查现有基准、讨论通用设计考量要素并确定相关教育标准。在创意构思过程中，核心团队的另一项重要任务，是在识别和描述关键观众体验的基础上，确定展项预期的客流量和客容量，并完成观众感官体验的协作开发。与所有阶段一样，创意构思阶段的最终可交付成果，是博物馆管理层同意项目推进至下一阶段。

原型设计通常会贯穿展览策划的全过程，涉及测试概念和潜在用户（观众）的体验。理想情况下，原型设计应在复杂度依次递进过程中，在尽可能接近最终环境的场景下测试观众体验，并根据需要进行更新设计。虽然原型设计在理论上可漫无止境地持续下去，但由于最终需完成展览制作并向公众开放，因此，项目团队应该在启动原型设计之前即已确定测试的基本规则。在最终设计与制作过程中，所有必要元素——从精细化标签副本或媒体宣传文案到交互式框架和制造图纸——需悉数到位，以便启动制造和安装。制造和安装阶段似乎简单易行（尽管实际上鲜少如此），但是在将设计文件转化为最终成品时，偶尔需要对迭代过程进行校正。

展后阶段是展览策划过程的一个关键时期，主要工作包括现场完成所有技术和支持文档、展项回顾与反思，并提出有益意见与建议，便于在下次展览策划中整改。在展览开幕时，展后工作并不会戛然而止。如果项目资金充足且计划完备，项目仍应有财务和人力资源，可用于总结性和补救性评估，并在可能情况下根据早期观众反馈不断优化和改进展览。分析成功策展要素如何帮助实现更宏远的展览目标和观众体验至关重要。此类分析过程不仅能帮助工作人员认识到"展览模型实际上是由多个子系统（展览和画廊项目）集合而成的一个综合体系"，而且还提醒博物馆"这种综合体系在向公众开放后仍是一个动态进程，仍需解决程式化需求的难题"。例如，"人类生活厅"项目在其预算中专门划出部分资金，用于确保每年更新相关内容和交互式图形标签组件，以此反映研究人员在人类健康和生物学领域的认知进展。

子系统的作用

展览策划中系统思维的基础是策展运作程序，博物馆应将策展过程中的每个子系统均视作用于构成一个更大系统的功能组件。J·亚历克斯·谢勒（J. Alex Sherrer）在阐释项目管理中的系统思维时强调了这一理念，并指出应"认识到系统思维与普通线性思维的本质区别"[①]。

我们应从整个系统的高度看待项目，而不是将项目视作由个人角色定义的孤立子集。这一观念是策展成功的基础。即便博物馆拥有本国最优秀的平面设计师，但如果该设计师仅从自身审美

[①] J. Alex Sherrer, "A Project Manager's Guide to Systems Thinking: Part I," July 18, 2010, accessed July 6, 2016. https://www.projectsmart.co.uk/project-managers-guide-to-systems-thinking-part-1.php.

修养的角度看待自己的作品,则展览仍将流于失败。相反,设计师必须能够看到自身工作在实现展览的教育目标、可访问性要求、实物设计、技术可用性标准等领域的支持性作用。

原型设计:内部子系统示例

在本章节中,我们将使用原型设计作为一个内部子系统的示例。我们经手的展览项目大都涉及旨在支持非正式教育目标的多种类互动式观众活动和体验(组件)。由于每个组件本质上都是一个全新产品或未知子系统,因此原型开发解决方案对于最终该组件是否成功至关重要。原型设计是一种构建模式的设计过程。在此过程中,展览团队致力于创建观众体验的模型或测试版本。原型设计的目的是测试各类要素:观众能否真正掌握这一组件的使用方式?观众体验是否有助于实现博物馆为该组件设定的学习目标?观众体验是否生动有趣,令人愉悦?

尽管最终原型设计通常在展览策划过程基本接近尾声时进行,但迭代测试却可贯穿策展全过程。早期原型设计可能非常粗犷且简单,只用纸笔完成原型图且涉及与观众的大量对话,但后期原型设计则可能高度复杂且强大,包含各展览组件的实物场景模拟。原型设计的成果(输出)或结果将构成影响过程中其他子系统设计的基础(输入)。之后,策展团队会对实物设计进行测试,以此检验设计的可用性、实现预期活动效果的能力以及各类无障碍设施的可达性。例如,如果原型设计显示观众难以操作某个门拉手或手柄,展览设计师则将研究替代性实物设计。

原型设计还帮助内容开发人员确保标签有助于达成学习目标

或有助于识别。基于这些机理，图形设计人员将采用该副本并设计一个通俗、富有吸引力且浅显易懂的标签（见图9.2）。例如，在"皮克斯背后的科学"展览中，原型设计显示，观众非常关注展览设计中使用的来自皮克斯电影中的图景。图形设计师利用这一特点创造出一种创新方法，即在大型皮克斯图景上使用标注来强调关键内容概念。这使得策展团队能够以富有吸引力且浅显易懂的方式讲授数学与科学内容。

图9.2 博物馆活动和儿童之间产生良好互动

资料来源：作者。

材料选择也会受到原型设计成果的影响；测试结果会显示被测材料是否足够坚固，能够用于展览环境。对于一项预计每年接待2万名观众的展览，策展团队所采纳的技术与实物设计方案可能与每年需接待200万名观众的展览不尽相同。策展团队针对展览技术与材料做出的每一项决策都基于其他子系统的具体情况

（输入），这些子系统包括原型设计、筹款、技术设计等。与此同时，这些决策还可作为决定其他子系统（如融资和展览维护等）设计的基础（输入）。例如，耐久性是决定"人类生活厅"展览中零部件所用材料的重要因素。由于这些零部件的制造成本高企不下，因此首先使用价廉物美的材料进行测试至关重要。此外，在原型设计中积极鼓励公众参与，有助于策展团队选择材料，能够在有效提高观众参与率的同时，防止观众产生将零部件带回家的念想。

教育生态系统：外部子系统示例

我们参与策划的各项展览均旨在满足特定的非正规教育目标。如果致力于非正规教育目标的博物馆专业人士希望为我们的受众创造兼具高价值与相关性的学习体验，则我们还必须了解观众的教育生态系统。该生态系统由非正规要素组成，包括博物馆及其他文化体验、图书馆、教育项目、在线产品等。此外，该生态系统还包括正规教育，因此博物馆专业人士必须在整个策展过程中考虑这一子系统。

对许多博物馆来说，从参观途径上看，学校组织的参观在当前或潜在观众参观量中占比巨大。美国博物馆联盟（American Alliance of Museums）报告指出，博物馆每年接待的学生团体参观多达5 500万人次。[①] 因此，展览策划团队必须考虑他们所策

[①] "Museum Facts," The American Alliance of Museums, accessed August 2, 2016, http:// aam-us.org/about-museums/museum-facts.

划的展览与观众正规教育系统相关联的方式。

例如,某博物馆所在省府可能已采用一套覆盖幼儿园到十二年级各年龄段的学习成果标准,这些标准对教师如何利用博物馆教育资源产生巨大而深远的影响。各省制订的正规教育框架规定了不同年级的学生应该掌握的各项基本技能。教师根据与这些标准的匹配程度,相应选择参观哪些博物馆的哪些展览,并评估学生的观展体验。展览策划团队的职责是将这些标准理解为系统输入,并根据这些输入来权衡内容选择、活动设计、展览营销和日程安排。

例如,不同历史时期的展览主题在整个学年的不同时段流行度不尽相同。

在波士顿的爱德华肯尼迪参议院研究所,一个以"1850年妥协案"(Compromise of 1850)为主题的展项在春季大约一个月左右的时段内大受欢迎,因为那时许多学校都在讲授关于这一历史事件的知识。

沟通和反馈

在策展过程的各个阶段,沟通都是确保策展过程中所涉众多子系统能够通力合作、有序工作的关键。项目经理是展览策划团队与各方之间沟通的桥梁,其中包括博物馆领导、董事会、捐赠者、外部承包商、营销部门、外部合作者、观众及社区等。项目经理必须收集所有利益相关方对展览团队的反馈意见,并同时确保展览团队对利益相关方的反馈意见准确且充分。通过这种方式,沟通能够在展览策划过程中充当大规模系统下各个子系统的输入与输出要素。项目经理切不可忽视这些子系统之间的关联性以及各子系统之间的顺畅沟通对整个项目的影响。项目经理必须传达展览团队的愿景，具体包括展览的基调、形式、内容及特征。

例如，"皮克斯背后的科学"展览旨在帮助观众了解他们最喜爱的皮克斯动画电影背后的数学与计算机科学原理。该展览项目经理的职责之一，是将这一工作重心传达给董事会成员、潜在资助方及其他支持者，以推动有兴趣支持此类教育工作的投资方。将这一工作重心传达给营销部门同样重要，此举有助于营销部门准确宣传推广展览并适当设定观众期望。系统思维确保策展团队能够统筹考虑所有子系统，重点关注必要的沟通内容（输出）、此类沟通内容（输出）可能产生的影响，以及此类影响将如何转化为输入而反过来作用于系统。与此同时，项目经理还必须及时反馈博物馆领导、资助者及其他利益相关方认为重要的内容，并将其传达给策展团队。这种反馈可作为一种输入，反过来影响策展团队采取何种决策完成工作的最有效方式。

波士顿科学博物馆"人类生活厅"展览的实例清晰阐释了良好沟通对项目的影响。这个常设展览面积达 10 000 平方英尺，于 2013 年底向公众开放，历时五年精心打造，涉及数百名利益相关方，包括展览开发团队及负责策划的博物馆其他工作人员、各类资助者、博物馆领导、社区成员、内容顾问、政府机构及外部协作组织，当然还包括博物馆观众。卓越项目管理的一项基本职能，是确保上述相关方之间定期持续开展全方位的清晰沟通，并重点关注所有子系统之间的关系及其与整个项目的关系。

结　语

展览策划过程是一个复杂的系统工程，涉及诸多阶段和数量庞杂的内外部子系统。所有子系统相互影响、相互作用，并在不断变化的环境中相互关联。作为此类系统的外在表现，理解这种相互关联性并管理各子系统之间的关系是策展成功的关键因素。项目经理的职责是在博物馆环境中，在既定目标、资源和预期结果的框架背景下指导展览策划过程。

展览策划中系统思维的美妙之处，在于任何项目的成果都能够在现在和未来，成为且应该成为这一复杂多变之有机过程的一部分。项目团队可以控制或至少预测某些因素，但有些因素则可能难以控制和预测。一些团队成员可能更熟悉展览策划过程的复杂多变性，且可能更容易接受影响其工作的其他子系统的输入。经验丰富的项目经理能够预测各种可能的变化因素，并可以随着展览项目的不断推进，确保团队成员具有适应变化的能力且做好应对变化的预先准备。

最后，展览项目团队还必须认识到，对于任何既定目标，都会有无数可能优秀、伟大、卓越和非凡的成果。在策展过程中采用系统思维模型，可促使团队成员将变化视作一种充满机遇、催人进一步探索并创造性解决问题的存在状态。

参考文献

The American Alliance of Museums. "Museum Facts." Accessed August 2, 2016. http://aam-us.org/about-museums/museum-facts.

Jackson, Michael C. *Systems Thinking: Creative Holism for Managers*. West Sussex, UK: Wiley, 2003.

Sherrer, J. Alex. "A Project Manager's Guide to Systems Thinking: Part I." July 18, 2010. Accessed July 6, 2016. https://www.projectsmart.co.uk/project-managers-guide-to-systems-thinking-part-1.php.

第10章 创建岛屿

黛博拉·兰道夫 科拉·费舍尔

2015年1月,"集体行为展"在美国北卡罗来纳州温斯顿-塞勒姆市东南当代艺术中心开幕。该展览由作者(当代艺术策展人)和一位教育策展人共同策划。在三个月展期内,"集体行为展"借助艺术与社区行动,在史实研究的基础上创想并激活了一种新的集体形式。东南当代艺术中心是一个以共存关系为基础的体系,由其与当地社区及更广泛社区的联系而界定,因此该艺术中心以合作伙伴关系为其行动的驱动力。该艺术中心的组织文化致力于支持和鼓励其与各类社区组织建立联系。为此,该艺术中心长期努力维系与社区组织的关系,依靠社区组织构建社交网络,并在诠释当代艺术过程中纳入各社区组织的多维视角和观点。换言之,培育这种合作伙伴关系为展览合作的顺利开展和集体行为的自然形成奠定了坚实的基础。

通过在本章中讲述的展览故事,我们将着重介绍"集体行为展"在东南当代艺术中心及各类展示作品中,特别是在协同行动过程中(艺术家、观众和社区之间的创造性干预),与系统思维相呼应的多种模式。此种协同行动不仅为全社会参与艺术创作提供了更具活力的体验,而且还凸显并拉紧了人们的纽带。

"集体行为展"的形式和内容都是系统思维方式具体而集中的体现。"集体行为展"在展览形式上就纳入社区参与的内容。它认识到博物馆中时常出现的社会与社区关系。"集体行为展"旨在展示艺术家以社区为主导的艺术实践,着重探讨生态与可持续发展问题、工作与娱乐问题、面向不同人的无障碍措施、从工业劳动力向后福特劳动力转型的后果,以及作为展览重中之重的集体经验的构建过程。社区行动促使我们深入思考当今社会中的集体有何特征,我们如何通过社会行动与代际对话来进一步重构和塑造集体。在此类展览制作与艺术参与的合作模式中,人们必须将展览本身作为一个由各类参与者构成的动态有机体来重新审视,并将艺术体验视作人类认识感悟世界的必要方式。

系统思维的集体与行动模式观

系统理论家、建筑师兼设计师巴克明斯特·富勒(Buckminster Fuller)与女权主义艺术家尼古拉·L(Nicola L.)的作品为此次展览提供了坚实的历史与社会基础。富勒与美国北卡罗来纳州黑山学院(Black Mountain College)学生的合作,不仅提供了在测地穹顶结构中系统思维的物理表征[1],而且携手学生设计和建造测地穹顶的过程本身也体现了系统思维中关系和组织的重要性。通过浏览记录富勒及其建筑系学生于1949年夏天在黑山学院活动的档案

---

[1] 测地穹顶是一种结合了四面体和球体特性的轻质结构。富勒在1954年获得了美国的测地穹顶专利。

照片,我们见证了这个兼具创造性和探索性的时期。在这一时期,富勒和学生测试拉伸结构(例如测地穹顶)、制作模型,并将初具雏形的系统思维运用到实践中。后来,富勒将这一早期阶段的系统思维做正式化归总。富勒理论认为,协同作用"是整个系统的行为。我们无法根据对系统组成要素之行为的割裂分析获得整个系统行为的预知"①。协同学是基于自然能源效率协调系统来研究此种空间复杂性的一门学科,其致力于解决问题、促进可持续发展和提升创造力。②

正如阿尔弗雷德·勒布(Alfred Loeb)在富勒的理论著作《协同学》(Synergetics)序言中所说,"富勒对未来的希望,在于用更少的东西做更多的事情"③。这一原则取决于正式结构的概念。由于具有分散承重的能力,这种结构拥有令人难以置信的强大力量。"集体行为展"展出的历史照片中,在受鲍豪斯(Bauhaus)影响颇深的黑山学院里,学生们借助学院的广阔草坪,在这个传奇的暑期实习培训项目的建筑物中,用悬垂材料条创造出一个测地穹顶的原型。图10.1是这些成年学生的照片。他们悬吊在一个更高阶测地穹顶原型的铝制立柱上,展示出这种多面穹顶结构的重量分配和张拉整体式结构的原理。远远望去,这些学生就像悬吊在丛林健身房内运动器材上的健身爱好

---

① R. Buckminster Fuller and E. J. Applewhite, *Synergetics: Explorations in the Geometry of Thinking* (New York: Macmillan, 1975), section 101.01.
② Amy C. Edmondson, *A Fuller Explanation* (Cambridge, MA: Birkhauser Boston, 1986).
③ A. L. Loeb, preface to *Synergetics: Explorations in the Geometry of Thinking*, by R. Buckminster Fuller and E. J. Applewhite (New York: Macmillan, 1975), xv.

者一样。诸如测地穹顶之类的结构完美实现了物理量的均匀分布,激励人们思考如何创建以社区参与艺术展览形式存在的集体行为。这些穹顶成为富勒对系统思维与建筑环境的标志性贡献。在富勒理论中,建筑环境应有利于巩固作为项目核心要素的集体和行动理念。

图10.1 马萨托·纳卡加瓦(Masato Nakagawa),"巴克明斯特·富勒在黑山学院的'自治居住设施'穹顶",1949年

资料来源:美国北卡罗来纳州州立档案馆。

如果说巴克明斯特·富勒结构理论的基础是几何学和未来

生活与建筑体系的可持续性理念,那么年逾古稀的艺术家尼古拉·L的作品则侧重反映集体意识,此种意识具有明显的社会属性和潜在的女权主义。尼古拉·L的表演艺术是"集体行为展"中另一个兼具根本性与历史性的存在。此种存在感体现在尼古拉于20世纪60、70年代在欧洲公共街道上与路人联袂表演中使用的雕塑感服饰及相关档案记载。尼古拉的"十一人红衫"(Red Coat for Eleven People, 1969)和"蓝色斗篷"(Blue Cape, 2004—2014)以一块长条形织物勾勒出一组人身体的轮廓。在接触陌生人并组织参与者统一穿着此款雕塑感服饰之后,尼古拉·L会鼓励他们身着此款服饰并肩齐行。凭借即兴的娱乐精神,并通过将这些集体步行表演放置于具有重大里程碑式历史或政治意义的文化背景中,这些作品最终完成从当代流行美学向社会行动甚至政治抗议的转向。这些文化场所包括古巴的哈瓦那城镇广场(西班牙殖民地时期奴隶买卖的场所)和比利时布鲁塞尔的欧盟议会。在每个场景中,斗篷被设计用于反映当地环境与文化以及斗篷穿着者的能量。步行者的行人体验被转化为发觉与社会重组的隆重仪式。

2014年12月16日,"集体行为展"在东南当代艺术中心以"蓝色斗篷"表演拉开了首场演出的序幕。在爵士萨克斯管的伴奏下,12名女性社区领袖在蓝色斗篷笼罩下款款齐行。一位参与此次表演的女性在描述其穿着蓝色斗篷的体验时表示:

> 在那个蓝色斗篷笼罩下举步同行是一次异乎寻常的体验,这与我们这么多人力图作为一个协调一致的整体向前迈进有关。当然,我们小心翼翼且必须轻柔地拉扯和拖曳,

尽可能相互协调且顺畅地行走。我们最终做到了这一点，但是在我们感受到各自行动进而互相配合和互相照应之前，情况并非如此。此次表演结果非常令人满意，让我体会到满满的成就感，我比之前更有耐心了。与任何生物体一样，躯干或身体的每个部件都有其特定功能……一个部件不仅总是需要另一部件的协调配合，而且还能引领另一部件发挥最大效能。①

另一位参与者则表示："我喜欢这种齐聚我们社区强大女性的活动方式，它将我们聚集在一起参与一场生动鲜活的艺术展览。能够参加一个跨越全球的项目，并在当地博物馆环境中放松身心，实属荣幸之至。"②尼古拉·L的社会雕塑和表演艺术（例如"蓝色斗篷"）旨在探究艺术如何能够以令人难忘的方式激发并促进社会行动和培育集体主义意识。

这是策展人兼艺术家尼古拉·L在深思熟虑后做出的周密决策。以女性在蓝色斗篷笼罩下款款齐行的方式拉开首场演出的序幕，能够有力折射出当地社区中女性领导力的强大形象。此外，该展览还扩展了巴克明斯特·富勒根植于分配形式与结构效能的系统思维理念，并在此基础上激发观众反思，更趋扁平态的权力架构与参与模式是否也可被理解为女权主义——具有反等级性、公共性、富有社会意识及多代性特征。这不仅体现在巴克明斯特·富勒穹顶结构与尼古拉·L人体雕塑的理论上——实际上，展览中

---

① 西尔维亚·罗德里格斯(Silvia Rodriguez)于2016年8月与作者讨论。
② 凯瑟琳·鲍曼(Katherine Bowman)于2016年8月与作者讨论。

的所有艺术家都是各个时代的(即不同年龄段的)女性,她们以包容性方式与覆盖所有年龄段、性别、种族和背景的社区成员和观众协同工作。在此,我们将区分集体主义的女权政治和消除性别与性取向多元化的主张。这主要是因为这些艺术家甄选的社会意识类艺术作品均以女性为主题,而不仅仅因为她们自己是女性。事实上,"集体行为展"指出,系统思维可以重新定位为对女性主义的包容性、横向社会关系、认可和培育的敏感性。

"集体行为展"中的艺术家

参与"集体行为展"的艺术家(即其艺术作品在该展览中展出的艺术家,本章中将就此做详尽介绍)包括玛丽·马丁利(Mary Mattingly)、玛莎·惠廷顿(Martha Whittington)、艾德丽塔·胡斯尼贝伊(Adelita Husni-Bey)、巴克明斯特·富勒和尼古拉·L。他们为系统思维、集体行为和社会行动主义奠定了坚实的历史基础。"集体行为展"通过组织马丁利、惠廷顿及胡斯尼贝伊与社区开展结对共建活动,给予艺术家和当地社区更多机会参与到展览主题的诠释当中。这些结对共建活动由东南当代艺术中心馆长和教育策展人策划和组织实施,是一种将博物馆职能与当地社区文化结合的协作型工作方式。

玛丽·马丁利是一位艺术家,其作品通常以描述可持续发展未来为主题,以此激发我们思考"我们应采纳何种生活方式方才能够在地球上安居乐业,同时携手共创生命体系"。例如,2014年,马丁利启动"湿地"项目(WetLand),致力于在特拉华河(Delaware River)上打造浮游生态系统和生活空间。2012年,马丁利启动"集群之家"项目(Flock House)。该项目由三个球形生命体系组成,被精心安排在纽约市的五大行政区。马丁利作品深受巴克明斯特·富勒及其他前瞻型思想家的影响,致力于应对生态变化及其对生物、人类和社会体系的影响。玛莎·惠廷顿的艺术作品致力于激发人们对新时代的探求,在这样一个新时代中,社会各界高度重视工艺和手工智能,人们投入财力和物力以改善工厂劳动者与其工作之间的关联性。这一时代与我们当下时代形成鲜明对比,因为当下时代中工作变得愈发无形、虚拟且灵活。她在"机器之神"(Deus Ex Machina)展览中展出了自己创作的工人主义装置,其灵感来自早期工厂环境。通过该装置,惠廷顿着重探讨了手作的重要性,并以此作为对当代文化中自动化潮流的回应。此潮流随着全国各地制造业运动的风行而趋于成型。艾德丽塔·胡斯尼贝伊是一位艺术家兼研究员,其艺术实践涉及对当代西方社会中霸权意识形态的分析和反表征。她的近期项目侧重于重新思考激进化教学模式。她的作品着重探讨平等权在社会与政治层面的蕴意,围绕诸如空间私有化、绅士化、公民身份、渐进式教育和法律等问题铺陈扬厉。

集体主义在行动

为致敬20世纪40、50年代美国北卡罗来纳州黑山学院的设计师兼建筑师巴克明斯特·富勒具有历史意义的系统思维实践和20世纪60、70年代艺术家尼古拉·L的女权主义社会和政治行动,"集体行为展"策展人邀请公众与艺术家携手完成多项集体行为。为此,艺术家在画廊中居住了一段时间。这些集体行为包括：(1) 与"创作行动"机构的学生一起构想可持续发展的未来，"创作行动"是一家致力于通过书面和口头形式表演赋予年轻人能力的组织机构；(2) 携手"生活艺术"组织（Arts for Life），与直面疾病的儿童及其家庭一起制作治愈系生活物品（一系列个人物品），"生活艺术"是一家致力于在医院与儿童一起创作艺术作品的组织机构；(3) 与一名艺术家和来自美国北卡罗来纳州温斯顿-塞勒姆盲人联合会（Winston-Salem Industries for the Blind）的多名盲人或视力低下的工人交流思想；(4) 与一名为"贝塔·威尔第"（Beta Verde）项目工作的艺术家及其他致力于借助当地食物促进社区参与的活动家合作创造一个活体生物圈。然而，为将这些集体行为落在实处，培育协作体系是不可或缺的重要环节。因此，"集体行为展"的关系构建工作早在其构思之前即已启动。

展览合作伙伴

我们与"创作行动"机构的合作关系可追溯到十四年前，是对新兴艺术家（如该组织的年轻男女）认可和颂扬之上的交往，目的在于为新兴艺术家提供一个论坛，用以展示他们用口头形式表达的原生态自传体艺术作品。该群体与"集体行为展"契合度极高，因为他们的艺术实践涉及个人写作，而多个个人写作结合起来又可创造出一个整体的集体情感表达。此外，其创作型写手和社会变革倡导者的使命亦契合"集体行为展"的目标。

"生活艺术"组织致力于教授并帮助住院儿童拥有接触不同类型艺术的机会，同时为患儿家庭提供支持。通过为志愿艺创作研讨会和儿童艺术展提供空间,东南当代艺术中心开始与该组织建立关系。最令人难忘的合作之一,是将儿童艺术作品与当地音乐家的音乐作品进行配对,并在东南当代艺术中心展出和演奏这些作品。我们对"生活艺术"组织提供的服务深表赞同,同时渴望为这些作品及被我们视作英雄的人员和志愿者提供支持。

我们与温斯顿-塞勒姆盲人联合会(IFB)的合作关系始于2012年,一场音乐会结束后与阿拉巴马州一名男性盲童共进鸡肉晚餐。该场音乐会成为凸显温斯顿-塞勒姆盲人联合会卓越工作的一种方式。该联合会总计雇用700多名员工,是美国盲人或视力低下人群用工人数最多的雇主。我们与该联合会的关系仍在不断发展壮大。在我们与温斯顿-塞勒姆盲人联合会协作举办的一次小组座谈会中,一位与会人员表示,"我对艺术记忆犹新"。这是一份极具影响力的声明,有助于我们坚定决心,兑现对这一群体的承诺。我们专门为视障人士制作了多份博物馆导游和解说材料,帮助他们感悟艺术。

"贝塔·威尔第"是一个当地食品项目,覆盖领域包括农贸市场、菜园到餐桌式(garden-to-table)晚餐、种子交换及当地食品宣传推广。业主玛格丽特(Margaret)和塞勒姆·内夫(Salem Neff)与我们在诸多项目中开展合作,其中包括"沼泽地带西斯塔派对"(Swamp Sista LaLa,"la la"在克里奥尔语意为有目的的派对)。这场音乐会筹集了与农贸市场"补充营养援助计划(SNAP)"所提供福利相匹配的资金,并致力于提高人们对饥饿的认识。这两位富有感召力的女性改变了人们对这一地区食物的看法。

展览中的集体行为

玛丽·马丁利＋"贝塔·威尔第"项目：浮生世界

在实现可持续发展理念领域，没有能够与种植植物相媲美的实际行动。艺术家玛丽·马丁利携手"贝塔·威尔第"项目创始人玛格丽特·诺弗里特·内夫（Margaret Norfleet Neff），共同邀约观众在东南当代艺术中心画廊种植种子或培育植物，并将植物放置在网格状穹顶护栏上。作为社区一员，我们一起用植物覆盖穹顶。随着时间推移，穹顶已演化为一个充满盎然生机且不断生长繁殖的生物圈。画廊中的穹顶生态馆名为"浮生世界"（Floating World），与巴克明斯特·富勒的可持续系统理念交相辉映，并使富勒测地穹顶的设计适于解决现在正困扰我们的生物多样性和气候变化问题。该项目激发人们思考"人类干预如何为自给自足型的生命体系提供支持"的问题。社区成员协作共建鲜活穹顶的过程，提供了一个创建自给自足型生命体系的成功范式。随着时间的推移，"浮生世界"逐渐被"浮生湿地"所环绕，其现实意义早已超出博物馆建筑物本身的范畴。"浮生湿地"是一个由马丁利（Mattingly）与多名中学生协力打造的博物馆绿化项目。

玛丽·马丁利＋"生活艺术"组织：捆扎圣物

在其捆扎项目的数个不同版本中，玛丽·马丁利致力于创建、拖曳、移动、掩埋或拆除由公众参与者所贡献的个人物品制成的庞大捆扎束。她收集了一系列故事，旨在阐释为何保留这些事物对我们至关重要、探索我们如何以及为何坚持保留这些事物,从而引发我们反思、分享,以及象征性地将其释放到一个大于其各部分之和的更庞大的整体中。作为一项集体行为,马丁利与"生活艺术"组织开展协作,该组织致力于为住院治疗且正与疾病作斗争的年轻人及其家庭提供支持,其领导人来自北卡罗来纳州各地。他们从该组织所支持的年轻住院患者和关系网络中的死者家属那里收集重要物品。之后,在马丁利的指导下,将个人物品及与其相关的故事进行整理和捆扎,并在东南当代艺术中心展出。在整个展览空间中次第悬挂的一系列个人物品捆扎束,体现出创造力与连接的力量。

玛莎·惠廷顿＋美国温斯顿-塞勒姆盲人联合会:艺术家对话——以手为媒

在思考集体主义时,我们通常会想到作为日常生活支柱的工作。艺术家们总是在自己的工作室里,与经济生产关键要素的劳动生产率理念作斗争。他们应如何在艺术生产中超越对功能性与实用性的期望?他们应如何反过来激励我们思考劳动的价值及实用性?作为展览期间活动的一部分,惠廷顿参加了一次由美国温斯顿-塞勒姆盲人联合会组织召开的会议,与工厂盲人和视力低下的工人专题讨论视障工人工作中人手的作用。该联合会的工厂工人用他们的感官,以手工作业方式制作宿舍床垫、眼镜、办公文具和军装制服。会上,艺术家惠廷顿与工厂工人纷纷提出艺术与感官议题的建议,并就将感官用于劳动生产的问题展开激烈讨论。

艾德丽塔·胡斯尼贝伊+"创作行动"机构：仰望星空

胡斯尼贝伊与来自"创作行动"机构的青少年，从太空旅行私有化愿景角度，遥想未来地球和超越星系的未来生活。展览中的装置"仰望星空"（Stargazing）是这名艺术家与青少年团队密切合作，共同创作的艺术成果，通过书面和口头形式表演，协力推动下一代掌握话语权。这些学生习惯于撰写自传体文学作品，在写作课上积极回应胡斯尼贝伊提出的挑战，成功实现自我超越。学生们在个人与社会行动之间构建起更深刻的关联性意识。他们有效整合了各自对未来生活的畅想，并在此基础上集体创作出一首诗歌，在"集体行为展"开幕之夜集体朗诵。以下数行诗摘录自"创作行动"机构学生共同创作的 30 分钟诵读版警示诗。

> 她从未见过瘀伤的香蕉。
> 水果不再腐坏
> 现在它在皮内成长。
> 它们的黄色鲜亮且动人
> 如此方便，如此简单
> 永不枯萎，亦无凋零。
>
> 那个小镇上独世唯存的
> 是几处建筑物以及这位直指赤乌的魁梧女士的雕像。
> 仿若她正指着火轮正色厉声，
> "嘿！还记得我们何时才能
> 对那个东西，亲眼目睹？亲手触及？

还记得我们要使用防晒霜而非防雾剂?"

我知道那位表情凝重的女士正在缅怀太阳光束拂过脸颊的美好。

他们在看。
监视着一个物种,
一个与他们不同的物种
他们自称"特权阶层"。

内疲的灵魂,锈蚀的谎言
无数次徘徊在他们的唇齿,他们的存在内隐于心。
黑色的剪影,鲜明的特征。
没有比赛加以分类,
更广为人知地被称作社会生物。
如果你愿意,内疲就是唯一真实的存在。①

"集体行为展"的多元化社区参与体验涵盖了社会公正与生态系统交叉领域的一系列问题,提供了一种积极合作的政治哲学,以此构成系统思维的最重要出路。持续多年的合作伙伴关系,在客座艺术家的催化下激活。合作伙伴关系只有在公众参与的前提下方能得以充分实现。此外,"集体行为展"还提供了一系列集体模型和影像,并将其作为解毒良药,用以在面临真正社会、环境和政治挑战时,应对碾压性的个人主义风潮和系统瘫痪。集体行为有

---

① Authoring Action, *Stargazing*, 2015.

助于维持连贯一致、积极干预的形象。在展览结束后,我们还收到了一张照片:在大家双手的倾力打造下,玛丽·马丁利的"浮生世界"现在已被覆上一层层盛开的鲜花和可食用植物,娴静地漂浮在博物馆场地的湖面上(见图 10.2)。设置在木筏上的穹顶生态馆郁郁葱葱,影子倒映在水中,形成完美的对称,在阳光的映照下显得格外唯美。在它的周围是一块独立的浮生湿地网格,两者在湖面上已漂浮了数月之久,我们都亲历见证了那些悬垂类植物和高大的带状草地的茁壮成长。

图 10.2 克里夫·德塞尔(Cliff Dossel),"玛丽·马丁利位于东南当代艺术中心的浮生世界",2015 年

资料来源:东南当代艺术中心。

参考文献

Edmondson, Amy C. *A Fuller Explanation*. Cambridge, MA: Birkhauser Boston, 1986. Fuller, R. Buckminster, and E. J. Applewhite. Synergetics: Explorations in the Geometry of Thinking. New York: Macmillan, 1975.

Loab, A. J. *Preface to Synergetics: Explorations in the Geometry of Thinking*, by R. Buckminster Fuller and E. J. Applewhite, xv-xvii. New York: Macmillan, 1975.

第五部分　采取行动

　　本部分两个章节旨在阐释科学和当代艺术两个领域中团队导向的展览策划方式。您所在博物馆启动全新展览规划流程时，至关重要的一点是考虑从不同部门抽调恰当的人员组成策展团队，并在整个过程中协同工作。每个项目都有机会将不同的团队成员汇集在一起——这是特定展览的独到之处。对于即将举行的展览，哪些员工的观点会有重要的借鉴意义？您将如何在博物馆内部提出这个设想？如果以团队导向的展览策划方式对您所在博物馆而言尚属新生事物，那么在首次体验过程中，要求员工志愿加入团队并砥砺前行可能颇有裨益。

　　除博物馆员工外，您如何邀请社区参与并与展览团队展开合作？哪些社区合作伙伴或机构能够提供必要资源或与展览相关的社区专业知识？社区参与如何从规划阶段推进到实施阶段，再继而推进至评估阶段？

第六部分
系统思维下的外部沟通

本部分主要讨论博物馆如何加强与外部社区的沟通交流。当博物馆不能与更广泛受众进行经常性的沟通联络，博物馆工作就会陷入一个怪圈，仅倾听和迎合其广泛社区中已经在以实际行动支持博物馆建设的极少数观众而忽略外部社区中大多数人的观点。例如，博物馆（基于本书第一部分简介中首次提及的真实博物馆而构建的虚拟博物馆）就被许多人视作是一家鸿商富贾们前去享受艺术的精英博物馆或俱乐部。产生这一现象的根本原因在于博物馆与社区缺乏沟通联络，因此博物馆在工作实践中并不考虑社区的观点。在更深层次上，该博物馆并不将自己视为地方社区的必要组成部分。尽管博物馆可通过各类营销手段打造出一个更有利且更具包容性的良好形象，以帮助改变社区对博物馆的认知，逐渐实现从精英主义向更开放包容文化机构的形象转型。但该博物馆倾向于面向现有观众和捐赠者开展自我营销，而没有创造性地思考并接触那些目前尚未踏足博物馆的人群。相反，该博物馆运作的基础是其对社区需求的假设，或对其认为社区应该学习和接触的内容的假设。这种做法只会进一步固化现有观念，让公众和社区继续将该博物馆视作与其毫不相关的精英俱乐部。此外，该博物馆还缺失系统性评价各项展览和项目的方法，也没有定期开展观众与非观众研究，因此不能了解公众选择去或不去这家博物馆的原因，亦无从知晓该博物馆可以采取何种手段以吸引非观众群体。该博物馆开展的为数不多的会员与捐赠者调查，并未提供多元化社区视角；相反，此类调查进一步验证了该博物馆致力于为少数精英团体服务的事实；在此类调查中，该博物馆仅仅询问了前述少数群体的观点,并将这些观点纳入博物馆架构与项目中。

　　本部分各章节将简要分析与更广泛博物馆受众沟通的创新型有效方式。乔纳森·帕克特与罗宾·尼尔森在第 11 章中探讨了在博物馆物理空间因改造升级或新建而需要暂时关闭时,博物馆应如何利用社交媒体与其受众沟通交流。两位作者采用开放系统的概念,并将其与德勒兹(Deleuze)和瓜塔里(Guattari)的去地域化思想联系起来,分析了世界各地七个博物馆运用社交媒体营造良好氛围的案例。在这些案例中,博物馆不仅运用社交媒体来发布博物馆将暂时关闭部分展厅的信息,还利用社交媒体转变博物馆形象与身份认同,成功营造出用户社群,鼓励网络社群表达其对已完成改造升级和转型的博物馆的不同看法,并邀请他们在博物馆施工作业结束后重返全新展馆。这一策略表明,作为一个开放式系统,博物馆不仅受其外部环境的影响,还会影响外部环境,进而改变人们对博物馆的认知。

　　第 12 章由阿娜·弗拉维亚·马查多、迪欧米拉·法利亚、斯贝拉·迪尼兹、芭芭拉·帕里欧托、罗德里格·米歇尔和盖布里尔·梅洛撰写。本章探讨了观众与非观众研究如何有助于评估自由广场文化综合体(Circuito Liberdade,一家位于巴西米纳斯吉拉斯州的公共文化综合体),以及如何利用这种反馈来帮助管理自由广场文化综合体,以推促其转型为学习型组织。作者在本章中还介绍了他们曾开展的一项观众与非观众的评估研究。该研究采用一种全新方式对非市场化商品的价值进行定量分析。此外,他们还研究了观众与非观众的文化习惯,并借此提炼出观众与非观众的一些鲜明特色。作者一致认为:不断收集和整理观众与非观众的反馈意见并将其纳入文化管理,是系统思维的一种策略,因此,建议将文化机构视作社区的必要组成部分。有鉴于此,博物馆必须在运营管理中纳入本地公众与社区的观点。

第 11 章 闭馆之后

社交媒体在博物馆转型与项目开发中的应用

乔纳森·帕克特　罗宾·尼尔森

近年来，许多知名机构启动了大规模的升级改造工程，在此期间，博物馆必须对公众关闭部分展馆。20 世纪 90 年代后，博物馆愈来愈关注建筑空间建构的合理性。针对珍藏在始建于 19 世纪末或 20 世纪初的建筑物中的藏品，博物馆面临着持续满足藏品保存标准的挑战。此外，由于一些建筑物在建造时，其建筑设计师身处"画廊和博物馆应容纳不同类型公众"的时代，因此一些博物馆还须解决与此相关的矛盾和问题。这些博物馆对新的形势手足无措，其建筑设计尚无法容纳因全球旅游业蓬勃发展而带来的庞大的博物馆观众群体。在秉持公共部门深厚的传统理念，并将博物馆视作社会公共服务机构的国家，第二次世界大战后新型国家机构的迅速发展催生出一批又一批草率推出的项目和新建建筑，占用了大量宝贵的空间。特别值得一提的是，一些建筑空间还对博物馆专业人士与公众的互动方式构成挑战，因此亟须大规模升级改造。在悠久的历史中，大多数博物馆在某个阶段可能会因升级改造项目而深感不便。

博物馆空间从来都不是中立的。恰恰相反，它们是政治与社会空间。除了基于其馆藏珍品的声誉之外，博物馆空间对于专业人士对机构的认同以及其本职工作具有重要的象征意义①。尽管大多数博物馆专业人士负责幕后工作②（例如藏品管理、保护和设施管理），但他们自始至终还是服务于一线工作人员，并与这些人员协作。他们服务于展览空间并与展览空间协作。博物馆空间是博物馆与公众构建联系和互动的场所③，是将公众与外部社区转变为博物馆观众的场所。博物馆空间对于博物馆构建象征性秩序至关重要。有鉴于此，请试想：空间缺失会产生何种结果？

　　本章列举了近期一些大规模升级改造与长期开发项目。特别值得一提的是，这些项目引发我们思考作为公共关系和社区互动工具，社交媒体如何应用于博物馆转型战略。换言之，本章旨在阐述博物馆空间暂时关闭的背景、意义及影响。与永久性封闭不同，暂时关闭涉及一系列后台操作，其目的在于在主要象征性物件与展陈场所——博物馆空间——缺失的前提下维持博物馆的日常运营。在采用系统方法分析博物馆及其社会环境的基础上，本

---

① Jean Davallon, "Le muse est-il vraiment un media?", *Publics et musées* 2, no. 1 (1990): 99-103; Anne Gombault, "La nouvelle identité organisationnelles des musées", *Revue Française de gestion* 142, no. 1 (2003): 189-203; Bill Hillier and Kali Tzortzi, "Space Syntax: The Language of Museum Space", in *A Companion to Museum Studies*, ed. Sharon Macdonald (London: Blackwell, 2006), 282-302.

② Erving Goffman, *The Presentation of Self in Everyday Life* (New York: Anchor, 1959).

③ Dvora Yanow, "Space Stories: Studying Museum Buildings as Organizational Spaces While Reflecting on Interpretive Methods and their Narration", *Journal of Management Inquiry* 7, no. 3 (1998): 215-239; Roger Silverstone, "Les espaces de la performance: Musées, science et rhétorique del'objet", *Hermès* 22, no. 1 (1998): 175-188; Suzanne MacLeod, *Reshaping Museum Space: Architecture, Design, Exhibitions* (London: Routledge, 2005).

章从对 28 项博物馆转型战略的更广泛研究中，着重介绍了 7 个案例。在从理论层面进一步探讨这一重要问题之后，本章概述了这些不同机构如何调用各类社交媒体，向公众及时发布活动信息，提升博物馆在社区中的存在感。该项研究的成果，是在博物馆主要展览空间无法向公众开放时，博物馆可开展的各项活动的类型列表。此类特殊时间段一般为两至四年，但在某些情况下甚至更长。我们将在此讨论的博物馆，使用了这些社交媒体策略。

博物馆、专业人士、空间及社区：系统观视角

在本章中，我们采用系统方法分析博物馆与空间的相互关联。系统方法最重要且最引人瞩目的理论贡献之一，与开放系统的概念及其与环境的交互作用有关。系统理论的兴起，源自将生物系统论应用到社会环境当中的启发和推动[1]。然而，在系统理论首次被社会科学领域接受，并跨过其初级发展阶段之后的数十年时间里，研究人员才开始将系统理论作为一种社会互动的隐喻[2]，这种情况在组织研究领域更为明显。我们在本章中将从组织研究学视角分析博物馆的发展方向。博物馆与其环境产生互动，并受其组织环境的影响。不过，我们希望强调博物馆在自身领域的作用。因此，我们在以下假设的基础上采纳了系统与组织

---

[1] Gibson Burrell and Gareth Morgan, *Sociological Paradigms and Organizational Analysis* (London: Heineman, 1979).

[2] Gareth Morgan, *Images of Organizations* (Thousand Oaks, CA: Sage, 2006).

的自创生观点①：（1）组织机构是与其环境相互作用的开放系统；（2）与环境的互动程度可能至关重要，以至于组织机构可以定义其环境；（3）组织机构是一个由各类交互进程编织而成的网络②。博物馆及其专业人士需要响应刺激并对环境做出反应，他们通过对刺激的反应来影响自身环境。与此同时，他们还创造了博物馆环境。博物馆工作的沟通交流是一个复杂的过程网络，在塑造博物馆及其结构和永久性的同时，亦催生出观众对它的期望。

博物馆空间的地域化表达：
德勒兹与瓜塔里

吉尔斯·德勒兹（Gilles Deleuze）与费利克斯·瓜塔里（Félix Guattari）的作品通过融会贯通空间理论与系统思维，提供了一个有趣视角。德勒兹的系统思维方法强调过程的重要性。作为组织机构，博物馆是创造环境的过程网络。换言之，德勒兹的系统思维方法与上文所述的自创生系统理论一致③。系统不应被视作一个封闭单元，而应被视作一个不断发展变化的开放式有机集合体。

---

① John Mingers, "An introduction to Autopoiesis—implications and Applications", *Systems Practice* 2, no. 2 (1989): 159-180; John Mingers, "A Comparison of Maturana Autopoietic Social Theory and Giddens Theory of Structuration", *Systems Research* 13, no. 4 (2006): 469-482.
② Hideo Kawamoto, "Autopoïèse et l'individu en train de se faire", *Revue philosophique de la France et de l'étranger* 136, no. 3 (2011): 347-363.
③ Ibid.

在这种卓有成效的系统化关系中，社交媒体是一种创建博物馆社区与空间的生成工具。从实证角度来看，社交媒体是一种交际工具；它不会创设组织机构，但负责组织作为自我的个人与作为集体的自我；它在互动中彼此相交并连接。在德勒兹与瓜塔里作品的基础上①，我们建议将社交媒体用作有效解决博物馆闭馆时期运营的迁移工具②。当博物馆重新组织空间或创建新空间而必须向公众关闭部分甚至全部展馆时，社交媒体就帮助博物馆重新组合、探索和占据新空间。换言之，即社交媒体有助于探索和测试新空间或形成新空间。在此背景下，社交媒体是征服式工具③，试图征服、构建并熟悉博物馆的未来空间。

为借助德勒兹术语来描述博物馆的空间特征，我们创建了去地域化的想法④。去地域化过程是一个迁移的过程，它涉及从熟悉的（博物馆）空间向新空间迁移的路线。为更好地说明这一点，我们谨此引用德勒兹和瓜塔里的论断："去地域化是为了戒掉一种习惯，戒掉久坐不动的生活方式。"⑤ 去地域化是一个积极主动的迁移过程。此外，去地域化甚至可以喻指逃离或偏离"异化形式和主体化的精确形式"⑥。当博物馆升级改造设施而暂

---

① Gilles Deleuze and Félix Guattari, *L'anti-Œdipe: Capitalisme et schizophrénie* (Paris: Les Éditions de Minuit, 1972); Gilles Deleuze and Félix Guattari, *Mille Plateaux: Capitalisme et schizophrénie 2* (Paris: Les Éditions de Minuit, 1980).
② 在德勒兹和瓜塔里的作品中，我们用"工具"或"器械"来表达机器的概念，这一概念具有更好的哲学深度。*Mille Plateaux*, 460。
③ Gilles Deleuze, *Pourparlers 1972-1990* (Paris: Les Éditions de Minuit, 1990), 50.
④ Deleuze and Guattari, *Mille Plateaux*.
⑤ Deleuze and Guattari, *L'anti-Œdipe: Capitalisme et schizophrénie*, 162.
⑥ Ibid.

时关闭展馆时，博物馆将实施去地域化。博物馆将利用所知道的空间、其所运营的地点以及公众得以认识和了解博物馆的处所，制造出戏剧性的决裂场景。在这种情况下，变革管理是一种游牧形式，是对新领地和新博物馆空间的一种诉求。对德勒兹与瓜塔里而言，去地域化是一个过渡阶段；去地域化完成后即进入再地域化阶段——在该阶段，新的空间得以形成，并伴之以新的习惯和参与方式。

博物馆、专业人士、空间和社区之间的系统化交互，通过地域化、去地域化和再地域化等过程完成运作。这些交互是博物馆形成和发展的必要条件，并定义了博物馆随时间推移而不断变化和转型的特质。在过渡过程中，社交媒体充当实现去地域化的一种手段，代表着新博物馆空间的迁移路线。社交媒体被用于宣告与熟悉的习惯和已知的事务决裂、自此偏离。社交媒体不仅是实现去地域化的重要手段，亦是再地域化的强有力工具。在关于空间的叙事性表达中，在展示新空间的形成过程以及新空间如何从变化中脱颖而出的过程中，社交媒体完成了再地域化进程。社交媒体从实践和象征意义两个层面有助于预测和发展在博物馆新空间中存在和居住的全新方式，并借此完成社交媒体社区的重新组合。

过渡期间的博物馆空间

在本章中，我们重点关注 7 个博物馆暂时关闭的案例。加拿大科技博物馆（Canadian Museum of Science and Technology，CMST）的重建工作于 2014 年启动，起因涉及从 1967 年初的重要基础设施问题到 2014 年出现的健康危害问题（主要是空气质量问题)的各个方面。旧金山现代艺术博物馆(San Francisco Museum of Modern Art,SFMOMA)因重建工作而在2013年至2016年期间闭馆,目的旨在增加总计235 000平方英尺的展览空间。位于尖沙咀地区的香港艺术馆(Hong Kong Museum of Art)于2015年闭馆,以改造其建筑并将绚烂的香港天际线景观融入其中。旨在记录巴黎城市历史的卡纳瓦莱博物馆(Musée Carnavalet)于2016年关闭部分展馆,借以通过重新开发空间找到与观众互动的新方式。比利时的中非皇家博物馆(Musée Royalde l'Afrique Centrale)是一个有趣案例。该博物馆于2013年闭馆进行翻新扩建。但由于该博物馆一直被理解和标记为欧洲最后的殖民博物馆,因此该项目也被定性为重新定义该博物馆身份的良机。自20世纪60年代以来,该博物馆的展览和设计部分保持不变,但并不完整。这些案例兼具趣味性与创造性的策略,可帮助博物馆应对缺乏空间或暂时虚拟化的挑战。最后,我们希望再给出两个案例。在这两个案例中,使用社交媒体的目的不在于应对空间的缺失,而是作为激发人们对即将建成新空间热情的战略的一部分。为详细阐释社交媒体的这些功用,我们将参考皮埃尔·拉松德展览馆(Pierre Lassonde Pavillion)的营销策略,该展馆隶属魁北克国家美术博物馆(Musée National des Beaux-Arts du Québec,MNBAQ),于2016年正式面向公众开放。基于类似思考,我们还将讨论新加坡国家美术馆(National Gallery of Singapore)在2015年正式向公众开放之前所经历的漫长历程。

下面将要讨论的研究成果源自于2011年开始的更广泛研究计划,该计划基于被研究机构的少量抽样样本。该研究所讨论的材料在实地考察期间形成,并在可能情况下纳入与专业人士会谈的内容。此外,我们还进行了文献分析(例如新闻稿、年度回顾、转型计划及战略计划)和社交媒体干预分析,以更好地了解这些机构在关键时期如何调动社交媒体。

从去地域化到再地域化
维持存在感和开启变革的黑匣子

社交媒体最重要的用途之一,是将虚拟空间用作维系博物馆与社区互动关系的有益工具,并在此基础上维持博物馆的存在感。这种策略的构建方式兼具计划性与统一性,一个良好典范是旧金山现代艺术博物馆通过其"博物馆在行动"(Museum on the Go)计划完成自身及其过渡身份的转变[①]。通过与该地区的其他博物馆合作,并在市中心展馆已经关闭情况下通过提出公共艺术活动建议,来延续博物馆活动。该计划使博物馆品牌在整个旧金山湾享有盛誉。它构建了叙事性表达的新模式,并提供了通过社交媒体组织宣传活动的材料(见图 11.1)。

通过深入了解旧金山现代艺术博物馆在此期间通过社交媒体(即脸书、推特和 Instagram)开展的交流活动,我们不难发现诸多有趣的沟通模式变化,将博物馆作为处于不断变化之中的身份去地域化和再地域化。过渡期间的沟通模式揭示了在博物馆向公

[①] San Francisco Museum of Modern Art, "SFMOMA Presents Innovative Off-Site Programming While Building is Closed for Expansion," press release, June 19, 2012, last updated May 06, 2014, https://www.sfmoma.org/press/release/sfmoma-presents-innovative-off-site-programming-w/.

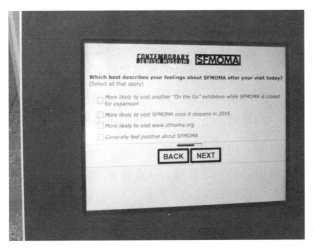

图11.1 "博物馆在行动"活动。旧金山当代犹太博物馆（Contemporary Jewish Museum）的互动式观众调查表

资料来源：作者。

众关闭期间，专业人士、物品和空间如何继续发挥作用并维持交互关系。沟通交流还围绕着各类博物馆专业人士进行，以了解他们在博物馆升级改造过程中的工作、偏好或角色。此外，博物馆还利用社交媒体向观众讲述艺术作品与艺术史、庆祝艺术家的纪念日或庆祝将艺术与社区融合的特殊日子。变革过程中某些沟通交流形式则表达了更多刻意与公众接触的尝试（例如，您钦佩的五位女艺术家是谁?）。在过渡阶段的最后几个月里，博物馆的叙事性表达重新聚焦于倒计时模式，大多数信息都旨在邀请社区民众重返博物馆空间。

类似的机构变革叙事表达可以在加拿大科技博物馆（CMST）的MyMuseum2017宣传活动页面中找到。加拿大科技博物馆是加拿大国立博物馆。通过社交媒体与流动科技团队在该国首都地区开展的馆外活动，宣传推广与传播工作再次赋予机构变革以一种身份认同。通过在其脸书主页中上传视频，加拿大科技博物馆不断地向观众讲述其去地域化进程——博物馆相关展馆工作进展——同时也以一种乌托邦方式暗示其地域化进程。在地域化进程中，博物馆专业人士与变革团队成员被要求结合图像并置于建筑师计划，以讨论未来展览空间，从而为即将建成的博物馆空间创造价值感和理论基础。在推特上，该博物馆始终维持其运营；它与广泛的博物馆社区密切联系，并面向社区传播其馆藏信息与研究成果，以此落实加拿大科技博物馆作为由联邦政府补贴的公共服务机构履行其传播和教育任务。

同样，对于某些机构而言，在博物馆闭馆期间，它们落实教育使命和接触特定社区的能力受到挑战。对于巴黎的卡纳瓦莱博物馆（Musée Carnavalet）而言，这种变化不啻为组织机构学习和进一步拓展社交媒体应用能力的良机。在讲述机构变革时，该博物馆坚持使用星历表①，并在虚拟空间中宣传介绍博物馆的馆藏、使命及其与巴黎的关系等关键信息。在这场计划于2019年启动的变革中，卡纳瓦莱博物馆致力于完成在虚拟空间中运营的再地域化进程。此外，借助巴黎艺术与社会生活星历表，该博物馆还有效保持了叙事的一致，并确保对此感兴趣的社区成员能够轻松访问信息。换言之，他们以博物馆馆藏、研究工作及专业知识为基石，在激发公众教育期望的同时，致力于提供连贯一致的信息与服务。

---

① 星历是一种基于日历的纪念形式。它们也是一种历史和文学交流的形式，将一年的某一天与过去同一天发生的重要事件联系起来。

在许多情况下，此类社交媒体策略亦涉及机构变革的隐藏或隐形维度。旧金山现代艺术博物馆与卡纳瓦莱博物馆等案例都使用社交媒体来创设组织变革的窗口。此外，位于比利时特佛伦（Tervuren）的中非皇家博物馆也采用博客页面的形式来讲述其机构变革。该博客成为人们喜闻乐见的虚拟空间，各类专业人士在页面中叙述机构变革的无形知识与资讯。这些内容又成为社交媒体（特别是推特和Instagram）的主要内容。这些实例阐释了公众与社区对博物馆空间的迷恋，尽管这些空间已人去楼空，从其结构中消失殆尽，甚至被结构重组，并继而催生出对博物馆藏品和文物的重构。这种迷恋不仅创造出对即将建成空间的期望，而且还为博物馆的机构变革历史提供翔实资料与档案。社交媒体时代甚至为研究人员研究机构变革开辟出全新的可能性；讲述机构变革的数字化资料可以提供有用信息，而这种信息用其他方法则可能会无从追踪，或只能从海量建筑资料和战略规划中探寻蛛丝马迹。

叙事性讲述机构变革

在其他情况下，在机构变革期间，博物馆空间的去地域化将催生对制度认同建设的更深层次运作。在这些情况下，博物馆运用社交媒体，讲述了博物馆与社区之间关系的另一种未来。香港艺术馆于2015年8月推出社交媒体活动"香港艺术馆在前行"，主要借助脸书与Instagram宣传推广。通过与香港康乐及文化事务署（Hong Kong Leisure and Culture Department）的合作，同时在香港赛马会（Jockey Club of Hong Kong）的支持下，社交媒体的这种转型向公众展示出一个力求与当地和全球社区共谋发展的博物馆。

作为亚洲领先的艺术博物馆,香港艺术馆深根于亚洲与全球艺术界的沃土,而其社交媒体传播工作则体现出其与社区民众广泛联系的努力(见图11.2)。Instagram 的使用使得香港艺术馆在升级改造期间仍可维持运作,与青年和当地公众保持经常性的沟通联络,及时向社区传递博物馆的展览活动信息。在建筑结构变化之外,香港艺术馆力图进一步扩大影响力和存在感,并利用社交媒体战略传达这种意愿,使博物馆的机构身份更接近文化与艺术参与的价值观。该博物馆的社交媒体战略指向在博物馆馆外社交场合活动的人群,致力于鼓励民众参与博物馆宣传推广材料

图11.2　香港艺术馆滨海艺术中心(Hong Kong Museum of Art's Esplanade)

资料来源:作者。

的编制及其他外展活动。在此意义上，社交媒体不仅讲述了建筑结构的变化，还表达了改变和重塑博物馆制度机构的身份与组织认同的意愿。

同样，作为与中非地区比利时殖民史相关的博物馆，比利时的中非皇家博物馆也将其建筑机构变革，用作鼓励公众参与到谱写其机构发展历史的有效载体。机构变革为博物馆开启了一扇窗，让博物馆专业人士不再需要捍卫一个固定空间或承载厚重的博物馆历史。它赋予博物馆新的话语实践能力，让博物馆更广泛地传播后殖民主义理论与思潮。此外，机构变革还使得博物馆能够在比利时和中非之间，协作进行更具创造性且更富成效的叙事性表达。从系统思维角度来看，在此案例中，推特和 Instagram 参与了博物馆与社区关系的伦理重述，因为在建造新空间之前，博物馆就已暂时关闭旧展馆。在这种情况下，社交媒体对机构变革的叙事性表达，就同时具有象征与变革特征，因为它与博物馆中人们鲜少认识到的空间和建筑权重有关。

创建新社区和引入新空间

从系统思维角度来看，整合与动态均衡是一个系统的重要特征。在这一领域，博物馆在升级改造项目中运用社交媒体，借以讨论全新，有时甚至颇有争议的空间。在魁北克国家美术馆的案例中，社交媒体战略被用于评价新馆的施工建设。新的皮埃尔·拉松德展馆是一项雄心勃勃的工程，旨在为魁北克艺术家带来更多展览空间、更多当代艺术空间以及有助于开展更多社交活动的全新空间。皮埃尔·拉松德展馆是对该美术馆机构转型的一种神圣献祭，帮助美术馆摆脱传统画廊颇为肃穆的架构与布局。为此，该美术馆在社交媒体活动中展示了新展馆，将新展馆介绍给公众，同时开展外展活动与宣传推广活动——与那些可能不是魁北克国家美术馆广大受众的群体建立联系。

在一些案例中，社交媒体多年来在博物馆与受众之间的交流协作中发挥着重要的作用。新加坡国家美术馆就是一个有趣实例。事实上，该博物馆项目在2005—2015年逐渐开发完成。该博物馆借助小型临时展品及其工作人员维持存在感。但在2015年前最高法院大楼正式成为博物馆开放常驻地址之前，博物馆还通过社交媒体而广为人知（见图11.3）。经过在推特及其他社交媒体上长达五年多的传播活动，该博物馆在没有实际空间

图 11.3 2015 年 11 月 24 日，新加坡国家美术馆开幕活动

资料来源：作者。

的情况下成功打响自有品牌。社交媒体的虚拟空间是新加坡国家美术馆地域化的重要载体，能够在营造一种社区感的同时，帮助该博物馆建立更广泛坚实的受众基础（见图11.4）。

图11.4　新加坡国家美术馆主楼

资料来源：作者。

结　　语

博物馆始终具有开放性。在数字化时代，为帮助博物馆在所在城市和社区中维持存在感，专业人士强调幕后活动及其他多元化活动的重要性，并激烈质疑任何关于博物馆不可达性的想法。尽管这种论断具有一定程度的正确性，但现实情况是，当博物馆的主要空间呈现出不可达性时，博物馆及其专业人士总是会产生自相矛盾的焦虑和兴奋。社交媒体不仅使博物馆能够弥补空间缺失带来的不便，而且还有助于创建关于空间缺失的叙事性表达，激发人们对即将建成空间的热情。尽管社交媒体以交互性优势为其突出特征，但此类叙事性表达大都通过平台与策略发展而形成，这些平台与策略有助于产生和润色有关机构变革的官方故事，并广而告之。从系统思维角度来看，社交媒体可实现一种新形式的档案归类，在有效增加博物馆互动活动曝光率的同时，形成并记录博物馆重要的发展轨迹。从更重要的批判性接受角度来看，社交媒体可促进互动，并可能吸引更多公众走进博物馆，参与博物馆建设。然而，社交媒体也有可能进一步强化主导阶级的力量和博物馆对已有受众的影响力。在社交媒体中，公共关系活动以全新而有趣的方式进行。但从布尔迪厄理论（Bourdieusian）的角度来看①，人们仍然想知道：通过社交媒体进行的社交互动是否会赋予占主导地位的公众以更大权力，从而促使人们在参与社交媒体活动时谨慎行事。

参考文献

Bourdieu, Pierre, and Alain Darbel. *L'amour de l'art: Les musées d'art européens et leur public*. Paris: Les Éditions de Minuit, 1966.

Burrell, Gibson, and Gareth Morgan. *Sociological Paradigms and Organizational Analysis*. London: Heineman, 1979.

Davallon, Jean. "Le musée est-il vraiment un media?" *Publics et musées* 2, no. 1 (1990): 99–103.

Deleuze, Gilles. *Pourparlers 1972–1990*. Paris: Les Éditions de Minuit, 1990.

---

① Pierre Bourdieu and Alain Darbel, *L'amour de l'art: Les musées d'art européens et leur public* (Paris: Les Éditions de Minuit, 1966).

Deleuze, Gilles, and Félix Guattari. *L'anti-Œdipe: Capitalisme et schizophrénie*. Paris: Les Éditions de Minuit, 1972.

——. *Mille Plateaux: Capitalisme et schizophrénie 2*. Paris: Les Éditions de Minuit, 1980. Goffman, Erving. *The Presentation of Self in Everyday Life*. New York: Anchor, 1959.

Gombault, Anne. "Lanouvelle identité organisationnelles des musées." *Revue Française de gestion* 142, no. 1 (2003): 189-203.

Hillier, Bill, and Kali Tzortzi. "Space Syntax: the Language of Museum Space." in *A Companion to Museum Studies*, edited by Sharon Macdonald, 282-302. London: Blackwell, 2006. Kawamoto, Hideo. "Autopoïèse et l'individu en train de se faire." *Revue philosophique de la France et de l'étranger* 136, no. 3 (2011): 347-363.

MacLeod, Suzanne. *Reshaping Museum Space: Architecture, Design, Exhibitions*. London: Routledge, 2005.

Mingers, John. "A Comparison of Maturana Autopoietic Social Theory and Giddens Theory of Structuration." *Systems Research* 13, no. 4 (1996): 469-482.

——. "An Introduction to Autopoiesis—Implications and Applications." *Systems Practice* 2, no. 2 (1989): 159-180.

Morgan, Gareth. *Images of Organizations*. Thousand Oaks, CA: Sage, 2006.

San Francisco Museum of Modern Art. "SFMOMA Presents

Innovative Off-Site Programming While Building is Closed for Expansion." Press Release, June 19, 2012, last updated May 06, 2014. https://www.sfmoma.org/press/release/sfmoma-presents-innovative-off-site-programming-w/.

Silverstone, Roger. "Les espaces de la performance: Musées, science et rhétorique de l'objet." *Hermès* 22, no. 1 (1998): 175-188.

Yanow, Dvora. "Space Stories: Studying Museum Buildings as Organizational Spaces While Reflecting on Interpretive Methods and their Narration." *Journal of Management Inquiry* 7, no. 3 (1998): 215-239.

第12章 公共物品评估

自由广场文化综合体案例中的系统思维

阿娜·弗拉维亚·马查多　迪欧米拉·法利亚

斯贝拉·迪尼兹　芭芭拉·帕里欧托

罗德里格·米歇尔　盖布里尔·梅洛

环自由广场（Praça da Liberdade）而建的自由广场文化综合体（Circuito Liberdade，CL）是一个包含多个文化实体（博物馆、图书馆和文化中心）的文化综合体。自由广场位于巴西米纳斯吉拉斯州（State of Minas Gerais）贝洛奥里藏特市（Belo Horizonte）中心区（见图12.1）。自由广场文化综合体于2010年落成。此前，米纳斯吉拉斯州政府总部于同年迁移至位于奥里藏特市北端的一个新区。为容纳该文化设施，该市对前政府大楼进行全面翻新。所涉建筑部分可追溯到19世纪末和20世纪初，而其他建筑则只是为改建为贝洛奥里藏特市主要文化中心而进行的升级改造。

目前，自由广场文化综合体包含以下文化机构：米纳斯吉拉斯州公共档案馆（Arquivo Público Mineiro）、路易斯德贝萨州立

图 12.1　自由广场文化综合体，贝洛奥里藏特市文化圈，米纳斯吉拉斯州，露西娅·塞贝，贝洛奥里藏特市政府门户网站

版权所有。网址：https://www.flickr.com/photos/portalpbh/sets/72157638355730985/，2015 年 5 月 4 日访问。

公共图书馆（Biblioteca Pública Estadual Luiz de Bessa）、自由宫（Palácio da Liberdade）、米纳斯吉拉斯州立博物馆（Museu Mineiro）、艺术造型中心（Centro de Formação Artística）、CEMIG 流行艺术中心（Centro de Arte Popular CEMIG）、BDMG 文化中心（BDMG Cultural）、米纳斯吉拉斯州文学院（Academia Mineira de Letras）、奥里藏特小微企业服务中心创意经济之家（Horizonte Sebrae-Casa da Economia Criativa）、菲亚特文化之家（Casa Fiat de Cultura）、巴西银行文化中心（Centro Cultural Banco do Brasil）、UFMG 知识中心（Espaço do Conhecimento UFMG）、米纳斯吉拉斯州河谷纪念馆（Memorial Minas Gerais Vale）及 MM 盖尔道矿业与金属博物馆（MM

Gerdau-Museu de Minas e do Metal)①。

自由广场文化综合体力图吸收和借鉴将文化作为城市再生的国际先进经验，包括西班牙毕尔巴鄂（Bilbao）与哥伦比亚麦德林（Medellín）的城市复兴经验。然而，与前述案例的一个主要区别是：在规划过程中，自由广场文化综合体建设并未涉及民间社会利益相关方（直接受此干预行为影响的居民和地方机构）。除构成自由广场文化综合体的公共事业机构外，政府还构建了公私合作伙伴关系，将米纳斯吉拉斯州州政府拥有的公共建筑物提供给私营企业使用一段时间（五年期，可续约）。这些企业负责维护其建筑物、展览和活动，并负责管理特定计划和项目。

自由广场文化综合体采取合作方式进行设施管理。尽管管理人员有权规划每个机构开发的艺术与文化活动，但是自由广场文化综合体和米纳斯吉拉斯州历史与艺术遗产研究所（IEPHA）②从旗下所有机构中选派代表组成五个委员会，每月召开一次月度会议讨论问题。

五个委员会在会上探讨与文化空间相关的问题。教育委员会负责与博物馆时间表相关的项目和行动，特别是组织公立学校学生参观。传播委员会重点关注事件披露相关的问题，以及借助集团化战略提高各机构沟通效率的办法。文化遗产委员会负责处理

---

① Sebrae 是巴西支持中小企业的机构；菲亚特是一家跨国汽车生产商；Banco do Brasil 是巴西最大的公共银行；BDMG 是米纳斯吉拉斯州的发展银行；CEMIG 是米纳斯吉拉斯州的电力公司；UFMG 是米纳斯吉拉斯州联邦大学；*Vale* 是一家跨国矿业公司；Gerdau 是一家巴西钢铁公司。

② 米纳斯吉拉斯州历史与艺术遗产研究所（IEPHA）目前负责自由广场文化综合体（CL）的管理。2013 年至 2015 年，这一管理工作由民间公益社会组织"塞尔吉奥·马格纳尼文化研究所"（Cultural Institute Sérgio Magnani）负责。

与文化遗产保护、空间分配及可达性相关的问题。日程安排委员会负责制订文化综合体所组织活动的日程,例如博物馆每周活动以及圣诞节和假期计划与项目。最后,管理委员会负责召集各机构主管,组织讨论由其他委员会准备的提案和共同面临的管理问题,例如当地交通、受众、安保等。委员会成员包括自由广场文化综合体旗下各文化团体中相关领域工作人员的代表(教育人员、记者、建筑师、项目开发人员及董事)以及米纳斯吉拉斯州历史与艺术遗产研究所的代表。这一机制使得综合体旗下各文化机构能够在合作基础上与公众建立更全面的关系。

有鉴于自由广场文化综合体的这种协作式行政安排及其乐于理解对公众影响的意愿,我们运用系统思维方法来研究公众对该综合体的重视程度,以及将公众观点纳入综合体工作实践的有效方法。正如沃克(Walker)等人所言:

> 系统思维是一种定义[原文]问题、制定并测试潜在解决方案的工作方法。它侧重于确定问题的根本原因和……评估管理层的回应及其他方案的后果。结合"学习型组织"理念,该方法可用于帮助小组或团队从问题中汲取经验和教训。[①]

通过研究人们如何评估和思考作为公共物品的自由广场文化综合体,本研究旨在找到自由广场文化综合体与其受众关联过程中的所有根本性问题。研究成果可被自由广场文化综合体采纳,

---

① Paul A. Walker, Richard Greiner, David Mcdonald, and Victoria Lyne, "The Tourism Futures Simulator: A Systems Thinking Approach," *Environmental Modelling and Software* 14, no. 1 (1998): 60.

以促成领导和管理层重视受综合体实践影响最大的观众和他们的观点。

与博物馆和文化中心一样,自由广场文化综合体被视为一种公共物品①。在经济学理论中,公共物品被定义为具有社会价值和象征性价值的物品。此外,公共物品还必须同时具有非竞争性和非排他性,因此使用者不能被排除在对该物品的消费之外。与私人物品不同,私人物品的价值可在真实市场中加以计算,但公共物品则需采用不同估价方式。研究人员已开发出多种方法来衡量不受市场价格定律影响的物品的社会价值。在本研究中,我们采用条件价值评估法(contingent valuation,CV)。这种评估法根据对当前和潜在用户支付意愿(willingness to pay,WTP)的度量来创建模拟市场。

2014年,我们完成了试点项目的实地调查②。我们向位于自由广场文化综合体周边的路人抽样提供问卷。这些路人包括综合体固定观众、旁观者或非观众③。此项实地调查的目的在于利用调查结果来计算使用者对该文化综合体服务的支付意愿,同时评估机构以及受访者的社会经济特征和文化习惯。在此基础上,我们能够分析自由广场文化综合体设施使用和支付意愿相关的因素,并针对这种支付意愿计算其估值。

与系统思维方法一致的是,观众和非观众对该公共物品(即自由广场文化综合体旗下文化机构)的价值感知有助于支持联合

---

① David Throsby, *Economics and Culture* (Cambridge: Cambridge University Press, 2001).
② 本研究获文化部CNPq(巴西国家研究机构)资助,资助编号80/2013 CNPq/SEC/Ministério da culture。该研究于2014年10月6日获得了COEP-UFMG的授权。
③ 问卷请联系阿娜·弗拉维亚·马查多教授(afmachad@cedeplar.ufmg.br)。

战略的界定。这些机构可采用这种联合战略,更好地满足目标的实现——换言之,即强化不同公众形象。在本章剩余篇幅中,我们将提供一篇简版文献综述,简要介绍公共物品及其评估、本项目方法论及成果等内容。

文化机构、公共物品及支付意愿:
简要文献综述

博物馆和文化中心是社区文化产品的最佳范例,因为它们在保存社区记忆的同时,亦能展示艺术创造力。因此,它们具有逆转经济与社会影响力的价值。比勒(Bille)与舒尔茨(Schulze)认为,文化遗产(包括博物馆和文化中心)及其对区域发展的影响评估有四个维度:(1)选择价值,取决于享有商品或服务的可能性;(2)存在价值,源自对商品和服务存在的认识;(3)声誉价值,源自对当地或地区财富的认同;(4)遗产价值,源自后代获取商品或使用服务的可能性。[1]

博物馆和文化中心的社会意义、历史意义以及预算限制(这些设施通常为政府所有,因此需要政府从税收中拨付资金)要求必须对此类公共物品进行系统性评估。为评估博物馆和文化中心在建设、扩建以及维护方面的各项决策,有必要建立衡量公共物品社会价值的机制或工具。条件价值评估法即是此类工具中的一

---

[1] Trine Bille and Günther G. Schulze, "Culture in Urban and Regional Development," in *Handbook of the Economics of Art and Culture*, ed. Victor A. Ginsburgh and David Throsby (Oxford: North-Holland Elsevier, 2006), 1051-1099.

种。该方法包括直接询问特定商品或服务的使用者，了解他们愿意为实施、改进或获取公共物品付出多少代价。根据所获信息，该评估法将进一步估算拟议商品或服务的价值，使其成为一项评价指标。

将其用作评价指标，是因为根据克莱默（Klamer）的理论，在货币度量标准中将价值分配给具有主观内容的事物（例如文化产品）可强化受访者的特质，而不仅仅是催生不同体验与经历。① 价值并未将我们的行为视作经济主体，因为过程发生的背景是具有决定性影响的要素。换言之，即人们不仅难以运用经济措施来解决价值问题，即便确实存在可供使用的方法，在这些评价等级中也存在着隐含的主观成分，而这些主观成分最终界定了表达各自偏好的集化准则（即样本）。

文化产品评估类文献主要描述了三种评估方式：向博物馆捐款的最大意愿②、购票意愿③、免费入场日对机构收入的影响④。

---

① Arjo Klamer, "A Pragmatic View on Values in Economics," *Journal of Economic Methodology* 10, no. 2 (2003): 191-212.
② Walter Santagata and Giovanni Signorello, "Contingent Valuation of a Cultural Public Good and Policy Design: The Case of 'Napoli Musei Aperti,'" *Journal of Cultural Economics* 24, no. 3 (2000): 181-204.
③ José Ángel Sanz Lara and Luis César Herrero Prieto, "Valoración de bienes públicos relatives al patrimonio cultural: aplicación comparada de métodos de estimación y análisis de segmentación de demanda," *Hacienda Pública Española* 178 (2006): 113-133; Ana Maria Bedate, Luis César Herrero, and José Ángel Sanz, "Economic Valuation of a Contemporary Art Museum: Correction of Hypothetical Bias Using a Certainty Question," *Journal of Cultural Economics* 33, no. 3 (2009): 185-199.
④ Faye Steiner, "Optimal Pricing of Museum Admission," *Journal of Cultural Economics* 21, no. 4 (1997): 307-333.

但是，此方法仍存在偏差。我们在此强调其中三项偏差：（1）暖光效应：在这种效应下，由于对给予社会福利的行为感到满意，受访者可能表达积极的支付意愿；（2）嵌入效应：产生这种效应的原因是受访者在不考虑成本效益分析的情况下，将一个或多个机构的投资视作独特事物，并提出异议且拒绝为公共利益买单。①

为解决前述偏差问题，得到准确结果，我们采纳了阿迪拉（Ardila）等人的观点，采用了更好程序。② 在试点研究中，我们通过组织用户召开专题会议，对样本进行了预分析，旨在确定所研究人群样本的支付意愿的可能值。此外，我们还进行了额外的试点调查，目的在于测试在待评估商品与服务基础上构建的表单与场景、研判哪些问题应该被纳入支付意愿调查问卷中以及测试人们对拟议价值的响应。这些措施使我们确定应该对结果抱有何种预期。之后，我们将所获结果用于编制调查问卷和估计样本量。

概言之，尽管条件价值评估法被视作一种有争议的公共物品分配方式，但仍不失为一种有助制定公共政策的经济工具。正如克莱默所说③，每项条件价值评估研究只适用于自己的研究对象。换言之，我们不能将相同的问卷应用于其他地方或其他研

---

① Peter A. Diamond and Jerry A. Hausman, "Contingent Valuation: is Some Number better than No Number?" *Journal of Economic Perspectives* 8, no. 4 (1994): 45-64.

② Sergio Ardila, Ricardo Quiroga, and William J. Vaughan, *A Review of the Use of Contingent Valuation Methods in Project Analysis at the Inter-American Development Bank* (Washington, DC: Inter-American Development Bank, 1998).

③ Klamer, "Pragmatic View."

究，因为我们的调查问卷及其产生的结果只能应用于根据该调查问卷而设计的研究，即自由广场文化综合体区域。

条件价值评估法从文化设施的使用者及其对这些空间管理的潜在影响出发，致力于寻求一种客观评价方式。通过倾听受访者意见与建议，并将受访者需求与自由广场文化综合体的实践相结合，该综合体管理人员可充分运用系统思维方法，以识别这些空间的根本性问题、发展潜力和局限性，并通过构建学习型组织来进一步改进该综合体对其受众的共享管理。

评 估 方 法

根据上一节描述的试点研究所获结果，我们编制了一份面向观众和非观众样本的调查问卷。为估计受访者的支付意愿，该调查问卷针对受访者提出了多种假设情境。问卷主要包括三类问题：(1) 关于货币价值的开放式问题（关于受访者愿意支付多少金额的直接问题）；(2) 一份预先编制的可能价值列表，供受访者选择其愿意支付的最大金额；(3) 是非问句，供受访者用"是"或"不是"来回答（公投法）。在问卷中，我们必须提出一个参考价值。我们发现，为维持自由广场文化综合体的正常运营，每个纳税人需缴纳大约 10 巴西雷亚尔（3.84 美元）[①] 的费用。因此，我们采用 10 巴西雷亚尔作为受访者的参考值（即，受访者需决定他们是否愿意支付等同于、少于或多于参考值的费用）。

---

① 在项目期间，雷亚尔/美元汇率大约为 2.60 雷亚尔/1 美元。

除上述问题之外，我们还提出两个问题：（1）受访者对米纳斯吉拉斯州文化活动领域公共投资的看法是：(a) 很高；(b) 足够；(c) 低；(d) 没有答案；（2）应在哪些领域对自由广场文化综合体开展评估：(a) 存在的必要性； (b) 休闲活动选择；(c) 传播知识；(d) 创造就业和收入；(e) 吸引游客；(f) 在国家与国际文化背景下为贝洛奥里藏特市脱颖而出创造有利条件；(g) 上述原因均不适用或没有答案。在第二个问题中，受访者可选择答案中的一项或多项。我们将这些问题纳入调查问卷，以确保支付意愿定量问题所提供的信息符合本次调查研究的目的。然而，与条件价值评估法中良好实践如出一辙的是，我们还询问了有关文化习惯的问题。背后原因在于参观文化设施（例如自由广场文化综合体）和消费文化产品（例如书籍、戏剧和音乐剧）之间存在高度相关性。

我们根据自由广场文化综合体自发参观量的月平均值来定义采样限制（见表12.1）。在规定限值内，我们共调查了154名固定观众和59名非观众。因此，在最后研究工作中，我们在三周（每周周四、周六和周日）时间里完成了213次调查。

受访者概况

本节介绍受访者概况。表12.2总结了受访者的社会经济状况。观众中的女性比例略高于男性。在我们的样本中，模态年龄范围介乎16—25岁之间以及26—35岁之间。就观众而言，大约67%的人介于16—35岁之间；但就非观众而言，大约61%的人介于16—35岁之间。有鉴于大约40%的观众和大约30%的非观

表 12.1　2013 年自由广场文化综合体每月及全年观众人数 *

项目	一月	二月	三月	四月	五月	六月	七月	八月	九月	十月	十一月	十二月	小计
总计	52 650	31 836	48 053	55 538	58 540	46 350	62 162	65 923	104 475	95 398	109 819	69 474	800 218
受教育年限	1 754	1 771	8 330	10 788	9 431	7 224	5 695	10 061	22 930	9 047	9 081	2 341	98 453
自发观众总数	39 965	25 589	33 105	38 716	40 725	32 270	47 821	43 616	39 480	39 734	38 503	39 678	459 202
大型活动总数	12 847	5 086	7 130	6 717	9 812	7 492	10 416	14 350	41 924	47 635	60 407	35 128	258 944
访问总量	52 812	30 675	40 235	45 433	50 537	39 762	58 237	57 966	81 404	87 369	98 910	74 806	718 146
虚拟访问总量	87 551	73 708	105 078	107 816	98 632	89 083	84 844	88 844	107 935	168 788	159 919	32 100	1 204 298
2010—2013 年访问总量	—	—	—	—	—	—	—	—	—	—	—	—	2 538 651

资料来源：塞尔吉奥·马格纳尼文化学院(Sergio Magnani Cultural Institute)。

* 米纳斯吉拉斯州立公共档案馆(Public Archive of Minas Gerais),路易斯·贝萨州立公共图书馆(Luizde Bessa State Public Library),自由宫(Palace of Liberty),米纳斯吉拉斯州立博物馆(Museum of Minas Gerais),CEMIG 流行艺术中心(CEMIG Center of Popular Art),巴西银行文化中心(Banco do Brasil Cultural Center),TIM UFMG 知识中心(TIMUFMG Knowledge Space),米纳斯吉拉斯州河谷博物馆(Museum Minas Gerais Vale),矿业与金属博物馆(Museum of Mines and Metal),废弃物女王伊纽腾学院(Inhotim School, Queen of Scrap)。

表 12.2 受访者的社会经济特征（百分比）

	非观众	观众
按性别分类		
男性	52.54	47.44
女性	47.46	52.56
按年龄组分类		
15 岁及以下	1.69	3.18
16—25 岁	30.51	40.76
26—35 岁	30.51	26.11
36—45 岁	11.86	7.64
46—55 岁	11.86	11.46
56—65 岁	10.17	4.46
65 岁以上	1.69	5.10
未作答	1.69	1.27
按受教育程度分类		
未上学	0.00	0.64
小学肄业	10.17	1.27
小学毕业	13.56	1.27
高中肄业	15.25	8.28
高中毕业	32.20	18.47
本科肄业	13.56	29.94
本科毕业	5.08	22.93
研究生	10.17	17.20
按月家庭收入范围分类（巴西雷亚尔）		
720 及以下	0.00	1.27
721—1 200	18.64	7.64

(续表)

	非观众	观众
1 201—2 000	30.51	10.19
2 001—4 000	16.95	19.11
4 001—6 000	10.17	16.56
6 001—8 000	1.69	7.01
8 001—10 000	3.39	7.01
10 000 以上	8.47	8.92
未作答	10.17	22.29
按居住地分类		
贝洛奥里藏特市	67.80	75.80
其他地方	32.20	24.20

资料来源：作者。

众在16—25岁的年龄范围内，可以说本次调查结果与国际文献中记载的结果相一致，即，由于年轻人拥有更多休闲时间，因此他们往往会消费更多文化产品[1]。

就教育水平而言，自由广场文化综合体观众的人均受教育年限超出非观众8年。在家庭收入领域，我们亦观察到类似结果。在较高收入人群中，观众比例高于非观众，也就是说观众比非观众更为富裕。大多数观众和非观众住在贝洛奥里藏特市（76%），仅有13%来自大都市区的其他城市，4%来自米纳斯吉拉斯州的

---

[1] Victoria Ateca-Amestoy, "Determining Heterogeneous Behavior for Theater Attendance," *Journal of Cultural Economics* 32, no. 2（2008）：127-151；Francesca Borgonovi, "Performing Arts Attendance: An Economic Approach," *Applied Economics* 36, no. 17（2004）：1871-185；Vidar Ringstad and Knut Løyland, "The Demand for Books Estimated by Means of Consumer Survey Data," *Journal of Cultural Economics* 30, no. 2（2006）：141-155.

其他城市，5%来自巴西其他州，还有2%来自其他国家（秘鲁、西班牙及法国）。

我们通过一系列关于阅读习惯和参观文化活动、博物馆及文化中心的频率等问题，来分析参观访问与文化习惯之间的关系。① 由于参观其他文化设施的频率较低，阅读和观赏电影是受访者最常见的文化习惯。我们的研究还试图识别被斯蒂格勒（Stigler）和贝克尔（Becker）归为积极成瘾②的行为的存在——换言之，即当前文化消费与之前接触或既往消费水平之间的关系。表12.3显示了具有不同阅读习惯的受访者人数。相比非观众，观众倾向于阅读更多书籍，包括印刷版（82%）和电子版（29%）书籍，且使用互联网的人数更多（69%）。

表12.3　拥有不同阅读习惯的受访者人数（按阅读模式分类）

	报纸	杂志	书籍	互联网	电子书	其他	受访者总人数
非观众	49.15%	40.68%	49.15%	50.85%	6.78%	6.78%	59
观众	45.86%	43.31%	82.17%	69.43%	29.30%	2.55%	157
总计	37.50%	42.59%	73.15%	64.35%	23.15%	3.70%	216

资料来源：作者。

自由广场文化综合体观众往往更频繁光顾电影院、剧院及舞蹈表演，频率几乎是非观众的两倍。他们还倾向于每年至少观看

---

① 为了捕捉文化习惯，我们使用了文化消费文献中传统采用的问题。它们与阅读习惯、电影、戏剧表演、音乐会、博物馆和文化中心有关。我们认识到，我们忽视了流行艺术在巴西文化背景下的重要性，但我们为了避免失去可比性，保持了与国际文学的相同路径。

② George J. Stigler and Gary S. Becker, "De gustibus non est disputandum," *American Economic Review* 67, no. 2 (1977): 76-90.

五场电影和戏剧。此外，他们还更频繁地参加其他文化活动，但比例仍偏小（见表12.4）。

表12.4 每年参加文化活动超过五次的受访者人数

	电影院	剧院	音乐会	表演	舞蹈	受访者总人数
非观众	35.59%	11.86%	8.47%	22.03%	6.78%	59
观众	61.15%	21.66%	10.83%	31.21%	17.20%	157
总计	54.17%	18.98%	10.19%	28.70%	14.35%	216

资料来源：作者。

我们运用主成分分析法（principal component analysis，PCA）构建了文化习惯指数（cultural habits index，CHI）。主成分分析法不仅可减少待分析数据的数量，还有助于解释变量间的相关性。[1] 在我们的案例中，我们使用了去年受访者已阅读书籍的数量和光顾电影院、剧院、音乐会、表演及舞蹈表演的次数。之后，我们使用第一个组件的权重来计算表12.5所示指标的标准化形式[2]。观众文化习惯指数的平均值与中位数（分别为0.54和0.53）高于非观众（分别为0.38和0.37）。这种趋势贯穿于所有指数的分布。这表明观众在文化消费领域层次更高。

---

[1] 当我们有大量的变量来分析一个单一的问题时，使用主成分分析方法。该方法在数据库中搜索变量的共同特征，并将具有相同特征的变量划分为一组，从而形成不同组分。这种方法使用协方差矩阵来搜索相似点并创建组分，所以我们能够将大量的变量减少为一些组分。

[2] 指标值被归一化，以便在0和1之间变化。越接近1，具有阅读和参与文化领域习惯的可能性就越高。

表 12.5 文化习惯指数的分布

	Obs.	平均值	标准偏差	百分位		
				25%	50%	75%
非观众	59	0.38	0.20	0.26	0.37	0.46
观众	157	0.54	0.19	0.41	0.53	0.67

资料来源：作者。

因此可以理解的是，自由广场文化综合体观众也是其他文化产品，例如文学、视觉艺术及表演艺术的常客。尽管所有机构入场券都是免费性质，但我们模拟了一个或有市场使用参考值，询问受访者愿意为获得假想的每周通行证支付哪个价位的金额。此问题试图从经济学角度评估自由广场文化综合体的价值，并将其与从文化角度的估值进行比较。

调查结果还显示，非观众平均每周通行证花费为 13.44 美元，高于观众组（约 8.70 美元）。这意味着与观众组相比，非观众组赋予了文化服务重要价值（见表 12.6）。针对这一事实的一种可能解释是，由于非观众没有光顾文化机构的习惯，因此他们并不知晓文化服务机构的实际成本。换言之，非观众倾向于高估其鲜少消费的文化产品和服务的价值，而且也不了解其参考价格。另

表 12.6 根据支付意愿范围和每周通行证平均价值分类的受访者人数统计表（巴西雷亚尔）

	0	>0—10	>10—50	>50—100	>100	NR*	总计	平均值
非观众	7	11	20	4	3	14	59	34.96
观众	33	36	54	5	3	26	157	22.62
总计	40	47	74	9	6	40	216	25.77

资料来源：作者。
＊未作答或不知道。

一方面,我们必须意识到非观众可能具有策略性行为能力,为寻求调查员的尊重与接受而尽量给出正确答案,并因此在回答问题时刻意赋予公共物品以高价值(暖光效应)。

在观众中,平均文化习惯指数和支付意愿之间似乎并不相关。这表明,对于这一群体,支付意愿由与文化习惯不相关的其他原因(见图12.2)来定义。

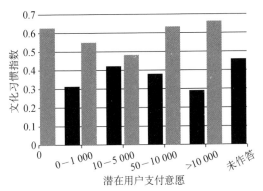

图 12.2　平均文化习惯指数与支付意愿范围(巴西雷亚尔)

资料来源:作者对2014年调查研究的阐述。

我们将既定经济价值(每周通行证的价格)与满意度和文化习惯指数的估值理由相结合。从表12.7中,我们看出支付意愿与访问的满意度直接相关,这一点与预期相吻合。即使选择"在最低限度上满意"的人也愿意为每周通行证支付一定金额,这表明存在由比勒与舒尔茨提出的使用价值的维度。[1] 在这种情况

---

[1] Bille and Schulze,"Culture in Urban and Regional Development."

下,使用价值与一个人享受访问该文化机构的可能性相关,即便此人之前从未访问过该机构。博物馆或文化中心的存在本身就构成了一种价值。

表 12.7 根据支付意愿(巴西雷亚尔)范围和自由广场文化综合体估值分类的观众人数

	0	0—10	10—50	50—100	>100	NR*	总计	平均值
不满意	1	0	0	0	0	0	1	0.00
在最低限度上满意	3	1	2	0	0	1	7	10.00
满意	9	13	16	1	1	6	46	23.05
非常满意	17	19	33	4	1	18	92	22.58
NR*	3	3	3	0	1	1	11	31.00
总计	33	36	54	5	3	26	157	22.62

资料来源:作者。
* 未作答或不知道。

最终考量

自由广场文化综合体的支付意愿调查结果与国际文献中描述相似。此外,条件价值评估法也适合应用于非市场商品与服务(例如自由广场文化综合体)的价值增值领域。除支付意愿问题之外,文化与社会价值观领域的其他问题使我们能够识别受访者的机会主义行为(例如暖光效应)。我们分析得出的另一个结果是,观众根据其文化活动的频率来评估文化设施。

尽管条件价值评估法曾遭受批评[①],但该评估法仍然是评估文

---

① Diamond and Hausman,"Contingent Valuation."

化部门公共政策的重要工具,其主要原因有二:首先,在此议题中,在成本与社会回报间存在差异的情况下,我们有必要不仅对文化设施的建设、维护和维修进行评估,还应通过光顾文化设施或仅通过纳税来为之作出贡献的人口,来验证其存在价值与使用价值;其次,当受访者被要求就此议题发表意见时,人们实际是在鼓励受访者反思一个地方的公共遗产。因此,这种反思可以激发人们的认同感和归属感,而这正是文化领域公共教育的关键所在。

最后,我们将调查结果提交给各个机构的管理团队;这些结果能够进一步影响自由广场文化综合体的未来实践。例如,调查结果表明,综合体的某些非观众重视该综合体所提供的产品与服务,尽管他们鲜少光顾。与本章开头描述的系统思维方法相一致,本研究有助于确定自由广场文化综合体的一些根本性问题——其观众群体并不具有丰富的多样性,且具有共同的特征,此外还有人重视自由广场文化综合体的产品与服务但却鲜少使用其设施——此研究还表明,在面向观众与非观众开展进一步研究的基础上,自由广场文化综合体可以明确促使非观众走进综合体的各项要素,从而能够在将产品与服务延伸到更广泛的受众,提升现有受众的多元化程度。此外,为吸引地方民众、鼓励更多社区成员走进自由广场文化综合体,该综合体还组织展示活动,并举办反映地方文化的项目和研讨会,而不是片面强调来自其他州或国家的艺术生产经验。这些变化和可能性还展示出对博物馆及其他文化设施的评估能够与系统思维方法相互作用,借以确定文化设施的发展可能与局限,并更好地为公众所用。此外,还须大幅提高公众协商的频率,因为公众协商不仅影响管理过程的实际结果,而且为公众提供话语权。在这种良性循环的持续作用下,自由广场文化综合体将能够转型为学习型组织,促使其协作型管理团队和领导者继续研究观众与非观众,并将他们不断变化的需求与兴趣反映到综合体的工作实践中。

参考文献

Ardila, Sergio, Ricardo Quiroga, and William J. Vaughan. *A Review of the Use of Contingent Valuation Methods in Project Analysis at the Inter-American Development Bank*. Washington, DC: Inter-American Development Bank, 1998.

Ateca-Amestoy, Victoria. "Determining Heterogeneous Behavior for Theater Attendance." *Journal of Cultural Economics* 32, no. 2 (2008): 127-151.

Bedate, Ana Maria, Luis César Herrero, and José Ángel Sanz. "Economic Valuation of a Contemporary Art Museum: Correction of Hypothetical Bias Using a Certainty Question." *Journal of Cultural Economics* 33, no. 3 (2009): 185-199.

Bille, Trine, and Günther G. Schulze. "Culture in Urban and Regional Development." in *Handbook of the Economics of Art and Culture*, edited by Victor A. Ginsburgh and David Throsby, 1051-1099. Oxford: North-Holland Elsevier, 2006.

Borgonovi, Francesca. "Performing Arts Attendance: An Economic Approach." *Applied Economics* 36, no. 17 (2004): 1871-1885.

Diamond, Peter A., and Jerry A. Hausman. "Contingent Valuation: Is Some Number Better than No Number?" *Journal of Economic Perspectives* 8, no. 4 (1994): 45-64.

Klamer, Arjo. "A Pragmatic View on Values in Economics." *Journal of Economic Methodology* 10, no. 2 (2003): 191-212.

Ringstad, Vidar, and Knut Løyland. "The Demand for Books Estimated by Means of Consumer Survey Data." *Journal of Cultural Economics* 30, no. 2 (2006): 141-155.

Santagata, Walter, and Giovanni Signorello. "Contingent Valuation of a Cultural Public Good and Policy Design: the Case of 'Napoli Musei Aperti.'" *Journal of Cultural Economics* 24, no. 3 (2000): 181-204.

Sanz Lara, José Ángel, and Luis César Herrero Prieto. "Valoración de bienes públicos relativos al patrimonio cultural: aplicación comparada de métodos de estimación y análisis de segmentación de demanda." *Hacienda Pública Española* 178 (2006): 113-133.

Steiner, Faye. "Optimal Pricing of Museum Admission." *Journal of Cultural Economics* 21, no. 4 (1997): 307-333.

Stigler, George J., and Gary S. Becker. "De gustibus non est disputandum." *American Economic Review* 67, no. 2 (1997): 76-90.

Throsby, David. *Economics and Culture*. Cambridge: Cambridge University Press, 2001.

Walker, Paul A., Richard Greiner, David Mcdonald, and Victoria Lyne. "The Tourism Futures Simulator: A Systems Thinking Approach." *Environmental Modelling & Software* 14, no. 1 (1998): 59-67.

第六部分　采取行动

在帕克特（Paquette）与尼尔森（Nelson）关于借助社交媒体的叙事性表达以实现博物馆品牌重塑的章节中，两位作者提出使用去地域化（去除博物馆与受众之间原本存在的分界线）和再地域化（建立全新叙事性表达，并构建与社区的新型关系）的概念。您所在的博物馆目前如何将社交媒体视作一种兼具包容性与叙事性的有效手段，并利用社交媒体来构建博物馆与社区之间的新关系或拓展博物馆现有观众的群体范围？你们在社交媒体上的文章是信手拈来，还是遵循一个特定计划来创建兼具一致性与包容性的信息，并在此基础上讲述故事？

马查多、法利亚、迪尼兹、帕里欧托、米歇尔和梅洛检视了巴西一家文化机构综合体的战略，重点关注观众与当地社区。为更准确了解社区成员对综合体的评价及其文化偏好，他们采访了大量观众和非观众。您所在博物馆如何能够接触到非观众（包括路过你们博物馆前门的人和光顾社区其他场所的人）？您愿意和谁合作开发此类评估工作？您如何利用这些调查结果来决定后续步骤，并在此基础上与新的或以前被排除在外的受众建立联系？您将如何利用外部传播途径（包括营销、社交媒体及其他方式）来与这些受众建立联系？

第七部分
系统思维下的社区参与

除沟通交流之外,博物馆应如何将社区成员纳入博物馆项目与展览的开发过程?外部沟通可采取多种形式;本书在第五部分探讨了一些示例与最佳实践。然而,在了解自身需求与利益之后,一些博物馆在吸纳社区支持与参与方面进一步加大力度。本部分各章节旨在探讨在创建博物馆内容与设计博物馆体验的过程中,推进社区参与(除交流之外)全过程的有效途径。

某博物馆(基于本书第一部分简介中首次提及的真实博物馆而构建的虚拟博物馆)试图在博物馆项目与展览中纳入社区意见与建议,但其鼓励社区参与的方式通常只是口惠空谈且其对社区的定义非常狭隘,如第六部分简介中所示(即该博物馆仅从现有成员和捐赠者那里寻求支持与参与)。例如,该博物馆设有社区咨询委员会,但委员会成员的想法并未被纳入博物馆重大项目与展览决策中。他们受邀被动地坐在会议室里,由早已完成决策过程的博物馆工作人员向他们一一介绍最终决定;然后他们被迫批准,因为项目通常已在实施之中而大量资源已被占用。此外,该博物馆还邀请多名博物馆捐赠者担任博物馆与社区之间的社区联络人。然而,由于当地社区民众以蓝领为主,因此这一联络人团队鲜少有能代表当地社区的成员。此类社区参与并不具有良好包容性,不能在项目与展览规划中根据当地社区的社会、文化、教育和政治需求,积极鼓励各类社区的支持参与或主动吸纳社区的意见建议。本部分两章节阐释了博物馆如何通过邀请社区成员加盟展览与项目规划团队，以在展览与项目的核心设计中纳入社区关切的问题和观点。在第13章中，吉多·费里莉、森地·吉拉蒂和皮尔·路易吉将博物馆视作当地社区的一部分，并敦促博物馆创建社区论坛，邀请社区成员为展示内容出谋划策并参与展项开发。为此，本章介绍了两项最佳案例研究，即以色列耶路撒冷博物馆（Israel Museum of Jerusalem，IMJ）和意大利都灵利沃里城堡博物馆（Castello di Rivoli in Turin，CRT），致力于全年不懈怠地回应社区问题，而并不仅仅局限于一次性的具体活动。之后，本章作者对这两项案例做进一步分析，揭露两者的共性，以供其他博物馆参考。为切实做到以社区为中心，博物馆应遵循合作伙伴关系模式，积极动员各级各类员工，利用多元沟通系统，为社区赋能和赋权。

在第14章，斯瓦鲁帕·阿尼拉、艾米·汉密尔顿·弗利和尼·夸克坡姆分享了美国底特律艺术学院在亚洲永久馆藏重新布展项目中，纳入社区意见与建议的参与模式。该模式以观众为中心，在重新布展馆藏时首先考虑观众，而不是遵循艺术历史观或西方组织艺术品的观点。实际上，该博物馆聘请了一群提供有偿服务的社区顾问。该博物馆精心挑选了拥有直接或间接亚洲背景与利益的社区成员组成顾问团队，以此确保团队多元化。由博物馆不同岗位工作人员和社区成员共同组建的多元化团队在博物馆永久馆藏重新布展问题上共同作出重大决策，重视权威共享与视角多样性，挑战传统的基于物件且以博物馆为中心的布展过程。

第 13 章 博物馆应成为社会发展的催化剂

鼓励社区参与的最佳实践

吉多·费里莉 森地·吉拉蒂 皮尔·路易吉

博物馆本身是文化生态系统，是根植于社会空间中的更广泛文化生态系统的一部分。它们在多个方面对社区生活有着深刻的影响[1]，即使有时人们不能充分理解其丰富的含义。为充分理解这一观点的真正意蕴，我们有必要从全局的角度审视和分析博物馆[2]，而不是将其视作孤立的组织或自给自足的机构。

将博物馆与当地环境和社区相联系是寻求博物馆与当地社区协同发展的自然结果，但这一因果关系既不明显也非易事。它必须建立在地方行为主体相互理解和相互体惜的基础上，共同养成一种与自己进行有机对话的社区视角。博物馆不应被视作人们在寻求娱乐休闲或精神历练时偶尔光顾的封闭世界，而

---

[1] Yuha Jung, "The Art Museum Ecosystem: A New Alternative Model," *Museum Management and Curatorship* 26, no. 4 (2011): 321-338.

[2] Gregory Bateson, *Steps to an Ecology of Mind* (Chicago: University of Chicago Press, 2000).

应被看成社区中社会与制度基础设施必不可少且生机盎然的一部分。鉴于此,在处理涉及教育、公共卫生、社会凝聚力等领域各类不同性质的问题时,博物馆可以成为一个有密切相关性的行为主体。通过这种方式,博物馆有资格成为一个有益的文化中心,被其当地藏品来源的社区及其服务的社区视作一种集体资产。

为实现这一目标,博物馆必须成为促进当地社区发展的参与者和建设者,致力于为具有不同能力的参与者提供适当工具。因此,博物馆必须为当地社区的密集型文化参与创造条件。这不仅是宣传推广或高预算轰动式的大型活动,更是全年不懈怠地落实稳定有效、连贯一致的政策的结果。通过密集的社区参与,博物馆能够以其他方式几乎无法实现的形式为社会创造更大价值。[1]

博物馆的参与维度主要与能力建设经验的积累有关。这些经验构成赋能进程的主要组成部分,能够帮助人们发展各类社会与认知技能(例如跨文化对话、应对和构建陌生领域的经验和背景,以及在富有挑战的环境中利用聪明才智)。因此,参与式博物馆可被视作创造人力、社会、文化和象征资本的加速器。

为加速创建参与式博物馆,有必要确定一种具体方法,来有效促进不同社区成员与观众的参与。在系统思维方面,参与式博物馆通过文化参与,在社区运作中担纲社会认知监管者的职能。为此,博物馆必须摈弃单向交流模式(即仅为被动受众提供内

---

[1] Pier Luigi Sacco, Guido Ferilli, and Giorgio Tavano Blessi, "Culture 3.0. Cultural Participation and the Future of Cultural Policies: A European Perspective," *Working Paper*, IULM University, 2016.

容),通过与公众的深入对话,学会辩证地塑造其边界。① 博物馆既是知识文化的殿堂,也是激发公共讨论的场所。它致力于保存并展示有价值的物品,这些物品有助传递文化和社会知识、代表文化遗产、体现价值观和世界观,并同时能够激发辩论、催生表达和创造力的创新形式。② 在充分履行上述双重职能过程中,博物馆实际上培养了所在社区的集体智慧。

博物馆可采取多种形式参与社区建设。这不是一种是或否的二元概念,而是一个微妙的连续统一体,覆盖从单纯传输与信息交换到公众设计甚至整个项目实施的全过程。参与式项目在原创身份、协作关系或伙伴关系等领域赋予公众有机会发挥核心作用。它们还要求全体员工的参与,广泛动员从管理层到一线的各类员工,而不局限于与观众直接互动的工作人员。博物馆可鼓励公众分担部分职责,要求公众作出积极的创造性贡献,回应当地利益相关者的需求和利益,甚至跨越博物馆物理边界,将活动转移至公共空间。在上述所有情境中,博物馆都有足够空间来部署其参与式实践、探索可能性,或携手公众通过联合试验获得新的发现。

在本章中,我们将重点介绍两个具有象征意义的案例,即以色列耶路撒冷博物馆和意大利都灵利沃里城堡博物馆。作为最佳实践的代表,这两个案例研究将有助于说明博物馆应如何吸引社区积极参与并成为有效促进者。

---

① Nina Simon, *The Participatory Museum* (Santa Cruz, CA: Museum 2.0, 2010).
② Duncan F. Cameron, "The Museum: A Temple or the Forum," *Journal of World History* 14, no. 1 (1972): 189-204.

案例研究：以色列耶路撒冷博物馆

以色列耶路撒冷博物馆已成为公民责任的孵化器，也是城市社区的良好典范。艺术教育是耶路撒冷市的核心焦点，因此也始终构成该博物馆的核心任务。在教育部门提供的各类活动中，"青年之翼"（Youth Wing）的社区项目值得特别关注。该项目涉及当地不同社群，包括埃塞俄比亚移民、阿拉伯和希伯来学生与儿童、处于困境中的青年及士兵。以色列耶路撒冷博物馆深刻理解该地区的社会背景。作为充满活力的文化建设引擎，该博物馆致力于吸引观众积极参与，分享知识、能力、学习方式及释展策略。[1] 耶路撒冷市居民在社会、文化和宗教领域具有明显的异质特征。为有效满足社区居民多样性的文化需求，该博物馆诚恳邀请社区成员提供内容建议，鼓励他们参与博物馆活动，并积极开展博物馆进社区活动。此处谨举数例。"窗口对话：2008年启动的阿拉伯地区社区外展和艺术教育"（Window Dialogue: Community Outreach and Art Education in the Arab Sector）由匹兹堡精品基金会资助，是一个让以色列耶路撒冷博物馆工作人员在阿拉伯国家高中教授艺术的项目。此项目的目标在于通过参与合作，以及艺术作为国际通用语言的特殊职能，打破社会、文化和宗教的障碍。该博物馆员工携手中学教师，共同为学生打造一项艺术教育计划，力图扭转中学生鲜少参观博物馆的现状。

---

[1] Eilean Hooper-Greenhill, *The Educational Role of the Museum* (London: Routledge, 1999).

该博物馆的另一个项目是"跨越鸿沟"（Bridging the Gap），由德国以色列博物馆睦邻友好协会资助。该项目促使阿拉伯青年和犹太青年在博物馆空间，以艺术的共同创作为载体，打破彼此的隔阂与对立，并在导游的带领下参观博物馆并欣赏艺术作品。该项目涉及四所耶路撒冷学校，即来自东耶路撒冷的两所阿拉伯学校和来自西耶路撒冷的两所犹太学校。教师和博物馆员工兼阿拉伯犹太艺术家负责为阿拉伯和犹太青年提供指导。该项目通过引领从个体到集体的参与和实践模式转变，为创建新的跨文化社区平台作出积极贡献。

这些例子是以色列耶路撒冷博物馆各类延伸活动的一个缩影，体现出博物馆在积极吸引不同类型公众的良苦用心。以色列耶路撒冷博物馆通过精心设计的各类项目，对耶路撒冷一些重要的社会和政治问题进行前瞻性研究。与常规宣传活动不同的是，该博物馆另辟蹊径，通过成为耶路撒冷社会文化景观乃至日常生活结构的一部分，吸引更多公众走进博物馆。

案例研究：意大利都灵利沃里城堡博物馆

利沃里城堡博物馆是位于意大利都灵的当代艺术博物馆，同样致力于以创新方式响应其当地藏品来源社区及其服务社区的需求。借助其二期项目"艺术建筑工地"（Cantiere dell'Arte），利沃里城堡博物馆的教育部门与在都灵圣安娜医院（Sant'Anna Hospital of Turin）的非营利基金 Medicina a Misura di Donna 建立正式合作伙伴关系。其宗旨是以艺术改造的方式改变人们对医院空间的负面成见，从而营造出一个以艺术为中心的全新医院环境，提高医院员工凝聚力，吸引患者和观众。该项目以医院社区的积极参与为主要特征，采用自下而上的管理方式，在项目建设之初即采取焦点小组座谈会的形式，收集当地社区有关医院空间、医院环境及改进措施的意见与建议。在团队建设实践中，由各类艺术家、专业运动队（例如都灵当地的垒球队），甚至银行经理组成的社区团队参与了与博物馆和基金会的合作，为医院走廊和病房创作壁画。该项目从根本上点缀美化了医院环境，呼应和改善医院空间，并通过创造性的集体行动改善患者及其家属就医体验，提升职工归属感。此外，该项目还为在医院逗留的各类人群创造出令人心旷神怡的艺术环境，使人们在医院就诊、工作或居住之余，身心愉悦，情绪放松。

利沃里城堡博物馆推行的多年期系列活动"飞毯"项目（Tappeto Volante）是另一个良好典范。该项目始于1996年，是利沃里城堡博物馆与当地社区的圣萨尔瓦里奥市立幼儿园（Municipal Nursery School Bay of San Salvario）的共建项目。幼儿园老师请该博物馆教育部门结合当代艺术的创新应用，帮助幼儿园化解学校师生和社区居民的种族紧张关系。幼儿园老师表示，通过这种当代艺术的创新应用，在博物馆专业教育人员的推动下，创造出一个所有参与者都共同经历的深层次人际交往的重要时刻。艺术为推动全社会进步提供灵感和基础，并有助于建立一种新的社区意识。"地毯"一词作为一种转喻的修辞手法，借指在该幼儿园开展的相互交织的活动，旨在引导人们接受多样性，尝试在多元的世界更好地共同生活。"飞毯"项目启动之初即召集教师、博物馆工作人员、学生和家长们集体制作一块真实的地毯。该项目在博物馆和学校两地开展活动，时间持续整个学年。目前，该项目正着手准备标志着圣萨尔瓦里奥社区生活重要时刻的终期大型活动。多年来，该项目网络已扩展并纳入当地所有学校与社区协会、都灵市教育局以及圣保罗学校基金会（School-Compagnia di San Paolo）。该项目在协作规划的基础上创造出重要的社会效益：多年来，该项目下所有教育活动均由博物馆与幼儿园协作设计，从而以共享实践与试验的形式，真实揭示出该博物馆当地藏品来源社区和服务社区的需求和期望。

理解参与效应：行动工作流程

通过对上述两个案例的简要分析，我们谨此枚举数种不同的参与模式，并勾勒出社区参与有效途径的一些共同特征。尽管项目与项目之间存在明显差异，但我们仍可从中识别并应用一些基本要素。

本章节两个示例都充分说明社区有效参与意识的重要以及当地社区参与对于增强社区居民凝聚力的强大作用。此外，作为内在关系构建进程的一部分，社区参与过程涉及激活博物馆及其所在社区的广泛社会合作与交流。我们可以借助常见于业务流程重组的行动工作流程（Action Workflow）模型来理解上述要点[1]，

---

[1] Terry Winograd and Fernando Flores, *Understanding Computers and Cognition: A New Foundation for Design* (Boston: Addison Wesley, 1987); Raul Medina-Mora, Terry Winograd, Rodrigo Flores, and Fernando Flores, "The Action Workflow Approach to Workflow Management Technology," in *Proceedings of the Conference on Computer-Supported Cooperative Work* (New York: ACM, 1992), 281-288; Alessandra Mazzei and Annamaria Esposito, "Il piano di comunicazione da strumento a processo organizzativo e relazionale. Il caso Henkel Italia," *Mercati e Competitività* 9, no. 1 (2012): 95-113.

该模型将流程解释为构建内在联系和催生无形资产的稳态交互。但反过来，行动工作流程模型又建立在言语行为理论的基础上。① 我们可将其视作一种承诺架构，有助于两个群体（客户与服务提供者）之间能够达成既定目标。随着双方合作的不断推进、新见解的形成和不断学习以及更清楚了解潜在可能性与需求，这种既定目标通常会随着时间的推移而改变，并需要重新阐述。

因此，行动工作流程采用从语言到行动的模式②，首先在信息系统领域引入，以捕捉"人类在本质上是语言生物并通过语言行事"的事实。有人认为，语言不仅用于交换信息，还用于执行操作。马泽伊（Mazzei）和埃斯波西托（Esposito）将这种方法概括为几项关键实践：探索、设置、行动、评估，并将前述四项应用于企业传播规划。③ 我们可将上述各项实践划分为多个阶段。这些阶段表征了博物馆鼓励当地社区参与的进程，并根据博物馆环境的具体情况调整相应框架（如需了解四个阶段的概要介绍，请见表 13.1）。

作为从语言到行动模式的第一步，探索是对初始阶段具体情况的分析。探索阶段包括三个子过程：博物馆使命意识、背景分析和社区行为主体分析。

---

① John R. Searle, *Speech Acts: An Essay in the Philosophy of Language* (Cambridge: Cambridge University Press, 1969); John L. Austin, *How to Do Things with Words*, 2nd ed. (New York: Oxford University Press, 1976).
② Terry Winograd, "A Language/Action Perspective on the design of Cooperative Work," in *Computer Supported Cooperative Work: A Book of Readings*, ed. Irene Greif (San Mateo, CA: Morgan Kaufman, 1986), 623-653.
③ Mazzei and Esposito, "Il caso Henkel Italia."

表 13.1　行动工作流程模型的四个阶段及其子流程和所形成的无形资产

阶段	子流程	无形资产
探索阶段	• 使命意识 • 背景分析 • 社区行为主体分析	• 合法性 • 意识
设置阶段	• 构建本地网络 • 确定共享目标 • 设计项目	• 共享 • 社会化
行动阶段	• 开展项目活动 • 鼓励社区参与	• 积极参与 • 合作伙伴关系
评估阶段	• 评估各项项目计划与举措 • 评估溢出效应	• 学习 • 旨在解决问题的专业知识

资料来源：作者。

博物馆使命意识是理解博物馆未来发展方向和确定预定目标的基础。当地社区的参与必须被视作这一议程的核心内容。根据马克·奥尼尔（Mark O'Neill）的观点[①]，博物馆必须超越精英模式（专注于馆藏）与福利模式（专注于改善特定民众的观众服务），逐渐转型为社会公正模式，继而从战略层面将公众参与纳入组织架构，并使其成为所有员工不可推卸的责任。背景分析有助于识别博物馆所在的环境因素和体制发展动态。准确识别社会、经济和文化条件使得博物馆能够有效针对重大环境问题，为具体项目设计具体方案。对社区行为主体的分析有助博物馆了解其当地藏品来源社区及其服务社区的需求、利益和期望，从而能

[①] Mark O'Neill, "Museums—Culture Welfare or Social Justice," in *Creativity, Regional Development and Heritage*, ed. Christina Wistman, Sofia Kling, Peter Kearns, and Jamtli Förlag (Ostersund: PASCAL international Observatory, 2011), 14-27.

够有效鼓励社区积极参与。①

在上述各项目中，博物馆工作人员都了解博物馆的教育使命，并将社区参与作为各自工作的核心目标。以色列耶路撒冷博物馆和意大利都灵利沃里城堡博物馆都致力于满足社区的兴趣和需求，为当地城市的不同社区提供量身定制型项目方案（以色列耶路撒冷博物馆），并满足当地一些特定利益相关方的需求与要求（利沃里城堡博物馆）。因此，探索阶段是博物馆工作人员重点关注组织机构战略目标、外部环境关键特征与制约因素以及博物馆重要藏品来源社区与服务社区的基本要求和期望的理想阶段。探索阶段将产生两种无形资产：其一是对博物馆运作与互动环境的实际认识，其二是社区内行动的合法性。

设置是项目协商的过程，由三个子流程组成：构建本地网络、确定目标和设计项目。构建本地网络是确定项目战略和完成投融资的重要步骤。确定目标是设置阶段的关键步骤，是指博物馆及其他利益相关方就项目设计需要实现的目标达成共识。反过来，设计项目则意味着确定预定活动的内容、方式和目的。同样，本章节所列举的博物馆项目也反映了从语言到行动模式下项目设计的进程典范；这些项目成功实施的基础都是与其他地方行为主体（例如学校、医院、基金会和协会）的合作。在这些项目中，地方行为主体与博物馆携手，逐步创建项目方案。在这一阶段，博物馆通过与当地利益相关方的密切合作，创造出资源共享与社会服务的无形价值。

---

① John H. Falk, *Identity and the Museum Visitor Experience* (London: Routledge, 2016).

行动阶段是按计划实施项目活动各项举措的过程，由两个子流程组成：其一是开展项目活动，其二是鼓励社区参与并从中发展与社区的互动关系。同样，行动阶段也需要博物馆工作人员与其藏品来源社区及其服务社区密切合作。唯有通过这种合作，博物馆方有机会广泛接触已参与的和未参与的社区。在我们的示例中，以色列耶路撒冷博物馆和意大利都灵利沃里城堡博物馆都超越了各自实体建筑物的本身范畴，在城市空间内努力构建新的关系——这种努力甚至触及尚未直接参与项目的边缘群体。行动阶段有助于在博物馆及其实体空间内部与外部催生出积极参与及合作的无形资产。

估值阶段是从语言到行动模式的最后一步。在这一阶段，博物馆必须对在参与过程中产生的知识进行资本化、杠杆化和沉淀积累，包括评估该项目的各项活动举措以及该项目对整个系统的影响。第一类评估包括衡量参与活动的产出、分析参与民众的特征，并根据态度和行为上的变化来评估活动对参与者的影响，以及这种变化是否会因时间的推移而持续存在。第二类评估主要针对项目的溢出效应，有助于阐明积极的文化参与对项目所涉领域及项目之外的影响。博物馆将努力学习在评估阶段产生的无形资源，以便进一步提高参与的积极性与参与的程度。此外，博物馆还将学习有助解决问题的专业知识，并将其作为目标设定和项目建设新周期的基础。

借助行动工作流程模型，我们可采用具体策略，将博物馆文化生态系统嵌入城市更广泛的社会经济环境中，促进博物馆绘制新愿景，并将此愿景用作创造超越博物馆传统使命的社会价值的平台。这种平台可被视为以文化为基础的全新实验与社会创新形式的起点。

参考文献

Austin, John L. *How to Do Things with Words*. 2nd ed. New York: Oxford University Press, 1976.

Bateson, Gregory. *Steps to an Ecology of Mind*. Chicago: University of Chicago Press, 2000. Cameron, Duncan F. "the Museum: A temple or the Forum." *Journal of World History* 14, no. 1 (1972): 189-204.

Falk, John H. *Identity and the Museum Visitor Experience*. London: Routledge, 2016.

Hooper-Greenhill, Eilean. *The Educational Role of the Museum*. London: Routledge, 1999.

Jung, Yuha. "The Art Museum Ecosystem: A New Alternative Model." *Museum Management and Curatorship* 26, no. 4 (2011): 321-338.

Mazzei, Alessandra, and Annamaria Esposito. "Il piano di comunicazione da strumento a processo organizzativo e relazionale. Il caso Henkel Italia." *Mercatie Competitività* 9, no. 1 (2012): 95-113.

Medina-Mora, Raul, Terry Winograd, Rodrigo Flores, and Fernando Flores. "The Action Workflow Approach to Workflow Management Technology." in *Proceedings of the Conference on Computer-Supported Cooperative Work*, 281-288. New York: ACM, 1992.

O'Neill, Mark. "Museums—Culture Welfare or Social Justice." in *Creativity, Regional Development and Heritage*, edited by Christina Wistman, Sofia Kling, Peter Kearns, and Jamtli Förlag, 14-27. Ostersund: PASCAL international Observatory, 2011.

Sacco, Pier Luigi, Guido Ferilli, and Giorgio Tavano Blessi. "Culture 3.0. Cultural Participation and the Future of Cultural Policies: A European Perspective." *Working Paper*, IULM University, 2016.

Searle, John R. *Speech Acts: An Essay in the Philosophy of Language.* Cambridge: Cambridge University Press, 1969.

Simon, Nina. *The Participatory Museum.* Santa Cruz, CA: Museum 2.0, 2010.

Winograd, Terry. "A Language/Action Perspective on the design of Cooperative Work." in *Computer Supported Cooperative Work: A Book of Readings*, edited by Irene Greif, 623-653. San Mateo, CA: Morgan Kaufman, 1986.

Winograd, Terry, and Fernando Flores. *Understanding Computers and Cognition: A New Foundation for Design.* Boston: Addison Wesley, 1987.

第14章　系统思维下以观众为中心的社区参与式释展规划

斯瓦鲁帕·阿尼拉　艾米·弗利尼·夸克坡姆

美国底特律艺术学院在以观众为中心的展览阐释（Exhibition Interpretation，以下简称释展）流程编制、规划及开发领域有着悠久的实验与创新历史。该博物馆投入大量财力与物力，在展览规划与开发过程中锤炼以观众为中心的艺术体验设计水平。该学院在安放艺术作品和向公众开放画廊之前，与观众始终保持合作。此举通常会有助学院在可观察和敏感性领域，发现可能在打造整体展览体验时影响展览团队决定的个中细微差别与问题。

在底特律艺术学院准备重新布展其亚洲永久馆藏的过程中，学院博物馆在释展规划过程中，积极探索连接艺术、个人、社区和博物馆的有力纽带，为博物馆在合作共建领域开辟新渠道。为阐释这一项目，本章探讨了用于展项开发和永久馆藏布展的内部系统。此外，本章还探讨了博物馆与社区的关系、底特律艺术学院系统与流程的自适应性变革以及新型永久馆藏画廊的哲学和实践目标。这些画廊在艺术呈现方式上既以游客为中心，又积极鼓励社区参与。

系统思维——理论倾向

本章将从对系统思维的新颖解读视角，多层面分析底特律艺术学院的案例。这种解读视角将系统思维视作"综观全局的一门学科……一个用于审视各要素之间的内在联系而非具体事物的框架，其目的在于检视变革模式而非静态快照……系统思维是一门注重审视构成复杂情境之'结构'的学科"[①]。

格伦·萨特（Glenn Sutter）认为，"许多传统博物馆因为专注于还原论而无法为此项工作作出应有贡献"[②]。然而，系统思维方法的两个要素在分析底特律艺术学院的释展规划时变得格外有用。第一个要素在创建艺术装置的过程中，将所需系统、结构和完整交互的实践视作一种世界观。这种世界观要求在分析与合成之间采取一种周期循环式的解决方案。换言之，在审视个别问题的同时，仍需在更广泛博物馆生态系统背景下平衡这些特定问题的必要性。作为一种世界观，系统思维假设：展览开发过程中的任何现象或个人都不能孤立地加以考虑，而应联系这种现象或个人与其他现象或个人的关系进行综合考量。

系统思维方法的第二个要素对于以观众为中心的释展规划至

[①] Peter Senge, *The Fifth Discipline: The Art and Practice of the Learning Organization* (New York: Doubleday, 2006).
[②] Glenn Sutter, "Thinking Like a System: Are Museums Up to the Challenge?" *Museums & Social Issues* 1, no. 2 (2006): 203.

关重要，但对传统博物馆的工作模式提出了挑战。这一要素具有多重性特征——认识到"每个系统或子系统，考虑到它具有复杂性且包含大量纷繁复杂的个体、经验、社会和政治关系，因此需要从多个视角进行分析"①。这些强调互联性、不可分割性、非线性和多调性的系统思维方法——来自博物馆内部与外部——使得新型释展规划模式在创建充满活力、富有创造性且清新鲜活的艺术装置的过程中蓬勃发展。这种方式给传统的博物馆工作模式带来压力。

重新布展项目1.0：系统思维下以观众为中心的工作理念

底特律艺术学院的使命编制于2007年，旨在帮助每位观众在艺术中找到个人和彼此存在的意义。② 十多年来，以观众为中心的服务理念似乎业已成为底特律艺术学院生存与发展的哲学基础。长期以来，该艺术学院始终致力于整合汇总旨在支持、维持和扩展博物馆各学科基础的各项开发流程。自2003年至2007年，底特律艺术学院缜密规划并重新布展了其大部分永久馆藏。此举的目的在于将艺术呈现方式从"以严格的学术型艺术历史装置为基础"转变为"以有助吸引非专业受众的跨学科人本主义主题展览为载体"，并在此基础上服务于广大民众。例如，曾经在

---

① Patricia H. Werhane, "Moral Imagination and Systems Thinking," *Journal of Business Ethics* 38, no. 1/2 (2002): 35.
② 这份写于2007年的使命中写道："底特律艺术学院创造了帮助每个游客在艺术中找到个人意义的体验。"2016年，"和彼此"被添加进来，以承认博物馆中意义创造的社会性质。

画廊中以"18世纪法国艺术展"为主题展出的装饰艺术作品被重新布展在名为"逐日增辉"(Splendor by the Hour)的系列画廊中。这些画廊致力于探索欧洲贵族用以支持其奢华日常休闲娱乐仪式的精美物品及其发展史(见图14.1)。

图 14.1　观众在"逐日增辉"晚间画廊播放的沉浸式视频《18世纪宴会及琳琅满目餐饮装饰艺术》中获得新颖体验

资料来源:底特律艺术学院。

最近,底特律艺术学院在一个被更名为"古代近东文化馆"的画廊中重新布展了其古代近东文明的藏品。其他艺术博物馆通常根据古文化的各个不同历史时期来组织布展此类收藏品,例如苏美尔人馆部、巴比伦人馆部和亚述人馆部等。底特律艺术学院的新画廊旨在探讨世界上最古老文明与帝国发展史中艺术与技术的相互作用(见图14.2)。

图 14.2　动态投影文字通过询问"何时是艺术……何时是技术？"，提示观众步入古代中东画廊

资料来源：底特律艺术学院。

　　这种以观众为中心的工作理念取决于对一系列问题与要素的深刻理解和关键洞察。这些问题包括：可能参观画廊的潜在人群是哪类？哪些故事可能使观众饶有兴趣？观众参观时可能会产生何种感受和做出何种行为？这都需要博物馆在努力设计和建造互动式艺术品安放装置时，借助合理的释展与设计，打造广受欢迎、易于接近、富有洞察力、发人深省的交互式展览项目。此外，博物馆还须积极鼓励多层面参与，包括为观众提供形成和表达自己观点的机会。

　　底特律艺术学院在此基础上打破了将策展人作为各类理念与布展构想的单一来源的传统做法，创建出一种基于团队的展览策划方法。这一新兴系统在策展流程的不同阶段，汇集了不同专业知识的各类人员，包括在早期概念设计阶段引入大型跨部门团队。这些团队由来自不同部门的代表组成,广泛覆盖策展、讲解(彼时称为教育)、开发、保护及宣传推广等领域。

以观众为中心的馆藏布展理念,需要在两个专业知识领域完成创建、扩展和增长过程:其一是基于教育理论和用户为本设计理念的讲解领域;其二是以观众研究和分析为基础的评估领域。这两个专业领域不仅对于在规划过程中纳入观众的直接需求与兴趣至关重要,亦在开发多元化互动途径、鼓励观众通过积极参与成为展览核心用户发挥了重要作用。① 此外,馆藏布展系统中还要为观众与非观众预留一定空间,通过有效评估将他们的话语权与意见建议(例如观众小组和顾问)纳入其中。如果一个系统不能稳定运行或者必须在添加新组件时进行调整,那么系统辅件亦将重蹈覆辙,甚至可能面临更大挑战。在添加多个组件(例如讲解、评估和反馈)时,现有系统(主要以策展、展览和设计为中心)不仅可能会因为此类内容的扩充而变得不堪重负,而且亦可能破碎或断裂,并在此基础上催生出新的系统。

底特律艺术学院早期基于团队的工作模式旨在减少博物馆内相互割裂的筒仓式(siloed)工作体系,力求在概念设计的最早阶段即着手整合各类人员的技能和多元的内部观点。在自2007年启动重新布展项目以来的数年间,该博物馆在挣扎中考虑重新布展项目的哪些要素(包括基于团队的工作模式)应该为推进特定临时展项的开发而继续保持下去——"以确定系统已经制定或者应该制定哪些目标或宗旨,以及应如何对这些目标进行

---

① Jennifer W. Czajkowski and Shiralee Hudson-Hill, "Transformation and Interpretation: What is the Museum Educator's Role?" *Journal of Museum Education* 33, no. 3 (2008): 255-263.

优先级排序,因为一个系统的既定目标会影响该系统架构及其内在联系"①。为继续秉持以观众为中心的工作理念,策展、讲解和评估等领域专业知识之间的融汇变得日益突出,亟须博物馆开展自适应性系统变革。

然而在通常情况下,缺乏对内在联系的必要理解会催生出一个异常敏感脆弱的生态系统。在这里,我们使用"敏感脆弱"一词有其特殊意蕴;该词旨在凸显以观众为中心的释展工作实践的脆弱本质,因为它在艺术博物馆中相对处于起步阶段。因此,特别是近年来,当角色扩展、转变或重新调整时,底特律艺术学院未能形成一个完美协调的系统。② 对权力丧失或稀释的看法——即使对于那些职责与工作需求增长过快的群体而言亦是如此——令人痛苦、沮丧不安甚至如坐针毡。相应地,J·C·明格(J. C. Minger)发出警告:当"系统分析未能识别[原文如此]其主体——目标明确的自定义式反思型人类主体以及创造和达成目标与价值观的背景——的特性时,系统运作可能出现中断"③。但是,"每个人都会为相同的目标而思考和行动"的假设存在缺陷。除了在员工个人努力与专业知识水平等领域的不平衡状况外,员

---

① Werhane,"Moral Imagination," 36.
② 詹妮弗·柴可夫斯基(Jennifer Czajkowski)和萨尔瓦多·萨洛特·庞斯(Salvador Salort-Pons)详细讲述了角色与责任之间的新的平衡。Jennifer W. Czajkowski and Salvador Salort-Pons, "Building a Workplace that Supports Educator-Curator Collaboration," in *Visitor-Centered Exhibitions and Edu-Curation in Art Museums*, ed. Pat Villeneuve and Ann Rowson Love (Lanham, MD: Rowman & Littlefield, 2017)。
③ John C. Minger, "Towards an Appropriate Social Theory for Applied Systems Thinking: Critical Theory and Soft Systems Methodology," *Journal of Applied Systems Analysis* 7 (1980): 47.

工之间亦存在行为与态度期望的差异。这些包括但不限于谦逊、宽宏大度的精神、合作及包容。此类无形资产并不易于测度和量化。

成功的自适应性系统有助于推动组织机构内部文化建设，并在此基础上激发员工使命感，使员工个人目标与组织目标保持一致，并充分考虑到机构中各项工作的相互依赖性。自2007年启动重新布展项目以来的数年间，基于团队的工作模式依然存在。然而，底特律艺术学院并不总能持续稳定地维持对转型的文化理解与内部支持。这种转型是从以物件和学科为中心的释展开发，转向以观众为中心的释展开发转型。十多年来，旨在适应以观众为中心工作模式的文化变革努力，过去并仍将意味着，关注员工的思维模式与动机。在这一进程的各个层面，与"我"相对的复数人称代词"我们"应成为工作中最常使用的关键词汇。共享权威强调了与相互依存、相互尊重和相互补充的重要而广泛的共识，这是旨在深化观众艺术体验的团队合作过程与目标的基础。但除了针对团队合作定期举办沟通交流培训和针对以观众为中心工作理念定期召开研讨会或讲座之外，可能还需针对部分博物馆专业人员开展彻底的再教育活动。团队中的每位员工，无论其岗位与专长，都应与他人合作共事。因此，直接参与艺术馆藏布展系统和展览核心业务的博物馆专业人士，需要重新审视其工作实践，并愿意为博物馆吸引多元化观众参与作出积极贡献。

识别为系统提供支持的进程

为了更清晰、更准确地理解底特律艺术学院在以观众为中心基础上完成馆藏布展的内部流程、减轻因错过最后期限而产生的挫折感,并同时识别改善的效率与机遇,最近,一个由底特律艺术学院董事和经理组成的团队对整个展览过程进行了为期一年的审查。来自展览、释展规划、藏品研究、馆藏管理和博物馆其他领域的工作人员,分析并评估了从概念设计到布展及至撤展的展览开发全过程,以此识别个中依赖关系、瓶颈和效率低下的问题。该项工作旨在将底特律艺术学院的策展过程纳入到一个框架中,该框架通过关注博物馆各专业领域的不同层面来界定。

此项审查使得所涉人员对部门工作的复杂相互作用有了更深入的理解,但同时也催生出员工的挫败感。底特律艺术学院的许多部门都在一个具有高度相互依存性的多维系统中开展工作。该系统很难在纸面上以二维模型的方式进行定义。事实上,这项工作表明,"鲜少存在呈现单纯线性特征的系统,也鲜少存在不常变革和重塑自身的动态过程的封闭系统"[1]。

然而,该项工作亦有助博物馆员工理解系统的灵活性,赋予员工以解决任何特定项目中独特挑战的能力。有鉴于布展项目的规模、范围和时间以及对目标和宗旨的共同理解,不同部门需要在不同时刻相应调整具体工作。这种基本理解表明,底特律艺术学院的开发过程可以成为自适应开发系统,很好适应即将推行的新举措。人们预计该学院将制定了效率战略并灵活调整系统的各个组成部分。对单独一个项目而言,此举必将骤然加剧员工的挫败感。

---

[1] Werhane, "Moral Imagination," 35.

重新布展项目 2.0：系统思维下的共同创建型布展装置

2015年，底特律艺术学院从亚洲馆藏入手，开始针对其下一轮永久馆藏画廊的重新布展项目制订长期规划。为满足一系列大型长期建设项目的要求，布展、学习、释展、展览和馆藏部门的领导层就重新设置物流与基础设施等问题展开讨论。同样，该计划亦包括组建跨部门的概念设计团队。这些团队在创新领域取得巨大突破，有效促进了底特律艺术学院2007年重新布展项目的成功实施。

这些新起点也为底特律艺术学院提供了良机，促使其能够充分运用一种融会贯通的系统思维与道德想象力的创新手段，开展更广泛的批判性反思。帕特里夏·韦翰尼（Patricia Werhane）曾引用由埃德蒙·伯克（Edmund Burke）定义的道德想象力的概念。根据埃德蒙·伯克的定义，道德想象力是一种考虑超越自我型人类体验的道德责任，对系统思想提出了全新挑战。韦翰尼要求"管理者和公司更富想象力地思考问题……从既定的做法和传统中退后一步，开发出一种新兴且应有的心智模式"[1]。

为推进底特律艺术学院馆藏重新布展项目的顺利进行，这种退后一步要求项目执行者审慎评估当前与未来需求。也许最重要的是，这种退后一步还要求项目设计者考虑底特律艺术学院与其

---

[1] Werhane, "Moral Imagination," 33-36.

所服务社区的关系和对社区的承诺。2012年，在博物馆筹集资金的过程中，三个县市的选民批准了自宅税提案，以在长达十年的时间里为底特律艺术学院运营资本提供最高可达70%的资金支持。各县签订的税收协议涵盖了为学校参观提供资金的内容。此举大幅增加了参观博物馆的学生人数。此外，该税收协议还为三县居民提供免费参观通票，从而在增加博物馆参观人数的同时，有效提高观众多样性。2015年，得益于一项大宗交易，底特律市政府正式宣布脱离破产境况。在这宗交易中，底特律艺术学院捐赠了1亿美元，用于支持城市养老基金。所有这些大型活动与事件都为该地区居民创造了新的义务和关系。

也许更重要的是，这种将系统思维与道德想象力相结合的工作模式要求组织机构开展自我重塑，以此解决"通常看似是由系统性约束所造成的棘手问题，而似乎没有[任何]一个人需要对这种系统性约束负责"[①]。事实上，针对底特律艺术学院馆藏重新布展项目的这一问题，可以通过重新设计项目流程加以解决。这一问题主要涉及传统型美国艺术博物馆中的种族代表性和文化界定等社会公正问题。在艺术博物馆（包括底特律艺术学院）中，呈现多元化全球创意表达往往充斥着狭隘的排他性释展内容。艺术博物馆中的亚洲馆藏展示通常根据不同文化、历史时期、展示媒介和宗教信仰来分类和组织。即使出自善意的做法催生出更为丰富的文化、宗教和政治背景，检验和解释这些背景的工具也大抵是围绕西方主义和以欧洲为中心的艺术历史世界观而设计的。我们可以从包含多个视角、多项要素的系统思维入手，

---

① Werhane, "Moral Imagination,", 33.

开始打破那些静态且有局限性的世界观。①

考虑到上述更广泛的背景和潜在机遇，底特律艺术学院领导团队决定参与合作共建过程。该过程在互联社会系统和意义建构系统上运作，具有核心优势并依赖于多维视角："我们可能永远无法无一遗漏地考虑到所涉及的所有关系网络。当然，事实上肯定也从未如此，因为这些系统随着时间的推移而交互作用。多视角模式迫使我们不断拓展思考范围，并致力于从不同角度看待特定系统或问题。"② 因此，亚洲项目概念设计团队的目的不在于创建一个仅由博物馆员工组成的跨学科团队，而是为社区成员保留职位。在申请加盟该设计团队的当地居民中，该博物馆根据候选人对亚洲传统的自我认同或与亚洲社区的紧密关系，从中甄选出最后的代表。此外，博物馆还审慎考量了候选人协同工作的能力、思维灵活性及社区参与度与积极性。

为构建一支均衡团队，年龄、性别及其他因素亦被列入考量范畴。这些社区团队成员自我认定为韩国人、印度人、菲律宾人、日本人、泰国人和亚洲混血儿。他们所从事的职业范围包括退休医生、记者、应届大学毕业生、家庭主妇、工程师和企业主等。作为提供有偿服务的社区顾问，这一人群作为有决定权的团队成员与策展人和释展规划师协作共事。他们主要负责研究展示物件、讨论交流意见和观点，并在此基础上形成一份潜在的重要创意列

---

① 详见底特律艺术学院的案例研究：Swarupa Anila, "Visitors Enter Here: Interpretive Planning at the Detroit Institute of Arts," in *Interpreting the Art Museum: A Collection of Essays and Case Studies*, ed. Graeme Farnell (Boston: MuseumsEtc, 2015)。

② Werhane, "Moral Imagination," 36.

表。这些创意将由博物馆员工团队推进至开发的下一阶段。

为适应这种合作共建型工作模式,必须针对会议、议程、传播和支持系统开发出新的系统架构,以便将来自博物馆之外的意见与建议纳入团队成员的考虑中,并在此基础上确保实现博物馆的既定目标。为此,底特律艺术学院将一支现有监督团队改组为画廊战略团队①,并将团队工作目标更改为监督开发项目、创建重要日程表、为馆藏重新布展工作定义参数,并指导社区顾问概念设计团队(见图14.3)。

图14.3　亚洲早期概念设计团队,团队成员包括博物馆员工与社区成员。博物馆将一个馆部中的"头脑风暴会议室"(Brainstorms Big Ideas)改建成一间观众能够从亚洲馆部一眼望见的会议室。

资料来源:底特律艺术学院。

---

① 这三位作者是画廊策略团队的成员。

尽管底特律艺术学院物流流程的定义并不完整，但随着博物馆交互式合并用于合作共建的新架构和用于提供制衡的现有工作模式（例如焦点小组测试、纳入跨学科内容顾问和社区内咨询），该系统已被证明具有相对适应性。[①] 亚洲馆藏被分批用于新工作模式测试。2016年1月，该流程以日本馆藏为试点，目的在于应对各项挑战和不可预见的复杂情况，并预测整个亚洲项目的需求。日本馆藏试点项目的一些重要观察结果表明，由于日本馆藏试点项目与亚洲项目启动在时间上重叠，因此博物馆相关工作人员很少有时间进行阶段性修正或进行深度反思，并将反思成果应用于项目的其余部分。随着试点项目的不断推进，项目组必须经常审视项目目标及其合理性，以及对预期影响和成果进行描述，在此基础上唤醒所涉人员的内在目标感，并将这种目标感渗透其思维模式中。对于那些对合作共建进程感到不安的工作人员来说，这种目标感也有效改变了其思维模式，使他们也见证了人们的热情和批判性奉献精神。传统上，这种热情与奉献常见于博物馆外部，但现如今亦出现于博物馆馆内。这可归因于博物馆员工日益深刻地认识到博物馆高墙之外的力量、影响力、话语权和连通性。与此同时，那些对合作共建不感兴趣或积极抵制的员工对团队文化、士气和生产效率都产生了极大负面影响。如果这种消极态度仅仅是出于对社区成员参与会影响内部关系的担忧，则这种情况需要监督小组的更多关注和强有力沟通。但如果这种消极态度是出于对博物馆馆外人士作为底特律艺术学院文化与进程见证者的顾虑，则在员工团队中出现的角色与权力问题，可能并不

---

① Anila, "Visitors Enter Here," 18.

是表层问题，也许已经完全根植于系统内部。与此同时，在关键时刻，所有团队成员——博物馆员工与社区顾问——之间的过度礼貌被视作削弱了正向作用并影响创新思维向前推进。

随着早期社区概念设计顾问团队阶段的结束，该过程转变为既定的内部实践。对底特律艺术学院规范化释展实践（焦点小组评估和社区内咨询）其他要素开展的测试，进一步推动了向社区顾问反馈相关信息，此举有助社区顾问继续开展批判性审查，并确保顾问能够看到他们的辛勤劳动与构想最终反映在馆藏布展的概念设计中。

结　语

底特律艺术学院的亚洲馆藏重新布展项目旨在识别和培养底特律艺术学院内外个体之间的相互依存关系，以增加学院的社会资本[①]——换言之，在相互认识和认可关系的基础上，有效汇集潜在资源。投资并鼓励社区成员积极参与源自如下假设：在任何特定时刻，每个个体都在与不断变化且通常交叠的多个社区中数十个（甚或是数千个）其他个体相互关联。

因为底特律艺术学院的使命旨在从根本上促进意义建构工作，所以从理论上看，包容性、共享权威和社区参与都能够通过系统思维方法，加深和拓展潜在的意义建构机遇，以博物馆与社区之间合作共建方式寻求永久馆藏画廊的发展。关注人与人之间

---

① Pierre Bourdieu, "The Forms of Capital," in *Handbook of Theory and Research for the Sociology of Education*, ed. John Richardson (New York: Greenwood, 1986).

的交互关系以及对广泛互联性的深刻认识,要求博物馆对其内部流程与外部关系不断进行反思,但最重要的是,要求博物馆对以关联性整合所有人和事的系统进行反思。

参考文献

Anila, Swarupa. "Visitors Enter Here: interpretive Planning at the Detroit Institute of Arts." in *Interpreting the Art Museum: A Collection of Essays and Case Studies*, edited by Graeme Farnell, 16-41. Boston: MuseumsEtc, 2015.

Blackwell, Ian. "Community Engagement: Why Are Community Voices Still Unheard?" *Journal of Education in Museums* 30 (2009): 29-36.

Bourdieu, Pierre. "The Forms of Capital." in *Handbook of Theory and Research for the Sociology of Education*, edited by John Richardson, 241-258. New York: Greenwood, 1986.

Czajkowski, Jennifer W. "Changing the Rules: Making Space for Interactive Learning in the Galleries at the Detroit Institute of Arts." *Journal of Museum Education* 36, no. 2 (2011): 171-178.

Czajkowski, Jennifer W., and Shiralee Hudson-Hill. "Transformation and Interpretation: What is the Museum Educator's Role?" *Journal of Museum Education* 33, no. 3 (2008): 255-263.

Czajkowski, Jennifer W., and Salvador Salort-Pons. "Building a Workplace that Supports Educator-Curator Collaboration." in *Visitor-Centered Exhibitions and Edu-Curation in Art*

Museums, edited by Pat Villeneuve and Ann Rowson Love. Lanham, MD: Rowman & Littlefield, 2017.

Edson, Robert. Systems Thinking: Applied. Falls Church, VA: ASystT Institute, 2008. Available online http://www.anser.org/docs/systems_thinking_applied.pdf.

Korn, Randi. "The Case for Holistic Intentionality." *Curator* 50, no. 2 (2007): 255-265.

Minger, John C. "Towards an Appropriate Social Theory for Applied Systems Thinking: Critical Theory and Soft Systems Methodology." *Journal of Applied Systems Analysis* 7 (1980): 41-48.

O'Neill, Mark, and Lois H. Silverman. *Foreword to Museums, Equality and Social Justice*, edited by Richard Sandell & Eithne Nightingale, xx-xxi. London: Routledge, 2012.

Penney, David. "Reinventing the Detroit Institute of Arts: The Reinstallation Project 2002-2007." *Curator* 52, no. 1 (2009): 35-44.

Senge, Peter. *The Fifth Discipline: The Art and Practice of the Learning Organization*. New York: Doubleday, 2006.

Sutter, Glenn. "Thinking Like a System: Are Museums Up to the Challenge?" *Museums & Social Issues* 1, no. 2 (2006): 203-218.

Werhane, Patricia H. "Moral Imagination and Systems Thinking." *Journal of Business Ethics* 38, no. 1/2 (2002): 33-42.

第七部分　采取行动

本部分两章节分享了鼓励社区参与博物馆建设的方式。您如何在涉及有益参与的展览和项目中邀请社区行为主体与成员畅所欲言？

在费里莉、吉拉蒂和路易吉撰写的章节中，作者分析了两个博物馆（即以色列耶路撒冷博物馆和意大利都灵利沃里城堡博物馆）的工作模式，然后建议博物馆应用行动工作流程模型来构建社区介入与参与体系。您如何使用表13.1在博物馆中整合探索、设置、行动和评估等阶段？来自博物馆各部门的代表是否应参与规划制定过程？社区合作伙伴如何参与其中？

阿尼拉、弗利和夸克坡姆分享了底特律艺术学院构建的基于团队的进程。该进程将社区参与纳入其中，致力于合作开发永久馆藏重新布展项目。在未来重新布展项目中，何种社区意见与建议对您所在博物馆至关重要？您将如何架构包括员工与社区参与在内的团队合作模式？

第八部分
系统思维下的筹资和财务可持续性

本部分将从系统思维角度简要分析博物馆的筹资工作与财务可持续性。尽管博物馆在美国往往属于非营利公益机构,而在亚洲和欧洲部分国家通常作为社会公共机构开展运作,但与营利性企业如出一辙的是,倘若缺失可持续性收入与社区支持,博物馆的生存与发展将无以为继。非营利机构的独特之处在于它们可以向社会筹募资金。事实上,在美国,博物馆的整体收入大部分均来自私人捐款和赠款(38%来自个人、基金会及企业捐赠)和公共财政拨款(24%来自政府机构)。这些资金被视作非劳动收入,主要是通过融资活动筹得的资金。[①] 与筹资和财务可持续性相关的实践与博物馆的主营服务和社区合作共建休戚相关。例如,某博物馆(基于本书第一部分简介中首次提及的真实博物馆而构建的虚拟博物馆)不重视与其多元化社区团体和组织之间构建密切联系,因此未能建立多元化的经费保障渠道。换言之,该博物馆仅依赖于极少数捐赠人士。这些捐赠人士被镇上其他艺术与文化机构所吸引,因此乐于为其运作提供大力支持。此种筹资模式存在明显风险且不具可持续性;失去少数几位捐赠者之一会使本已捉襟见肘的博物馆资金更加窘迫。该博物馆也未能恰当利用更多以市场为导向的策略为其筹措充足资金。这些举措可包括在午餐和晚餐时间开放博物馆咖啡馆(该博物馆咖啡馆已停业达五年之久)以及携手当地酒店和旅游相关产业开

---

① Ford W. Bell, *How Are Museums Supported Financially in the U.S.?* (Washington, DC: US Department of State, Bureau of International Information Programs, 2012), http://iipdigital.usembassy.gov/st/english/pamphlet/2012/05/201205155699.html

展旨在吸引更多游客的合作。

苏珊·曼在第 15 章中浅析了一种封闭式博物馆筹资与财务可持续性模型。该模型被一家经营不善的博物馆所采用，该博物馆是位于佛罗里达州塔拉哈西市（Tallahassee）的玛丽·布罗根艺术与科学博物馆（Mary Brogan Museum of Art and Science）。玛丽·布罗根博物馆系由一家艺术博物馆和一家科学博物馆合并而成。借助博弈论的硬系统方法论和网络概念，苏珊简要分析了这两家前身博物馆。原艺术博物馆采用封闭式运作与服务模式，仅在塔拉哈西市狭仄封闭的艺术领域建立和利用合作关系，而原科学博物馆则致力于探索范围宽广的资源与合作伙伴关系网络。当这两家博物馆合并组建为一家规模更大的博物馆时，其寻求财政资源与社区支持的封闭式系统模式被广泛采用，最终导致玛丽·布罗根艺术与科学博物馆永久性闭馆。本部分第 15 章旨在说明：亚健康的孤立式博物馆就像自然生态系统中的亚健康物种一样，最终难逃覆灭的厄运。

与第 15 章截然不同的是，本部分第 16 章描述了一种成功的博物馆筹资与财务可持续性模型，即古根海姆基金会的全球博物馆网络。通过细密解析古根海姆基金会旗下的西班牙毕尔巴鄂分馆（Bilbao Guggenheim branch），纳塔利娅·格林奇瓦将博物馆描述为全球市场与经济体的一部分，并在此基础上阐释了古根海姆基金会在世界各地构建其博物馆分支网络的高效方式。作为一个开放式系统，古根海姆基金会与其所处的外界环境（特别是经济环境）密切互动，通过充分拓展新自由主义制度和全球化特许经营等职能来适时调整并最终达到一种动态式平衡。[1] 一方面，资源与信息在相互交联的组织机构网络（各博物馆分馆）中合理流动，而另一方面，这些组织机构亦通过吸引游客和展示地方文化底蕴与内涵，在适应市场形势变化的同时积极促进地方经济发展。通过在全球市场上树立自身品牌形象，古根海姆基金会成功吸纳了更多来自外国政府与企业的资金，并在此基础上进一步增加了基金会的非劳动收入（例如捐款）。

---

[1] Ludwig von Bertalanffy, "The Theory of Open Systems in Physics and Biology," *Science* 111, no. 2872 (1950): 23-29.

第15章 系统思维在博物馆可持续发展中的应用

苏珊·曼

  2007 至 2011 年的经济大萧条，由于在美国政府努力避免经济全面崩溃，赠款机构暂时缩减资金捐助规模①，这在艺术界掀起涟漪。艺术团体通过减少员工数量、降低员工薪酬、提高会费和门票价格、取消或推迟各类活动以及实施休假制度，在削减开支的同时，平衡财政赤字，并降低捐赠收入削减对博物馆日常运作的影响。② 在整体经济趋于稳定后，艺术团体依旧面临各级政府普遍削减基金会、企业，以及个人捐赠者捐款数额普遍下降的困境。③ 2011 年，随着第 501（c）（3）税收条款规定的注册艺术团体的数量从 11.3 万家锐减至 9.5 万家④，艺术界的经济复苏

---

① Joseph C. Morreale, "The Impact of the 'Great Recession' on the Financial Resources of Nonprofit Organizations," *Wilson Center for Social Entrepreneurship*, Paper 5 (2011), http://digitalcommons.pace.edu/cgi/viewcontent.cgi?article=1004&context=wilson.
② Marque-Luisa Miringoff and Sandra Opdycke, "The Arts in a Time of Recession," *International Journal of the Arts in Society: Annual Review* 4, no. 5 (2010), doi:10.18848/1833-1866/CGP/v04i05/35726.
③ Ibid.
④ Morreale, "The Impact of the 'Great Recession'"; Roland J. Kushner and Randy Cohen, *2013 National Arts Index* (Washington, DC: Americans for the Arts, 2013), http://www.artsindexusa.org/national-arts-index.

迟缓且乏力,最终导致所有类别非营利性艺术团体纷纷走向没落和覆灭。

评估经济环境

事实证明,艺术界传统的财务可持续发展方式(即利用各类捐赠和倚赖财务管理)难以应对经济大萧条的连锁反应。玛丽·布罗根艺术与科学博物馆是一家在大衰退结束后不久即宣布倒闭的中型博物馆。[①] 该博物馆提供了在系统方法论、博弈论和网络背景下探索财务资源管理的反面案例;在缺乏全方位计算机模拟及对事件及情势追溯性应用的情况下,该案例所涉因素的复杂性使得探索既有博物馆的潜在发展变得困难。系统方法论为中小型博物馆提供了一系列有益的方法和技术,有助于博物馆评估其组织在更广泛商业生态系统中的性质,以积极构建可持续性财务资源。博弈论在关系网络中的应用,使得博物馆能够正确审视其在整体经济环境中的财务状况。作为一种硬系统方法论和关系网络的重要基础[②],博弈论在本质上是平衡冲突与合作的数学模型。发明博弈论的目的是开发出一个

---

① 作者于 2009 年末受雇于玛丽·布罗根博物馆,直到该博物馆于 2012 年 1 月 12 日对公众关闭大门。
② Matteo Cavaliere, Sean Sedwards, Corina E. Tarnita, Martin A. Nowak, and Attilla Csikász-Nagy, "Prosperity Is Associated with Instability in Dynamical Networks," *Journal of Theoretical Biology* 299 (2012): 126 – 138, doi: 10.1016/jtbi.2011. 09.005.

能够在目标导向的基础上研究经济和战略决策的工具。①

玛丽·布罗根艺术与科学博物馆案例

2013年2月12日，佛罗里达州塔拉哈西市WTXL电台第27频道报道了玛丽·布罗根艺术与科学博物馆正式闭馆的消息。② 一年前，博物馆董事会于2012年1月13日以投票方式决定正式闭馆，以履行未偿还的财务义务。③ 为了偿还博物馆债务，玛丽·布罗根艺术与科学博物馆董事会还决定暂时继续开展儿童教育营计划。在执行了一年的教育营计划并出售藏品及其他资产后，该博物馆仍未能成功实现财务重组和债务履行。为此，博物馆在净资产负3万美元巨额赤字的情况下，不得不进行解散清算。④

玛丽·布罗根艺术与科学博物馆在其表达中包含了作为博物

---

① Ludwig von Bertalanffy, *General System Theory: Foundations, Development, Applications* (New York: George Braziller, 2015); Morton d. Davis, *Game Theory: A Nontechnical Introduction* (Mineola, NY: Dover, 1983); Martin A. Nowak, Corina E. Tarnita, and Tibor Antal, "Evolutionary dynamics in Structured Populations," *Philosophical Transactions of the Royal Society B* 365, no. 1537 (2010): 19-30, doi:10.1098/rstb.2009.0215.

② Ty Wilson, "The Mary Brogan Museum is Shut Down by Board of Directors," WTXL-TV online, Tallahassee, FL, February 12, 2013, accessed October 1, 2016, http://www.wtxl.com/news/local/the-mary-brogan-museum-is-shut-down-by-board-of/article_1ef79bf8-756a-11e2-bbdb-0019bb30f31a.html.

③ Krystof Kage, and City of Tallahassee, "Summary of Commission Meeting: January 11, 2012," Talgov.*com*, February 12, 2013, accessed October 1, 2016, https://www.talgov.com/uploads/public/documents/commission/pdf/meetings/ja12.pdf.

④ Wilson, "Brogan Museum is Shut Down."

馆前身的原非营利机构在22年存续期间财务窘困的脉络。玛丽·布罗根艺术与科学博物馆前雇员卡林·威尔逊（Kalin Wilson）①在佛罗里达州立大学（Florida State University）人类学系就读期间，在硕士论文中梳理了该博物馆的发展演进过程，为该博物馆早年艰辛奋斗史提供了有价值的深刻见解。威尔逊在论文《玛丽·布罗根艺术与科学博物馆：佛罗里达州塔拉哈西市博物馆起源与发展史》②中追溯了玛丽·布罗根艺术与科学博物馆的前身塔拉哈西市艺术博物馆（英文简称MA/T）和奥德赛科学中心（Odyssey Science Center）在起源阶段的各类社会、政治和财务事件，以及两家非营利机构最终合并组建为玛丽·布罗根艺术与科学博物馆的发展演化进程。该研究专题应用人种学研究方法，以访谈和阐释作者在玛丽·布罗根艺术与科学博物馆任职期间个人经历的方式，提供了该博物馆发展演化的新视野。该论文在前几章追溯了当地社区对在塔拉哈西市创建文化机构的浓厚兴趣。在此基础上，塔拉哈西市创建塔拉哈西市艺术博物馆，同时着手研究奥德赛科学中心组建工作。这些章节剖析了塔拉哈西市艺术博物馆和奥德赛科学中心用于创建各自组织机构的不同演化路径。

以博弈论撬动游戏规则的改变

将博弈论思想应用到博物馆的财务管理实践是一种实用的

---

① 卡林·威尔逊在受雇于玛丽·布罗根艺术与科学博物馆时还是一名研究生。她辞职去完成硕士论文。
② Kalin Wilson, "The Mary Brogan Museum of Art and Science: The Genesis of a Museum in Tallahassee, Florida" (master's thesis, Florida State University, 2003).

有效方法。美国的文化政策着重强调艺术界战略决策的重要性,因为美国在公共资金支出领域执行经费违规使用行为的责任追究机制。博弈论是一种硬系统方法论,与软系统方法论迥然相异。软系统方法论强调通过探究、学习和采取有目的的行动来解决实际问题①,而硬系统方法论则关注在现实世界中识别各类问题并寻求有效解决方案来实现系统的既定目标。②

博弈论思想在博物馆中的应用

博弈论与关系网络是中小型博物馆构建强有力财政社群的重心。为系统化分析玛丽·布罗根艺术与科学博物馆的发展演进乃至最终消亡进程,我们有必要识别系统的封闭或开放属性及其各个构成组件。封闭式系统是一种与周边环境隔绝的孤立系统,系统内部与外界不发生物质和能量交换。③ 而开放式系统则是一个其内部与外界不断发生物质和能量交换的系统。④ 每个生物体在

---

① Peter Checkland and Jim Scholes, *Soft Systems Methodology in Action* (West Sussex, UK: Wiley, 1990).
② Stuart Burge, "An Overview of Hard Systems Methodology," in *Systems Thinking: Approaches and Methodologies*, 2015, accessed October 1, 2016. http://www.burgehugheswalsh.co.uk/Uploaded/1/documents/Hard-Systems-Methodology.pdf; Peter Checkland, *Systems Thinking, Systems Practice* (West Sussex, UK: Wiley, 2004); Stephen G. Haines, *The Systems Thinking Approach to Strategic Planning and Management* (Boca Raton, FL: St. Lucie Press, 2000).
③ von Bertalanffy, *General System Theory*; Haines, *Systems Thinking Approach*.
④ von Bertalanffy, *General System Theory*.

本质上都是一个开放式系统，既不处于静态，也不总是包含相同组件。①

威尔逊记录的玛丽·布罗根艺术与科学博物馆历史提供了追踪四家机构的 IRS 990 表格所需的信息。这四家机构分别是塔拉哈西市艺术博物馆、奥德赛科学中心、玛丽·布罗根艺术与科学博物馆及资金文化中心（用于建设玛丽·布罗根艺术与科学博物馆设施的拨款与赠款而设立的第三家非营利机构）。此外，为更广泛了解布玛丽·布罗根博物馆的财务环境，威尔逊还收集了塔拉哈西市编制的一些其他文件（例如博物馆设施建设早期文化发展规划和玛丽·布罗根艺术与科学博物馆闭馆时的市议会会议记录）。分析这些文件及其他文件②有助在识别导致玛丽·布罗根艺术与科学博物馆消亡的各项复杂因素，同时阐释系统思维在博物馆筹资与财务管理中应用，借以鼓励和引导其他博物馆采取积极有效的财务战略。

塔拉哈西市艺术博物馆：封闭式系统案例

威尔逊研究论文中记录的博物馆早期发展演化史与财务资料分析提供的必要信息，让我们能够得出结论，即作为博物馆前身的塔拉哈西市艺术博物馆是封闭式系统的典型代表（见图 15.1）。

---

① 洛德文化资源（Lord Cultural Resources）为塔拉哈西市的一个艺术博物馆、一个科学博物馆和一个表演艺术中心进行了可行性研究。艺术博物馆的可行性研究仅在塔拉哈西艺术界进行，而科学博物馆的研究则在塔拉哈西民众中广泛进行。Wilson, "Mary Brogan Museum."

② 除了公开的文件，作者还查阅了她在玛丽·布罗根博物馆任职期间的私人笔记。

针对该艺术博物馆开展的可行性研究仅局限在塔拉哈西艺术社群的范围。① 艺术社群狭隘视角下的营销策略进一步延续到塔拉哈西市艺术博物馆的筹资战略中，导致塔拉哈西市艺术博物馆在其筹资活动中片面关注在同一艺术社群内开展的筹资晚宴和来自佛罗里达州的有限拨款资金与税收（此类税收源自塔拉哈西市提议进行的旨在提高公用事业费率的公投）。② 小型艺术社群的自我

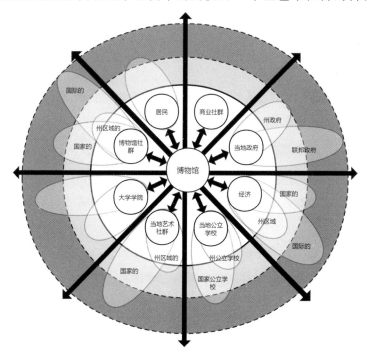

图15.1　封闭式系统：在封闭式系统中，博物馆不承认人造建筑限制了其对独特社区生态系统内多元化关系网络的理解。

资料来源：詹姆斯·齐博拉（James I. Zipperer）。

---

① von Bertalanffy, *General System Theory*.
② Wilson, "Mary Brogan Museum."

设限的孤立行动导致塔拉哈西市艺术博物馆未能获得更广泛的社区支持和更坚实的财政投入,并进一步在塔拉哈西市社区引发了对塔拉哈西市艺术博物馆的负面回应,从而最终导致公投失败。经历这一系列事件后,塔拉哈西市艺术社群发现:为获得更广泛社区的支持并确保第二次公民投票顺利通过[①],他们有必要扩大其封闭式系统并采取相应行动。

奥德赛科学中心:开放式系统范例

奥德赛科学中心具备开放式系统的各项典型特征(见图15.2)。南希·阿姆斯特朗(Nancy Armstrong)[②]不仅是一名社区组织者,而且是奥德赛科学中心建设背后的推动力量。阿姆斯特朗不仅与各类国家科学博物馆建立广泛联系,还携手市政府、莱昂县(Leon County)多家学校、塔拉哈西市社区学院(Tallahassee Community College)、佛罗里达州立大学(Florida State University)、佛罗里达农工大学(Florida A&M University)以及当地科学教师与家长构建其一套社区关系网络。奥德赛科学中心的筹资活动包括在塔拉哈西市以外地区获得基金会和政府的拨赠款项以及执行科学委员会成员制度。该委员会因此获得了由华盛顿州西雅图太平洋科学中心(Pacific Science Center)颁发的展览建造奖。阿姆斯特朗与莱昂县学校董事会和塔拉哈西市社区大学构建的地

---

① Wilson, "Mary Brogan Museum."
② 南希·阿姆斯特朗认为塔拉哈西需要一个具有互动性的科学中心,她是奥德赛科学中心创建背后的推动力量,并领导了这个非营利组织的发展。Wilson, "Mary Brogan Museum"。

方合作伙伴关系促成了探索基地（Exploration Station）的建设，学校团体和塔拉哈西市居民可以在探索基地亲身实践探索科学的奥秘。① 坐落于塔拉哈西市一家购物中心为奥德赛零售博物馆商店免租金，不仅产生了营销收入，还为奥德赛科学中心赢得了广泛的社区支持和理解。② 阿姆斯特朗以积极主动方式开发

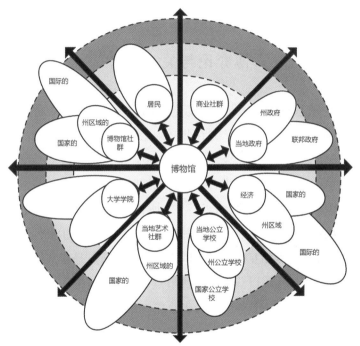

图 15.2　开放式系统：在开放式系统中，博物馆认可其社区生态系统中的多元化关系网络互动。博物馆积极拓展网络关系的多样性，并在此基础上实现组织机构的可持续性。

资料来源：詹姆斯·齐博拉。

---

① 探索中心是塔拉哈西社区学院校园内的一个改建仓库，奥德赛科学中心互动展览和科学教育项目的临时场所。Wilson，"Mary Brogan Museum"。
② Wilson，"Mary Brogan Museum."

出一个在更广泛环境中营运的开放式系统。该系统能够为奥德赛科学中心提供多元化资金来源，使其能够采取有效行动，在为社区支持奠定坚实基础的同时确保所需财政投入不断增长。这些丰硕成果反过来还对科学中心有效工作方式的形成和巩固起着导向和强化作用，并进一步激发了奥德赛科学中心的财务内生动力。

博弈论与关系网络

《论动态网络中繁荣与不稳定性的相关性》[1] 一文利用博弈论模型构建出动态网络，并在此基础上讨论了与社会经济网络增长和衰落休戚相关的繁荣。[2] 在此文中，关系网络由诸多节点构成，每个节点或被指定为合作者，或被归类为叛离者。节点可以代表单个独立机构或联络点。[3] 从博物馆或艺术团体的角度来看，关系网络中的节点可以是其他博物馆、市议会、银行或社区领袖。各个节点相互连接形成网络。合作者节点是在网络中为另一个节点支付费用以获得收益的节点。[4] 在网络中，合作者节点可通过共享连接为其他节点带来收益。而叛离者节点则不会为其

---

[1] Cavaliere et al., "Prosperity is Associated with Instability."
[2] Ibid.
[3] Frank Schweitzer, Giorgio Fagiolo, Didier Sornette, Fernando Vega-Redondo, Alessandro Vespignani, and Douglas R. White, "Economic Networks: The New Challenges," *Science* 325, no. 5939 (2009): 422-425, http://www.jstor.org/satble/20536695.
[4] Martin A. Nowak, "Five Rules for the Evolution of Cooperation," *Science* 314, no. 5805 (2006): 1560-1563, http://www.jstor.org/stable/20032978.

他节点的收益支付任何费用,但它能获得与合作者节点相同的奖励。① 叛离者节点既不产生收入流,又不过度依赖外部资金,例如大部分收入来源于拨赠款项的艺术团体。作者发现,合作导致繁荣,这与有效增加的网络连通性相关。但合作又使关系网络易受叛离者入侵的影响,这有可能进一步导致整个网络崩溃。②

当新节点与既有节点连接时,它们以成功模型的网络节点为参照物,模仿其行为和社交网络。此种被模仿的行为被称为策略,而被模仿的社交网络则被称为连接。③ 除非运用计算机模拟程序对其进行检查(模拟程序的输入与输出具有可追溯性),否则识别关系网络中合作者节点和叛离者节点之间差异的唯一方式是在事后进行分析。当新来者试图加入关系网络并为其被模仿行为进行建模时,新节点无法辨别它是合作者节点还是在叛离者节点,而关系网络亦无法判断该新节点是否是一个隐秘于繁荣环境之中的叛离者。

对塔拉哈西市艺术博物馆与奥德赛科学中心发展史的早期审查,记录了这两家机构在其特定系统中的行为。当这些系统被放置在塔拉哈西市社交网络中时,塔拉哈西市艺术博物馆与奥德赛科学中心的行动策略便揭示出其各自的节点属性。塔拉哈西市艺术博物馆的存在基础是艺术界的狭仄环境。当塔拉哈西市试图通过小幅上调税率来履行其建设一处艺术博物馆设施的义务时,其筹资活动引发精英主义的指控。为实现既定目标,塔拉哈西市艺

---

① Martin A. Nowak,"Five Rules for the Evolution of Cooperation," *Science* 314, no. 5805 (2006): 1560-1563, http://www.jstor.org/stable/20032978.
② Cavaliere et al.,"Prosperity is Associated with Instability."
③ Ibid.

术博物馆在借鉴奥德赛科学中心开展的公共教育活动的基础上，似乎采用了一些具有良好连接性的社区策略。从表面上看，塔拉哈西市艺术博物馆似乎不无成功机构的表观特征。

奥德赛科学中心在其积极策略与协作联盟的基础上策划了一项大型筹资活动，其目的在于为新兴科研机构的展览活动和教育计划提供补贴，并支付其三层楼宇的大部分建设费用。当塔拉哈西市强制要求两家机构建立合作伙伴关系时，奥德赛科学中心为该合作伙伴关系带来更多财务与运营资源。有鉴于此，在两家机构合并组建为玛丽·布罗根艺术与科学博物馆之前，塔拉哈西市艺术博物馆可被归为叛离者节点，而奥德赛科学中心则可被视作合作者节点。合并后，玛丽·布罗根艺术与科学博物馆所采用的财务与管理策略是塔拉哈西市艺术博物馆在其封闭系统中所采用的叛离者策略。这一点可以从玛丽·布罗根艺术与科学博物馆文件的后期审查中获得印证。当人们将原塔拉哈西市艺术博物馆的叛离者内核从玛丽·布罗根艺术与科学博物馆中剥离出来时，博物馆在其存续的最后一年弱化了叛离者职能，使原奥德赛科学中心的合作者内核得以有效运作并产生足够资金，在博物馆正式解散时将其债务待偿款项减至3万美元。

结语与总结性观点

2007至2011年的经济大萧条在艺术界引发了一系列连锁反应，结果基金会与政府拨赠款项减少。世界经济的缓慢复苏态势使得在2014年，即使政府拨款与慈善捐款已恢复至经济衰退前水平，仍有1.8万家非营利性艺术团体不再存续。玛丽·布罗根艺术与科学博物馆在其存续期间始终遭受财务可持续性问题的困扰。此种经历对许多博物馆而言并不陌生。经济大萧条所引发的经济状况变化导致用于支持玛丽·布罗根博物馆日常运营的可靠捐赠收入的惯常渠道遭到破坏。

系统思维为确保财政稳定性提供了一种新方法，而博弈论则提供了一种有助于增加未来可持续性的网络工具。对博物馆资金来源的分析使人们很容易判断一家组织机构是属于依赖于同一个小型资金池的封闭式系统，还是属于具有多种不同资金来源的开放式系统。对封闭式与开放式系统的判别有助于博物馆应对与其宗旨和职能相关的复杂的内外部环境。开放式系统致力于在社区内不断寻求并构建支持性体系，例如奥德赛科学中心即属于开放式系统。博弈论与关系网络的应用有可能帮助博物馆利用理性决策来建立强有力的财政网络。合作者和叛离者模式的识别将有助于博物馆开发合理募款战略和构建强大财政网络（此网络中应拥有多个具备相同资金实力的节点），而不是依赖于一个只有少数几个强大节点的网络（在未来经济衰退时此类节点容易受到资金削减的影响）。

为防止在下一次经济危机来临时再次跌入萧条深渊，博物馆应利用有益工具来检视实现财务稳定性策略的恰当性，以此确保博物馆能够在不断变化的环境中迅速适应和继续生存。博弈论系统方法通过网络系统理论的全面应用为博物馆赋能，使博物馆能够有效利用其在系统框架内的协作优势来履行其使命。

参考文献

Burge, Stuart. "An Overview of Hard Systems Methodology."

Systems Thinking: Approaches and Methodologies (2015). Accessed October 1, 2016. http://www.burgehugheswalsh.co.uk/Uploaded/1/documents/Hard-Systems-Methodology.pdf.

Cavaliere, Matteo, Sean Sedwards, Corina E. Tarnita, Martin A. Nowak, and Attilla Csikász-Nagy. "Prosperity is Associated with instability in Dynamical Networks." *Journal of Theoretical Biology* 299 (2012): 126-138. doi:10.1016/jtbi.2011.09.005.

Checkland, Peter. *Systems Thinking, Systems Practice*. West Sussex, UK: Wiley, 2004. Checkland, Peter, and Jim Scholes. *Soft Systems Methodology in Action*. West Sussex, UK: Wiley, 1990.

Davis, Morton O. *Game Theory: A Nontechnical Introduction*. Mineola, Ny: dover, 1983. Haines, Stephen G. *The Systems Thinking Approach to Strategic Planning and Management*. Boca Raton, FL: St. Lucie Press, 2000.

Kage, Krystof, and City of Tallahassee. "Summary of Commission Meeting: January 11, 2012." Talgov.com, February 1, 2013. Accessed October 1, 2016. https://www.talgov.com/uploads/public/documents/commission/pdf/meetings/ja12.pdf.

Kushner, Roland J., and Randy Cohen. 2013 National Arts Index. Washington, DC: Americans for the Arts, 2013. http://www.artsindexusa.org/national-arts-index.

Miringoff, Marque-Luisa, and Sandra Opdycke. "The Arts in a

Time of Recession." *International Journal of the Arts in Society: Annual Review* 4, no. 5 (2010): 141-168. doi: 10.18848/1833-1866/CGP/v04i05/35726.

Morreale, Joseph C. "The Impact of the 'Great Recession' on the Financial Resources of Nonprofit Organizations." Wilson Center for Social Entrepreneurship, Paper 5, 2011. Accessed October 1, 2016. http://digitalcommons.pace.edu/cgi/viewcontent.cgi?article=1004 &context=wilson.

Nowak, Martin A. "Five Rules for the Evolution of Cooperation." *Science* 314, no. 5805 (2006): 1560-1563. http://www.jstor.org/stable/20032978.

Nowak, Martin A., Corina E. Tarnita, and Tibor Antal. "Evolutionary Dynamics in Structured Populations." *Philosophical Transactions of the Royal Society* B 365, no. 1537 (2010): 19-30. doi:10.1098/rstb.2009.0215.

Schweitzer, Frank, Giorgio Fagiolo, Didier Sornette, Fernando Vega-Redondo, Alessandro Vespignani, and Douglas R. White. "Economic Networks: The New Challenges." *Science* 325, no. 5939 (2009): 422-425. http://www.jstor.org/satble/20536695.

von Bertalanffy, Ludwig. *General System Theory: Foundations, Development, Applications*. New York: George Braziller, 2015.

Wilson, Kalin. "The Mary Brogan Museum of Art and Science: The Genesis of a Museum in Tallahassee, Florida" (master's thesis). Tallahassee: Florida State University, 2003.

Wilson, Ty. "The Mary Brogan Museum is Shut Down by Board of Directors." WTXL-TV online. Tallahassee, FL. February 12, 2013. Accessed October 1, 2016. http://www.wtxl.com/news/local/the-mary-brogan-museum-is-shut-down-by-board-of/article_1ef79bf8-756a-11e2-bbdb-0019bb30f31a.html.

第 16 章 21 世纪博物馆可持续筹资

全球古根海姆成功的幕后故事

纳塔利娅·格林奇瓦

系统思维下的"毕尔巴鄂古根海姆"（Guggenheim Bilbao）现象

根据系统思维理论，系统可被定义为"一组相互关联型组件形成的一个复杂整体，体现出通过直接与间接关系网络相连接的组件配置方式"①。在博物馆文献中，系统思维方法通常能够提供有益工具，帮助研究者深入探索博物馆的复杂架构、内部不同职能部门之间的关系以及博物馆存续与经营更广泛的背景环境。更广泛背景环境是一个"由当地与全球环境组成的外部系统，它反过来影响博物馆的内部系统"②。系统思维方法旨在强调博物馆内部与外部密切的依存关系。一方面，博物馆从其内部来看，是一个具有自身制度文化和行为准则的自治组织，另一方面，在

---

① Kiersten F. Latham and John E. Simmons, *Foundations of Museum Studies*: *Evolving Systems of Knowledge* (Santa Barbara, CA: ABC-CLIO, 2014), 39.
② Ibid., 40.

经济、政治、社会或文化在内的各个层面,博物馆的外部环境既可对博物馆产生重大影响,又可受到博物馆的影响。

经济是外部系统最重要的维度之一,它对博物馆产生深远影响,反过来又受到博物馆的影响。正如莱瑟姆(Latham)和西蒙斯(Simmons)所说,博物馆"都直接或间接依赖于当地经济的发展和支持";与此同时,博物馆亦"可能对当地经济产生深远影响"①。这方面的一个经典案例即是毕尔巴鄂古根海姆效应。古根海姆博物馆是全球首家以连锁方式成功经营的艺术馆。毕尔巴鄂古根海姆博物馆深度影响了毕尔巴鄂的经济格局,将毕尔巴鄂从西班牙巴斯克自治区比斯开省小型省会城市成功转型为首屈一指的旅游目的地。② 毕尔巴鄂古根海姆博物馆是所罗门·R·古根海姆基金会(Solomon R. Guggenheim Foundation)旗下全球博物馆暨文化合作网络中的第一家分馆。总部设于美国纽约的古根海姆基金会在意大利威尼斯和西班牙毕尔巴鄂等地建有分馆,此外还在阿布扎比和赫尔辛基等地着手建设新的分馆。从运营的第一年(1997年)开始,毕尔巴鄂博物馆每年的接待人数几乎都保持在原先预计游览人数三倍的水平。毕尔巴鄂古根海姆博物馆1998年全年接待访客总量达130万人次,1999年全年接待访客总量为110万人次。③ 这些访客接待量对城市经济起着巨大推动作用,加快提升了当地旅游业的总体发展水平,游客规模

---

① Kiersten F. Latham and John E. Simmons, *Foundations of Museum Studies: Evolving Systems of Knowledge* (Santa Barbara, CA: ABC-CLIO, 2014), 45.

② Kim Bradley, "The Deal of the Century: Planning Process for Guggenheim Museum Bilbao, Spain," *Art in America* 85 (1997): 48-55; Darla Decker, *Urban Development, Cultural Clusters: The Guggenheim Museum and Its Global Distribution Strategies* (New York: New York University Press, 2008).

③ Ibon Mediguren, "Boomtown Basque," *The Art Newspaper* 12, no. 111 (2001).

获得近120%的增长。① 在运营的最初数年间，毕尔巴鄂古根海姆博物馆雇用了逾4 415名当地居民担任不同职务。② 1998年的一份经济报告显示，博物馆访客的"住宿支出逾5 000万欧元、交通运输支出逾1 400万欧元、娱乐支出逾8 000万欧元、购物支出逾6 200万欧元，博物馆门票及馆内购物与餐饮支出逾3 000万欧元"③。在系统思维理论中，研究此案例有助于我们理解因城市与博物馆之间复杂关系而形成的毕尔巴鄂效应。此种效应能够为博物馆所在地区创造大量的经济需求与收益，并在此基础上有力拉动地方生产供给和经济发展。事实上，在学术界，毕尔巴鄂古根海姆博物馆时常被视作一个突出现象而备受关注。在这一现象中，博物馆在当代城市后工业经济发展中担纲重要角色。④ 得益于这一成功经验，博物馆开始被人们视作地方经济振兴与发展的强大推动力和加速文化、社会和经济变革的助推器。⑤

虽然毕尔巴鄂效应的经济影响方面文章众多⑥，但至今仍无任

---

① Adrian Ellis,"A Franchise Model for the Few—Very Few." *The Art Newspaper* 184（2007）.
② Mediguren,"Boomtown Basque."
③ Peat Marwick, *Impact of the Activities of the Fundacion del Museo Guggenheim Bilbao on the Basque Country*（KPMG,1998）.
④ Steven Conn, *Do Museums Still Need Objects?*（Philadelphia：University of Pennsylvania Press,2010）.
⑤ Gail Lord and Ngaire Blankenberg, *Cities, Museums and Soft Power*（Washington, DC：AAM Press,2015）.
⑥ Joseba Zulaika, *Guggenheim Bilbao Museoa：Museums, Architecture, and City Renewal*（Reno：University of Nevada Press,2003）；Ana María Guasch and Joseba Zulaika, eds., *Learning from the Bilbao Guggenheim*（Reno, NV：Center for Basque Studies,2005）.

何专项研究可以解释产生毕尔巴鄂古根海姆现象的根本原因，以及直接促成该现象形成和发展的外部因素和后果。此外，了解这一成功的经济学试点，对古根海姆基金会进一步发展的影响更引人入胜。毕尔巴鄂效应是否对古根海姆基金会的全球增长产生了重要影响？倘若如此，该现象究竟如何帮助博物馆在全球范围内切实履行使命？

应用系统思维方法，本章将古根海姆基金会视作一个开放式系统，它不断地与外界环境交融互动，并在更广泛背景中"根据组件排列方式的变化，不断调整达到新的平衡"①。本章超越美国经济背景，将全球经济的实际状况理解为博物馆运作的外部环境，并将古根海姆视作存续于更广袤经济现实中的一个复杂系统。本章着重探讨了如何通过构建跨越国界的特许经营网络来跨越当地界域，在为古根海姆博物馆发展创造更多机遇的同时，推动博物馆筹资建设全球化。本章通过深入解析古根海姆博物馆案例，论证了不断适应全球经济变化（换言之，即充分调整博物馆系统以适应更广袤社会经济环境的变化）对机构发展的重要意义。此外，古根海姆博物馆案例还从另一个侧面解释说明了，21世纪筹资方式的战略重组如何能够帮助规模庞大的国际知名博物馆在全球范围内充分挖掘可供利用的有效资源。

此外，本章还借助系统思维框架来证明博物馆特许经营模式已经在经济全球化背景下应运而生。作为博物馆筹资活动的延伸，博物馆特许经营模式致力于在全球范围内寻求实现增长和发展的新机遇。本章还通过对全球新自由主义结构体系下经济形势

---

① Latham and Simmons, *Foundations of Museum Studies*, 39.

的考察，揭示出新的经济形势已营造出有利条件，能够推动包括古根海姆博物馆在内的大型国际知名博物馆进军全球市场。此外，本章还从经济全球化时代中的筹资活动发展角度着手，对毕尔巴鄂古根海姆博物馆在新时代中形成与发展壮大的合理性进行阐述和探析。

以全球连锁经营模式募集资金：古根海姆筹资方式

为组织筹集资金是非营利组织管理的重要组成部分。筹资是一个向外部筹集资金或实物支持的过程，外部资金或实物来源的渠道可包括中央和地方政府拨款、商业企业赞助、国际和国家基金会与公益信托基金资助及个人捐助。[1] 作为非营利组织，大多数博物馆都严重依赖筹资活动来维持其财务可持续性的要求。博物馆通过筹集资金来满足日常运营的需要，其中包括支持各个项目计划、组织展览和特别活动，或借助保护和研究计划以妥善保存、保护和管理馆藏文物。[2] 筹资是一个纷繁复杂过程，不仅包括识别、接触、应用和筹集资金，还包括塑造和维持艺术机构具有吸引力、稳健可靠且值得信赖的品牌形象。正如瓦尔巴诺娃所说："通用规则是人与人之间总是倾向于相互支持、相互提携；因此，筹资的目的在于构建友谊，而不仅只局限于维系金融关

---

[1] Lidia Varbanova, *Strategic Management in the Arts* (New York: Routledge, 2013).
[2] Timothy Ambrose and Crispin Paine, *Museum Basics* (New York: Routledge, 2006).

系。"① 在博物馆背景下,威尔海姆(Walhimer)认为,"筹款是一种复杂的销售进程,掺杂部分个人关系、部分信任和部分希望"②。在经济全球化背景下,目前,博物馆在对筹资工作重视程度逐渐加深的同时,也面临着前所未有的外部压力,即博物馆需要在当地社区乃至更广袤的国际社会中完成机构身份的建构。此种类型的筹资工作依赖于全球化机构品牌的发展。

作为一种营销理念,品牌战略已被广泛运用于当代博物馆的日常工作中,成为在文化市场上构建和提升文化机构独特身份的重要手段。③ "成功的品牌形象,本质在于高水准的品牌知名度以及利用品牌联结与品牌名称所产生的丰富正面联想。"④ 对博物馆而言,品牌塑造的目的在于为博物馆声誉"增添象征性寓意",使博物馆在潜在受众中具有吸引力和可识别性。⑤ 传统上,在全球范围内提高博物馆品牌美誉度的主要策略包括国际交流活动,以巡回展览或超级大展等方式,将博物馆各类珍贵馆藏带到新的地方,呈现给新的观众。古根海姆博物馆以独特的博物馆特许经营模式,开创出一种全球品牌管理新方式。

在商业领域,特许经营是一种以契约关系为基础的经营管理模式,特许人以特许经营合同的方式授予受托人使用其品牌名称

---

① Varbanova, *Strategic Management in the Arts*.
② Mark Walhimer, *Museums 101* (Lanham, MD: Rowman & Littlefield, 2015).
③ Francois Colbert, "Changes in Marketing Environment and Their Impact on Cultural Policy," *Journal of Arts Management, Law, and Society* 27, no. 3 (1997): 177-186.
④ Niall Caldwell, "The Emergence of Museum Brands," *International Journal of Arts Management* 2, no. 3 (2000): 28-34.
⑤ Elsa Vivant, "Who Brands Whom? The Role of Local Authorities in the Branching of Art Museums," *Town Planning Review* 82, no. 1 (2011): 111.

的权力,以及利用特许人在不同地方的完善商业模式在新市场中分销商品或服务的权力与义务。① 博物馆特许经营模式是"博物馆管理为适应全球变化的巅峰之作",有助于专业博物馆以更具企业家精神的方式提高运作效能。② 维望特(Vivant)认为,特许经营模式有助于博物馆赢得较高的国际声誉,因为博物馆的文化资本可以转化为经济资本。③ 通过在不同地方开设全新分馆,古根海姆博物馆不仅能够大幅增加展览空间,加强其基础设施建设,更重要的是,古根海姆博物馆还能借此提升其全球化品牌的美誉度与知名度,并在此基础上提升其全球化筹资机会。毕尔巴鄂古根海姆博物馆特许经营模式试点的成功,进一步提升了古根海姆博物馆作为强有力筹款平台的自身价值,使博物馆能够在构建全新合作伙伴关系,同时吸引国际赞助商和政府直接拨款与赠款。

例如,在毕尔巴鄂古根海姆博物馆案例中,西班牙巴斯克自治区政府同意为整项工程提供资金,其中包括建筑物的建造费用(预计达1亿美元)和工程完工后博物馆的运营费用。④ 不仅如此,巴斯克政府还提供了5 000万美元的新征集预算。此外,最重要的是,巴斯克政府在博物馆项目开工之前还向所罗门·R·古根海姆基金会捐赠了2 000万美元——该笔款项在西班牙被视

---

① Thomas S. Dicke, *Franchising in America: The Development of a Business Method, 1840-1980* (Chapel Hill: University of North Carolina Press, 1992), 2.
② Paul Werner, *Museum Inc.: Inside the Global Art World* (Chicago: Prickly Paradigm, 2005).
③ Vivant, "Who Brands Whom?"
④ Marjorie Rauen, "Reflections on the Space of Flows: The Guggenheim Museum Bilbao," *Journal of Arts Management, Law, and Society* 30, no. 4 (2001): 288.

作租赁费用。① 这项由古根海姆博物馆作为免税捐赠款项收取的租赁费用,"开启了古根海姆博物馆将特许经营费用纳入未来交易的先河"②。古根海姆基金会在本身直接投资成本为零的情况下,毕尔巴鄂分馆显著改善基金会预算,同时大幅增加了古根海姆博物馆在欧洲的展览空间。更重要的是,这一成功范式证明了"'全球化'博物馆能够有效运作",使"古根海姆博物馆成为国际资本界最具吸引力的博物馆"③。

毕尔巴鄂古根海姆博物馆成为博物馆品牌在旅游目的地城市推广中强大吸引力的象征。④ 毕尔巴鄂博物馆引发出名闻遐迩的毕尔巴鄂效应,博物馆投资得到了几乎立竿见影的经济回报,具体如本章开篇部分所介绍。随着毕尔巴鄂古根海姆博物馆在特许经营领域大获成功,许多城市开始着手评估自身投资能力,以便邀请古根海姆博物馆的一个新分馆到当地落户。⑤ 2000 年,古根海姆博物馆前董事托马斯·克伦斯(Thomas Krens)分享说,自古根海姆博物馆毕尔巴鄂分馆开馆以来,博物馆"已收到来自世界各地各国政府的……60 多份邀请函,邀请他们参与当地城

---

① Marjorie Rauen, "Reflections on the Space of Flows: The Guggenheim Museum Bilbao," *Journal of Arts Management, Law, and Society* 30, no. 4 (2001): 288.
② Jill Martinez, *Financing a Global Guggenheim Museum* (Columbia: University of South Carolina, 2001), 32.
③ Joseba Zulaika, "Krens's Taj Mahal: The Guggenheim's Global Love Museum," *Discourse* 23, no. 1 (2001): 112.
④ Bradley, "Deal of the Century"; Decker, *Urban Development*.
⑤ Skaidra Trilupaityte, "Guggenheim's Global Travel and the Appropriation of a National Avant-Garde for Cultural Planning in Vilnius," *International Journal of Cultural Policy* 15, no. 1 (2009): 125.

市发展和文化基础设施项目"①。

得益于世界各国的古根海姆博物馆落户需求,古根海姆基金会有效提升了其品牌知名度,并在此基础上进一步强化了特许经营理念的推广。古根海姆基金会为此制定出一份特许经营标准协议,分发给所有想要评估在建设博物馆新馆能力的城市。该协议条款要求特许经营权的未来受许人承担博物馆新馆的所有建筑成本,并向古根海姆基金会捐赠善款,慈善捐款金额在2 000万至3 000万美元之间不等。作为对该笔慈善捐款的回报,古根海姆基金会同意博物馆分馆使用其名称与商标、经营模式和艺术馆藏品。② 彼得·劳森·约翰斯顿(Peter Lawson-Johnston)曾在古根海姆基金会担任董事会主席,执掌基金会长达四十多年之久,任职期间负责保障古根海姆基金会的稳健发展。彼得曾指出,"这些跨国协议在多数情况下为古根海姆基金会提供了颇为可观的净收入,有助于弥补我们自身运营预算中的不足。如果不是得益于全球经济增长,古根海姆基金会纽约总部将是一家在经济与艺术领域都差强人意的机构"③。

在系统思维框架内,古根海姆特许经营网络可以理解为由一系列相互间具有有机联系的节点组成的系统,这些节点表现为在各个不同地理位置上的博物馆分馆。每一个节点都在一个更大的网络中发挥着至关重要的作用,在这一网络中,资源和信息在系

---

① Guggenheim, Press release, September 27, 2000, "Guggenheim Alliance with Gehry and Koolhaas," accessed March 10, 2015, http://bit.ly/1NkMZZ7.

② Don Thompson, *The $12 Million Stuffed Shark: The Curious Economics of Contemporary Art* (New York: Palgrave Macmillan, 2008), 125.

③ Peter Lawson-Johnston, *Growing Up Guggenheim: A Personal History of a Family Enterprise* (New York: Open Road Media, 2014), 136.

统的各个部分之间流转和交换。① 就博物馆的直接影响而言，在系统相互关联部分之间的资源流动，转化为一个强大的基础设施，为博物馆在全球范围内的高效发展提供不可或缺的助推力。因此，毕尔巴鄂分馆大幅提升了古根海姆品牌在全球的知名度，使得古根海姆品牌不仅成为当代艺术博物馆代名词，更代表着城市复兴和经济发展的强劲推动力。

最近，古根海姆董事理查德·阿姆斯特朗（Richard Armstrong）表示："如果在一周内没收到至少一项在世界某处建造博物馆的请求，我们就会觉得这一周异于寻常。"② 处于建设期的新博物馆项目中最大的一个是阿布扎比古根海姆博物馆（Abu Dhabi Guggenheim）。该项目"在阿布扎比海岸线附近曾无人居住的沙洲上，正如火如荼地加紧总价高达 270 亿美元的豪华房产开发建设"。该项目的基础是古根海姆博物馆与阿拉伯联合酋长国旅游发展和投资公司达成的一项协议。③ 此外，古根海姆博物馆目前还在与芬兰政府合作，携手制定全新的赫尔辛基特许经营博物馆分馆的建设计划，其目的在于帮助赫尔辛基市"在一个联系日益紧密而竞争却日益激烈的世界中繁荣发展"④。

然而，旨在进一步扩大古根海姆博物馆网络的全球品牌发展

---

① Latham and Simmons, *Foundations of Museum Studies*, 39.
② Michael Wise, "An Open design Competition for a New Museum in the Finnish Capital Reflects a Change in the Foundation's Global Strategy," *Art News*, August 25, 2014, http://www.artnews.com/2014/08/25/rethinking-the-guggenheim-helsinki.
③ Chloe Wyma, "1％ Museum: the Guggenheim Goes Global," *Dissent* 61, no. 3 (2014): 5-10.
④ Guggenheim, "Helsinki Explores Possible Guggenheim Museum in Finland 2011," accessed March 10, 2015, http://bit.ly/192HNdo.

战略与实践并不是博物馆筹资努力的唯一贡献因子。古根海姆基金会董事会主席解释指出,"随着古根海姆品牌知名度的不断提升,我们还从多家目前在美国运营且富有品牌意识的外国公司处获得了可观财政支持"①。例如,自从 20 世纪 90 年代末,雨果波士集团(Hugo Boss,一家全球知名奢侈品公司,其总部位于德国)一直是"最重要和最长期的企业赞助商之一……除为多项展览提供资金外,雨果波士集团还为雨果波士奖提供全额资助。雨果波士奖每两年颁发一次,由各地博物馆馆长组成的评审团从获邀参赛的艺术家中选出对当代艺术有贡献的艺术家,获奖者可获得 5 万美元,其艺术作品将在古根海姆博物馆展出"②。最近的国际合作项目之一是 2014 年古根海姆瑞士银行 MAP 全球艺术计划(2014 Guggenheim UBS MAP Global Art Initiative),该计划致力于通过吸引来自中东、亚洲、非洲和拉丁美洲的策展人和艺术家来推广这些地区的当代艺术。该长期合作项目由古根海姆博物馆与瑞银财富管理公司(UBS Wealth Management)合作启动。瑞银公司是一家全球化金融服务公司,其共同总部位于苏黎世和巴塞尔。该公司为该艺术计划捐赠了 4 000 万美元。③ 跨国公司对所有这些古根海姆项目的资助都可以归因于捐赠者在有重大利益的动态领域的财务投资。此外,这些国际捐赠者也都从世界各地所有古根海姆博物馆分馆中得到人们的持续认可和赞誉。④ 通过这种方式,博物馆凭借其遍布全球的分支机构网络,

---

① Lawson-Johnston, *Growing Up Guggenheim*, 136.
② Ibid.
③ Rachel Corbett, "Guggenheim Goes Global," accessed January 18, 2017, http://artnt.cm/1LJ81dJ.
④ Lawson-Johnston, *Growing Up Guggenheim*.

帮助潜在捐助者增强自身吸引力,充分满足其进军新市场的需求。从系统思维角度来看,特许经营实践在博物馆与其更广袤外部环境之间构建起额外联结和关系。这些新关联为古根海姆创造更多国际筹资机遇奠定了坚实基础,有利于古根海姆基金会在寻求冠名捐赠的企业和组织机构中获得新的企业赞助和新的跨国机构捐助。

全球化筹资工作的"另一面"

尽管前述方法对于非营利性博物馆而言似乎过于商业化,但是它能有效帮助古根海姆基金会吸引全球资本,来充分履行其收藏、展览和传播当代艺术的使命,并允许在全球范围内"通过多元化动态策展和教育计划与合作项目来探索跨越文化的创想"①。事实上,从博物馆角度看,古根海姆博物馆所传承的美国商业主义、民粹主义和金融冒险主义远远超出了美国博物馆界所能接受的实践规范。古根海姆的企业化运作模式时常招致诸多批评,批评者指责古根海姆博物馆正逐渐蜕变为新自由主义组织,"愈来愈依赖企业馈赠而非公共资金;这使得博物馆更青睐于巡回展览而非永久馆藏,更关注于人们喜闻乐见的休闲活动而非教育活动,更倾向于冒险和创新而非文化保护"②。

然而,正如美国知名艺术评论家兼记者黛博拉·所罗门(Deborah Solomon)曾经指出的那样,古根海姆是"率直坦诚和

---

① Guggenheim, "About," accessed October 20, 2016, https://www.guggenheim.org/.
② Wyma, "1% Museum."

美国实用主义的典范……它并没有将艺术装扮成宗教,亦没有将博物馆装扮成教堂"[1]。据古根海姆基金会主席本人透露,古根海姆在艺术界斩获成功的真正秘诀在于其卓越的商业敏锐性与才能。[2] 尽管博物馆确实采用非传统化,甚至过于商业化的策略来确保其全球筹资工作的顺利进行,但此方法确实保障了博物馆在以新自由主义为特征的实际经济状况中实现可持续发展。

经济与文化市场已成为 21 世纪古根海姆基金会实现创新发展的两大重点领域,影响着古根海姆走向全球战略的执行和全球机构发展进程的实现。在解释博物馆特许经营模式形成和发展背后的主要推动力时,克伦斯(Krens)一再强调,古根海姆基金会更多依赖于在更广袤国际背景下的外部因素。"全球化并不是我们正在努力塑造的环境",克伦斯指出,"它是我们置身其中的环境。我认为,试图抵制全球化运动或者以某种方式假装其不存在的行为,从制度发展角度来看无异于自杀"[3]。对全球主义的此种承诺有助博物馆品牌的成功塑造与发展,能够吸引包括政府和跨国企业在内的各类实力强大的国际捐赠者。古根海姆品牌已成为古根海姆基金会全球筹资工作的重要工具之一。

从系统思维角度来看,古根海姆特许经营模式形成和发展的根本原因是由经济与文化全球化程度日益加深而引致的外部环境的重大变化。反过来,成功的特许经营模式试点又可加速博物馆

---

[1] Christine Sylvester, *Art/Museums: International Relations Where We Least Expect It* (London: Paradigm, 2009), 119.

[2] Lawson-Johnston, *Growing Up Guggenheim*, 10.

[3] Thomas Krens, lecture at the Art Show, Manhattan's Seventh Regiment Armory, New York, February 20, 1999.

的发展，能够通过提升博物馆应对外部压力的能力和适应性，创造出更有利于博物馆发展的生态系统，让博物馆在国际舞台上更具筹资吸引力。

参考文献

Ambrose, Timothy, and Crispin Paine. *Museum Basics*. New York: Routledge, 2006.

bradley, Kim. "The Deal of the Century: Planning Process for Guggenheim Museum Bilbao, Spain." *Art in America* 85 (1997): 48-55.

Caldwell, Niall. "The Emergence of Museum Brands." *International Journal of Arts Management* 2, no. 3 (2000): 28-34.

Colbert, Francois. "Changes in Marketing Environment and Their Impact on Cultural Policy." *Journal of Arts Management Law and Society* 27, no. 3 (1997): 177-186.

Conn, Steven. *Do Museums Still Need Objects*? Philadelphia: University of Pennsylvania Press, 2010.

Corbett, Rachel. "Guggenheim Goes Global." Accessed January 18, 2017. http://artnt.cm/ 1LJ81dJ.

Decker, Darla. *Urban Development, Cultural Clusters: The Guggenheim Museum and Its Global Distribution Strategies*. New york: New york University, 2008.

Dicke, Thomas S. *Franchising in America: The Development of a Business Method, 1840-1980*. Chapel Hill: University of North Carolina Press, 1992.

Ellis, Adrian. "A Franchise Model for the Few—Very Few." The Art Newspaper 184 (2007). Guasch, Ana María and Joseba Zulaika, eds. Learning from the Bilbao Guggenheim. Reno, NV: Center for Basque Studies, 2005.

Guggenheim. "About." Accessed October 26, 2016. https://www.guggenheim.org/about-us. Guggenheim. "Helsinki Explores Possible Guggenheim Museum in Finland 2011." Accessed March 10, 2015. http://bit.ly/192HNdo.

Guggenheim. Press release, September 27, 2000. "Guggenheim Alliance with Gehry and Koolhaas." Accessed March 10, 2015. http://bit.ly/1NkMZZ7.

Krens, Thomas. *Lecture at the Art Show*, Manhattan's Seventh Regiment Armory, New York, February 20, 1999.

Latham, Kiersten F., and John E. Simmons. *Foundations of Museum Studies: Evolving Systems of Knowledge*. Santa Barbara, CA: AbC-CLiO, 2014.

Lawson-Johnston, Peter. *Growing Up Guggenheim: A Personal History of a Family Enterprise*. New York: Open Road Media, 2014.

Lord, Gail, and Ngaire Blankenberg. *Cities, Museums and Soft Power*. Washington, DC: AAM Press, 2015.

Martinez, Jill. *Financing a Global Guggenheim Museum*. Columbia: University of South Carolina, 2001.

Marwick, Peat. *Impact of the Activities of the Fundacion del Museo Guggenheim Bilbao on the Basque Country*. KPMG,

1998.

Mediguren, Ibon. "Boomtown Basque." *The Art Newspaper* 12, no. 111 (2001).

Rauen, Marjorie. "Reflections on the Space of Flows: The Guggenheim Museum Bilbao." *Journal of Arts Management, Law, and Society* 30, no. 4 (2001): 283–300.

Sylvester, Christine. *Art/Museums: International Relations Where We Least Expect It*. London: Paradigm, 2009.

Thompson, Don. *The $12 Million Stuffed Shark: The Curious Economics of Contemporary Art*. New York: Palgrave Macmillan, 2008.

Trilupaityte, Skaidra. "Guggenheim's Global Travel and the Appropriation of a National Avant-Garde for Cultural Planning in Vilnius." *International Journal of Cultural Policy* 15, no. 1 (2009): 123–138.

Varbanova, Lidia. *Strategic Management in the Arts*. New York: Routledge, 2013.

Vivant, Elsa. "Who Brands Whom? The Role of Local Authorities in the Branching of Art Museums." *Town Planning Review* 82, no. 1 (2011): 99–115.

Walhimer, Mark. *Museums 101*. Lanham, MD: Rowman & Littlefield, 2015.

Werner, Paul. *Museum Inc.: Inside the Global Art World*. Chicago: Prickly Paradigm, 2005.

Wise, Michael. "An Open design Competition for a New

Museum in the Finnish Capital Reflects a Change in the Foundation's Global Strategy." *Art News*, August 25, 2014. http://www.artnews.com/2014/08/25/rethinking-the-guggenheim-helsinki/

Wyma, Chloe. "1% Museum: The Guggenheim Goes Global." *Dissent* 61, no. 3 (2014): 5-10.

Zulaika, Joseba. *Guggenheim Bilbao Museoa: Museums, Architecture, and City Renewal*. Reno: University of Nevada Press, 2003.

Zulaika, Joseba. "Krens's Taj Mahal: The Guggenheim's Global Love Museum." *Discourse* 23, no.1 (2001): 100-118.

第八部分　采取行动

在曼（Mann）撰写的章节中，作者探讨了最不受欢迎的博物馆运营状况——财务不稳定及因其引致的闭馆。在分析性回顾中，曼从博弈论视角详尽阐释了丧失财政机遇的原因。有鉴于此，认真审视并正确判断贵馆关系网络的封闭或开放属性至关重要。贵馆的资金来源是否依赖于特定捐赠者、企业和非营利来源？抑或，贵馆是否已在地方、州、国家乃至国际层面构建起替代性来源的柔性关系网络？你们在探索资金来源领域有哪些新的方向和机遇？贵馆的董事会、员工（全体员工）和社区，在促进博物馆发展与编制财务管理规划领域如何参与其中？

能够像格林奇瓦所撰写章节中描述的古根海姆博物馆一样，有能力在全球范围内开展筹资工作的博物馆实属罕见。在审慎考虑贵馆规模和业务范围的前提下，您能够从古根海姆博物馆成功案例中汲取何种经验和教训？借助社交媒体、展览、馆藏、宣传推广、旅游及其他相关领域，在区域、国家乃至全球范围内创建分馆或构建全新合作伙伴关系的可能性有哪些？

第九部分
系统思维下的物理空间

本部分旨在重新审视博物馆的物理空间，提升博物馆物理空间对所有游客及其需求与兴趣的包容性和互动性。系统思维方法致力于重新定义博物馆空间，不再将博物馆空间视作美学或建筑学艺术作品，而是将其定义为供所有人使用的兼具互动性、舒适性和令人兴奋的场所。传统上，博物馆建筑通常是在不考虑观众情况下完成设计与施工作业。此外，数十年前建造的部分博物馆建筑与空间有着不同的设计用途，不再适合当今博物馆管理的需要。在某博物馆（基于本书第一部分简介中首次提及的真实博物馆而构建的虚拟博物馆）中，其建筑物被许多人视作艺术品。尽管其设计与创想均出自一位全球知名建筑师之手，但该建筑师对某博物馆所置身的特定社区几近一无所知。批评者经常指责该建筑物不符合社区审美，不适合社区成员参观；它被许多人描述为奇异、冷漠且拒人于千里之外。实践证明，该建筑物对社区规模而言太过庞大；许多第一次到该博物馆参观的观众将博物馆描述为一个空旷且引人遐想的空间。现如今，该博物馆被该建筑的庞大体量所困，却鲜少能够找到让博物馆建筑更具吸引力的补救方式。该博物馆建筑物在最初设计过程中未能充分纳入观众观点与社区意见，因此最终沦落为不受欢迎的空间。

尽管一些新建博物馆在其建筑设计过程中充分考虑了社区、游客及通用设计理念，但大多数博物馆建筑物业已建成，很难针对博物馆的全新职能和社区参与导向施行改造。本部分各章节旨在探讨重新设计开发博物馆空间的有效途径，其中包括将博物馆空间概念化成引领观众参与体验与反思互动的文化场所，并在此基础上将博物馆从静态建筑重塑为开放包容且以观众为中心的动态机构。安·罗森·拉夫（本书编辑）与第 17 章作者摩根·西曼斯基在本部分深入探讨了博物馆中不断演化的空间概念。尽管博物馆是"第三只眼"概念中代表静谧与沉思的场所，但更多博物馆正致力于充分发挥社区参与、对话和社交"第三场所"（third place）的功能。本章节作者将第三场所的特征与女性主义系统思维相结合，以便将博物馆场所与空间重新概念化成以社区需求为基础，体现城市包容、吸纳多元组织文化并有助采取对社区至关重要之社会行动的艺术空间。本章节两位作者以多项新兴空间布局项目为例，展示了在现实世界中如何借助重新概念化设计，将博物馆空间转变为体现包容性第三场所的实施过程。这些空间布局项目包括泰特现代美术馆下属泰特交流中心（Tate Exchange at the Tate Modern）的空间项目和美国明尼苏达州韦斯曼艺术博物馆下属创意协作目标工作室（Target Studio for Creative Collaboration at the Weisman Art Museum）的空间项目。

　　第 18 章旨在介绍德国明斯特兰（Muensterland）市维希林城堡（Vischering Castle）遗址的改造与重新设计过程。负责遗址改造的建筑师兼本章作者汤姆·邓肯（Tom Duncan）在城堡改造设计与施工过程中，将观众体验视作一项复杂的系统工程。在此过程中，邓肯站在观众角度深入解读城堡遗址，合理想象和预测观众的期望和要求，从而最终提高了观众满意度。为有效纳入观众的观点和意见，邓肯携手项目团队和志愿导游团队，合作召开了一系列创新研讨会。研讨会主要包括两种类型：一是邀请与会人员随着时间的推移对观众进行情感映射——全面考虑从观众手持城堡地图抵达城堡咖啡屋品尝用餐开始及至沿线参观城堡的全过程；二是邀请与会人员进行角色扮演——通过使用人物剪贴画并从第一人称视角描述观众动作和要求，将自己置身于观众的角度，从而想象出观众的观点。邓肯不仅将观众体验概括为一套综合系统，而且还分享了一些实用性方法，帮助读者通过改造现有空间的关键点和面，来进一步扩展和增强观众体验。

第17章 第三只眼抑或第三场所？
系统思维下对博物馆物理空间的重新考量

安·罗森·拉夫　摩根·西曼斯基

我（安·罗森·拉夫）记得在"9·11"之后的数周，纽约市和全国各地的博物馆（包括我所在的新奥尔良市的艺术博物馆）都万众一心，致力于鼓励美国人哀悼、缅怀和纪念逝者并在博物馆画廊中获得慰藉。彼时，在博物馆，我们致力于鼓励人们重新关注人类创造新生事物的能力，而非恐怖主义者的能力。美国所有公民都可以在博物馆找到庇护与和平，缅怀在恐怖袭击中遇难的逝者。在新奥尔良市，我们未曾想到仅仅四年之后，我们的城市亦会屈从于另一类侵袭——卡特里娜飓风引发的自然灾害。[1]

我所在艺术博物馆——奥格登南方艺术博物馆（Ogden Museum of Southern Art）——是卡特里娜飓风离去之后数周内（此时大批民众终于获准返家）新奥尔良市首家重新开放的博物

---

[1] 从2000年到2006年，安·罗森·拉夫担任新奥尔良奥格登南方艺术博物馆的创始教育主任。

馆。尽管我们博物馆提供了帮助人们在画廊寻求慰藉的机会,但更为有用的方法是,如果足够幸运,在我们周四晚间的音乐与教育活动(又称"奥格登闲暇时光",英文全称 Ogden After Hours)中担纲新角色,成为活动协调人,帮助聚集友人、邻居、市府官员(在那段时间也只是以邻里身份出席活动)和国家救援人员。由于彼时许多音乐场所尚未重新开放,音乐家们被邀请重返新奥尔良市,在周四晚间的"奥格登闲暇时光"活动中为受到飓风灾害影响的民众演出。音乐家演出过程中,工作人员和观众能够从清扫被泡水房屋的繁杂事务中暂时解脱出来,共享疏散的故事、互相祝福、感谢救援人员帮助他们开展灾后重建工作、分享饮品、共享资源并欣赏新奥尔良社区的音乐、艺术和文化。我们时而哭泣时而欢笑,并在晚间活动行将结束时相互邀约"下周同一时间再见!"尽管截至目前,每周举办一次的"奥格登闲暇时光"仍方兴未艾,广受欢迎,持续进行,但在飓风过后的头几个月,它却催生出一种迥异于寻常的地方特质感以及一种截然不同的空间利用方式。奥格登南方艺术博物馆成为能够让人们暂时忘却苦痛的家外之家和第三场所。[①] 继每周四晚上的"奥格登闲暇时光"活动大获成功之后,我们还设计并实施了每周日晚举办的新活动。该活动重点关注以个人和视觉文化修复为中心的建筑结构教程和资源,其目的在于帮助我们的观众、友人和社区邻居重建家园和保护个人藏品。此外,我们还策划了与社区主题相关的系列新展览(其中许多展览都在短时间内完成)。上述所

[①] Ray Oldenburg, *The Good Great Place: Cafes, Coffee Shops, Bookstores, Bars, Hair Salons, and other Hangouts at the Heart of a Community* (Cambridge, MA: Da Capo, 1999).

有活动均向各类人员开放。所有参加活动的人员,无论是新人还是常客,都受到热烈欢迎,并成为像亲人一样的朋友。我们互相帮助,携手重建社区与家园,在融入社区、服务社区的过程中充分发挥博物馆在社区建设中的作用。正如雷·奥尔登堡(Ray Oldenburg)所述,第三场所是一个充满活力和引人反思的地方,但更重要的是它在对话和社会行动所发挥的推动作用。[1] 第三场所是人们在回家和工作之余乐于前往的处所,它具有良好包容性,欢迎常客与新人。[2] 博物馆似乎通常希望兼收并蓄"第三只眼"和"第三场所"这两种方式。我所说的"第三只眼"是指为沉思冥想,甚至神圣反思或精神反射提供空间。正如人们通常所理解的那样,"第三只眼"理念是一种业已升华的意识和一种深思熟虑的沉思。与此同时,随着系统思维不断推进博物馆融入社区和服务社会,许多博物馆致力于寻求变身为更具关联性的第三场所。[3]

第三场所或第三空间似乎与系统思维理论相一致,它们本身就构成一套生态系统。在该系统下共享权威、包容性和社会行动,是在街坊与社区中放松和做好工作的核心要义。同样,系统思维重点关注博物馆在社区环境中的相互联系。我十分认同安妮·斯蒂芬斯(Anne Stephens)的女性主义系统思维理论

---

[1] Ray Oldenburg, *The Good Great Place: Cafes, Coffee Shops, Bookstores, Bars, Hair Salons, and other Hangouts at the Heart of a Community* (Cambridge, MA: Da Capo, 1999).

[2] Ibid., 34.

[3] Alix Slater and Hee Jung Koo, "A New Type of Third Place?" *Journal of Place Management and Development* 3, no. 2 (2010): 99-112.

(feminist systems thinking，FST)。该理论重视被边缘化但仍在不断演化的组织文化并采取社会行动。① 我邀请我的合著者和研究生摩根来帮助我探索不断变化的博物馆空间理念，特别是为重新设计开发博物馆空间而使用的空间理念（例如对标第三场所的空间使用方式）。为此，我们将立足艺术博物馆，深入研究其中涌现出的旨在提高博物馆空间使用相关性、关联性、参与性和变革导向的各项有益尝试。

本章将主要围绕以下三个方面展开。首先，我们简要介绍相关文献概述，并在此基础上研究与博物馆空间功能和目的相关的不断演化的理念。这些不断演化的理念是向系统思维转型的指示器，包括将博物馆视作第三空间的理念。其次，我们将简要介绍奥尔登堡用于阐释第三场所②特质的女性主义系统思维③。之后，我们将女性主义系统思维方法和第三场所理论相结合，应用到博物馆新场馆空间布局项目建设之中。在该章节中，我们运用的示例包括泰特现代美术馆下属泰特交流中心的空间项目和美国明尼苏达大学韦斯曼艺术博物馆下属创意协作目标工作室的空间项目。最后，借助一个女性主义系统思维模型，我们深度审视作为博物馆专业人员在引领博物馆新场馆空间布局项目领域所需的新技能，在此基础上，我们探析了将此方法应用于博物馆空间规划

---

① Anne Stephens, *Ecofeminism and Systems Thinking* (New York: Routledge, 2013)。我们的博物馆教育和以观众为中心的展览相关的硕士/博士项目使用女性主义系统思维理论作为我们的基本操作理论。
② Oldenburg, *The Good Great Place*.
③ Anne Stephens, *Ecofeminism and Systems Thinking* (New York: Routledge, 2013).

领域的有效途径。①

重新考量博物馆空间：功能和目的

博物馆是否应该重点关注"第三只眼"或"第三空间"理论，是一个老生常谈的问题。更常见的是，人们将博物馆此种功能的比较称为"神庙与论坛之问"（temple versus forum），正如1971年邓肯·F·卡梅伦（Duncan F. Cameron）在其知名论文中所述。② 尽管作为博物馆馆长兼博物馆学家的卡梅伦显然倾向于神庙观点（博物馆中展示了一些具有极高重要性的物品供观众欣赏、反思和拜谒），但卡梅伦还认识到当时的社会动荡亟须人们把握机遇以促成对话。卡梅伦表示，"尽管我们的博物馆致力于在提高其相关性的同时维持其作为神庙供人拜谒的作用，但我们必须同时构建鼓励对话、实验和辩论的论坛。这些论坛尽管相互关联，但却属于相对独立的机构"③。卡梅伦将论坛等同于一个进程，将神庙等同于一款产品。④ 在新近发表的文献中，研究人员继续呼吁博物馆应致力于在提升相关性的同时，为沟通和对

---

① Ann Rowson Love and Pat Villeneuve, "Edu-Curation and the Edu-Curator," in *Visitor-Centered Exhibitions and Edu-Curation in Art Museums*, ed. Pat Villeneuve and Ann Rowson Love, 11–22 (Lanham, MD: Rowman & Littlefield, 2017).

② Duncan F. Cameron, "The Museum, a Temple or the Forum," in *Reinventing the Museum: The Evolving Conversation on the Paradigm Shift*, ed. Gail Anderson (Lanham, MD: AltaMira, 2012), 48–60. First published 1971 in *Curator: The Museum Journal*.

③ Ibid., 55.

④ Ibid., 57.

话预留空间,并推进和鼓励旨在预留空间的多元化实践;但尽管如此,关于空间的实证研究仍相对较少。①

苏珊娜·麦克劳德(Suzanne McLeod)分别与人合著和独立编撰方式出版了两本关于重新思考博物馆空间设计的书籍。两本著作各章之间的共同点是呼吁博物馆采纳更具包容性和多样性的藏品与展览展示策略和以观众为中心的实践。② 在一篇介绍中,麦克劳德与其合著者表示,博物馆空间设计具有跨学科特性,不应局限于建筑领域,还应纳入戏剧、设计及多媒体等各专业视角与方法——所有这些都旨在进一步扩展和增强观众体验,"将博物馆打造成为一个连接人类感知、想象力和记忆的空间和场所"③。早些时候,麦克劳德亦曾强调,"此种转变的不同之处在于创建有利于终身学习的空间、良性互动空间及包容性空间,让人们能够克服物理、知识和文化的重重障碍"④。伊莱恩·休曼·格里安(Elaine Heumann Gurian)将此种可感知的障碍称之为"门槛恐惧症",并指出,博物馆观众可能会出于惧怕心理

---

① Richard Sandell, "Constructing and Communicating Equality: The Social Agency of Museum Space," in *Reshaping Museum Space: Architecture, Design, Exhibitions*, ed. Suzanne McLeod (London: Routledge, 2005): 185-200.

② Suzanne McLeod, Laura Hourston Hanks, and Jonathan Hale, eds., *Museum Making: Narratives, Architectures, Exhibitions* (London: Routledge, 2012); Suzanne McLeod, ed., *Reshaping Museum Space: Architecture, Design, Exhibitions* (London: Routledge, 2005).

③ Laura Hourston Hanks, Jonathan Hale, and Suzanne McLeod, "introduction: Museum Making, the Place of Narrative," in *Museum Making: Narratives, Architectures, Exhibitions*, ed. Suzanne McLeod, Laura Hourston Hanks, and Jonathan Hale (London: Routledge, 2012): xviii-xxiii.

④ Suzanne McLeod, introduction to *Reshaping Museum Space: Architecture, Design, Exhibitions*, ed. Suzanne McLeod (London: Routledge, 2005): 1-25.

而不敢参与博物馆工作人员开发的观众体验活动。① 根据格里安提出的假设，城市规划理论可以帮助博物馆在创新型建筑设计之外创设出更具包容性的空间，以促进旨在鼓励博物馆工作人员与社区成员参与新场馆空间建筑规划的实践。格里安呼吁博物馆通过改变建筑规划过程以解决整个社区的使用问题，而实现这一点则需要博物馆领导层变革其组织文化。

同样，理查德·桑德尔（Richard Sandell）将可访问性视为涉及博物馆空间层次结构的沟通问题，或对特定物品与文化所拥有的特权。② 桑德尔认为博物馆应努力兑现社会行动并提供均衡空间。他断言，"在诸多针对博物馆角色的文化与社会学分析中，将博物馆视作积极（民主、赋权、平等）社会变革推动者的概念存在固有问题。恰恰相反，博物馆自古以来就与排斥、分裂和压迫进程休戚相关"③。为此，桑德尔深入分析了博物馆试图对抗此类空间特权和沟通不平等的方法，并定义了博物馆在此过程中所使用的三种概念化解决方式，即补偿性、庆典性和多元化方式。每种方式都或多或少地成功解决了一系列实践中的平等问题。补偿性方式包括短期或"临时干预"④。庆典性方式在空间分配和展示内容的广度上更为突出——通常应用于特殊展览，但此种方式仍属短期效应。多元化方式涉及更多的长期承诺，例如重新安装显示屏和推动旨在重新定义组织文化的转型。

---

① Elaine Heumann Gurian, "Threshold Fear," in *Reshaping Museum Space: Architecture, Design, Exhibitions*, ed. Suzanne McLeod (London: Routledge, 2005): 203-214.
② Sandell, "Construction and Communicating Equality."
③ Ibid., 187.
④ Ibid., 190.

博物馆提供的第三空间

2009年,美国博物馆与图书馆服务研究署(Institute of Museum and Library Services,IMLS)汇集了一批来自博物馆与图书馆内外的专业人士,共商未来趋势与主题盛事。[1] 其中一项新兴主题即专门讨论博物馆作为第三场所的作用。[2] "博物馆和图书馆作为在私人生活或工作之外的社会参与机构,并考虑到其摒除了商业空间利益的特性,有能力以其他空间无法企及的方式,正确识别和有效回应社区需求。"[3] 美国博物馆联盟(American Alliance of Museums,AAM)下属博物馆未来中心也预测:在未来趋势中博物馆将继续担纲第三场所的角色。[4] "展望未来,愈来愈多的设计师将致力于重塑第三场所。这些设计师将融合建筑学原则、社会人体工程学原则和基于技术的经验来重塑我们的关系。"[5]

在将博物馆发展成为第三空间领域,虽然存在对一系列项目案例的趋势预测、讨论和描述,但是针对博物馆内此类空间的基础性研究却相对缺乏。尽管如此,一项引人瞩目的研究仍提供了有关伦敦两家艺术团体(即泰特现代美术馆与南岸中心)的实证

---

[1] Erica Pastore, *The Future of Museums and Libraries: A Discussion Guide* (Washington, DC: Institute of Museums and Library Services, 2009).

[2] Ibid., 9.

[3] Ibid., 9-10.

[4] Garry Golden, "Experience Design and the Future of Third Place," *Center for the Future of Museums Blog*, last modified April 3, 2012, http://futureofmuseums.blogspot.com/2012/04/experience-design-future-of-third-place.html.

[5] Ibid.

证据。研究人员在这两家艺术团体中借助奥尔登堡提出的第三场所特质及其他参数①，通过观众访谈来了解观众的观点与建议。② 这些参数包括福尔克（Falk）和迪尔金（Dierking）开发的博物馆体验模型。③ 除常规问题之外，研究人员还要求参与者将他们在这些场馆中的体验归类为以下四类中的一种："艺术鉴赏场所""聚会休闲场所""即兴参观场所"和"第三场所"。尽管受访者的回答可悉数纳入以上四大类别，但观众对上述场馆空间使用的回应中却缺少一个针对对话的标准，而对话却恰恰是评判第三场所的一项重要参数。④ 愈来愈多的观众倾向于将南岸中心（Southbank Centre）——欣赏视觉艺术与表演艺术的场所，视作第三场所而非现代艺术博物馆。鉴于此，作者建议学术界做进一步研究。该领域学术研究的缺失现状，为研究人员和研究生提供了进一步探索将博物馆用作第三场所或第三空间的契机。为此，我们提出了一种基于理论的分析方法，该方法将女性主义系统思维与第三场所理论相结合。

第三空间与系统思维

由安妮·斯蒂芬斯提出的女性主义系统思维理论由关键系统

---

① Slater and Koo, "A New Type of Third Place?"
② 奥尔登堡界定第三场所的标准包括无障碍、包容性、开放时间、对话、娱乐、对新来者友好、气氛欢乐等。
③ John H. Falk and Lynn D. Dierking, *The Museum Experience* (New York: Routledge, 2016). This work, first published in 1992, presents three contexts of museum experience — personal, social, and physical.
④ Slater and Koo, "A New Type of Third Place?"

思维理论与生态女性主义理论紧密结合而成。① 这两种理论观点都重点关注解放实践。在此类实践中，研究参与者有权施行社会变革，以劝阻、阐明甚至消除压迫（文化压迫、性别压迫和环境压迫）。在斯蒂芬斯理论中，女性主义系统思维原则包含以下特质：

- 兼具包容性与多样性
- 纳入被剥夺权利阶层的观点
- 强化组织文化
- 推进适当方法的演化
- 推促社会与系统变革

我们认为，博物馆收藏与工作对女性主义系统思维理论的上述调整②，在结合考量奥尔登堡提出的第三场所特质的基础上，为分析包容和社会变革的新兴博物馆空间和场馆提供了全新可能性。

空间使用：在新场馆空间布局计划中应用女性主义系统思维与第三场所理论

在如下案例中，我们简要分析了分别源自泰特现代美术馆和韦斯曼艺术博物馆（Weisman Art Museum）的两项计划。这两项计划均致力于以合作和社会变革为重点的博物馆创新。我们此处使用的分析方法包括将表 17.1 中列明的各项参数应用于包括

---

① Stephens, *Ecofeminism and Systems Thinking*.
② 2016 年，安·罗森·拉夫和帕特·维伦纽夫引入了教育策展人，一种博物馆教育者和策展人的混合角色，采用了史蒂芬斯理论的改编版本（见表 17.1）。斯蒂芬斯理论的改编聚焦在博物馆展览发展实践上。

博物馆网站信息、规划文档、媒体报道和非正式个人通信的文件。在撰写本文之时这两个项目尚属新鲜事物，因此鲜少存在对空间布局合理性和成功与否的评估或研究成果。我们认为，女性主义系统思维与第三场所理论的参数可提供有益分析，有助于人们更好理解博物馆空间使用的原理和方法。

表 17.1 适用于博物馆的女性主义系统思维理论和第三场所的考量因素

适用于博物馆的女性主义系统思维理论	博物馆中第三场所的考量因素
兼具包容性与多样性	• 确保所有要素（包括运营时间、空间职能、可用服务等）的可访问性 • 在所有步骤中优先考虑包容性——欢迎所有观众，无论是常客抑或新人；在对话中纳入与包容性相关的邻里或社区问题
纳入被剥夺权利阶层的观点	• 在空间规划与使用（展览、项目、会议空间）中纳入非主流阶层的观点 • 通过藏品与展览邀约各方观点，借此协助推进博物馆展览中的平等（努力消除等级制度）
强化组织文化	• 重新调整组织结构，使其更具协作性和包容性 • 培育促进对话的氛围，借此创建鼓励学习和变革的组织文化
推进适当方法的演化	• 推进定性研究模式与观众研究，借此加深对观众感知和体验的理解 • 开展有助参与和赋权的研究
推促社会与系统变革	• 通过博物馆实践寻求社会公正——参与民主进程促进活动和社区建设

资料来源：作者。

泰特现代美术馆下属泰特交流中心

位于伦敦的泰特现代美术馆下属泰特交流中心是美术馆新展

馆"开关室"(Switch House)的新场馆空间,于2016年正式开放。开关室设有专门吸引女性艺术家的全新展馆,以在总体上争取实现场馆空间的均衡化。① 泰特交流中心占据美术馆建筑物的一整层空间,但其主题和艺术探索却遍布整个博物馆。该场馆被设计成一个具有一系列多功能空间的插入式交流中心,可根据需要组合为教室、艺术家工作室、对话区和工作区的一部分。② 艺术家们纷纷入驻泰特交流中心,开启对一系列主题的艺术探索。除艺术家驻留之外,泰特协会(Tate Associates)——包括学校、非营利组织和大学——亦将参与长期合作。此外,我们每日还邀请观众前来探访主题和项目。

人们普遍认为,观众可以将自己的观点和文化背景带至博物馆。反过来,博物馆希望以兼具安全性与启迪性的方式来分享观众观点。这一领域的一项案例是由游击队女孩(Guerilla Girls)主持的入驻项目,她们通过创建投诉部,为观众提供"发布涉及艺术、文化和政治领域的投诉"的机会。③ 所有计划和项目均免费,其目的在于为观众、艺术家和社区合作伙伴提供参与制度批判与文化批判的多元化方式。

在泰特交流中心建设和规划过程中,工作人员前往美国等地研究博物馆空间与项目设计,以促进独特且深入的社区合作伙伴

---

① Geraldine Kendall Adams, "Tate Exchange to Launch Next Week," *Museums Association News*, accessed February 24, 2017, https://www.museumsassociation.org/museums-journal/news/21092016-tate-exchange-set-to-launch-next-week.
② 菲奥娜·金斯曼(Fiona Kingsman)(泰特交易所负责人)于2015年7月与作者讨论。
③ "Tate Exchange Launches with Tim Etchells's 'The Give and take,'" *Art Daily*, accessed February 24, 2017, http://artdaily.com/news/90540/tate-Exchange-launches-with-tim-Etchells-s—the-Give-and-take-#.WLLxtbQk_ww.

关系，并在此基础上促进和参与社会行动。① 通过应用女性主义系统思维理论与第三场所考量要素，泰特交流中心重点关注空间与项目的包容性与可访问性，包括跨代和社会文化背景。他们邀请观众、合作伙伴和艺术家以对话和艺术创作的形势开展制度批判。新造建筑空间规划的漫长过程充分表明博物馆领导层在组织实践转型领域的努力与承诺。由于在撰写本文之时，该场馆空间尚属新鲜事物，因此需要对空间的成功经验和风险挑战开展研究。我们预计此类研究现仍在持续进行中。

韦斯曼艺术博物馆下属创意协作目标工作室

美国明尼苏达大学韦斯曼艺术博物馆继2011年扩充其规模后，计划增加新场馆空间，包括创意协作目标工作室。该工作室是博物馆下属的五家画廊之一，旨在通过促进跨学科创意协作，切实履行韦斯曼艺术博物馆作为探究发源地的使命。② 为此，博物馆再次邀请原建筑师弗兰克·盖里（Frank Gehry）出马，带领项目团队着手扩展后来成为密西西比河沿岸楼宇和学生穿行校园的必经之路。③ 据博物馆介绍，创建该场馆空间旨在提升艺术与所有人员和学科的相关性，并鼓励人们以不同寻常的方式解读

---

① 金斯曼于2015年7月与作者讨论。
② "The Target Studio for Creative Collaboration at WAM," Weisman Art Museum at the University of Minnesota, accessed February 20, 2017, http://www.research.umn.edu/documents/tARGEtplanning.pdf.
③ Ibid.

艺术博物馆中的艺术作品。① 如果从批判性思维的视角看创意协作目标工作室，我们不难发现，若想确保工作室的构建与运营能符合女权主义系统思维和第三场所的各项考量要素，管理团队需要考虑诸多因素。韦斯曼艺术博物馆通过采取工作室免费开放等政策，鼓励所有社区成员主动走进创意协作目标工作室参与文化体验。② 韦斯曼艺术博物馆希望邀约所有大学和社区团体参与协作过程，并在完全依赖小组讨论的基础上最终形成独树一帜且与时俱进的产品（例如展览等）。在2016年秋季，博物馆发布了有关工作室新设策展职位的招聘公告。③ 拟聘策展人将主要担纲团队领导者的角色，致力于寻找潜在合作者，包括但不限于博物馆工作人员、学生、教职员工及来自大学和周边社区的工作人员。④ 值得注意的是，这一新职位特别适合招募新生代策展人，因为此种策展人能够在促进对话与协作的同时持续探索藏品和展览的新模式。尽管目前关于工作室在观众研究和通过各类协作来催生社会行动工作的重心与成果方面的信息并不充足，但创设这一新职位旨在告知普罗大众有关韦斯曼艺术博物馆和整个博物馆界的发展现状与趋势。

---

① "The Target Studio for Creative Collaboration at WAM," Weisman Art Museum at the University of Minnesota, accessed February 20, 2017, http://www.research.umn.edu/documents/tARGEtplanning.pdf.
② Euan Kerr, "Weisman Art Museum to Open Doors, Show off New Galleries," *MPR News*, September 30, 2011, accessed February 20, 2017, https://www.mprnews.org/story/2011/09/30/newweisman.
③ 新的合作策展职位于2016年秋季公布，这是韦斯曼艺术博物馆的第一个策展职位。
④ "Curator of the Target Studio for Creative Collaboration," University of Minnesota's Human Resources, accessed February 20, 2017, https://chroniclevitae.com/jobs/0000331983-01.

泰特交流中心与创意协作目标工作室的上述举措提供了新式博物馆秉持系统思维理念、积极鼓励社区参与博物馆建设的范例。女性主义系统思维理论一旦能与第三场所考量要素相结合，就可以在为规划博物馆空间提供指导的同时，为研究人员、工作人员和社区合作伙伴提供分析成功经验和风险挑战的方法。女性主义系统思维理论与第三场所考量要素的这种结合不啻为一种新型分析工具，通过定性分析能够为探索博物馆空间布局规划与实施的不同解决方案提供进一步阐述的可能性。通过面向博物馆和社区采用不同的空间利用方式（包容性、赋权和以变革为导向），我们有可能提供不同的地方特质感。

参考文献

Adams, Geraldine Kendall. "Tate Exchange to Launch Next Week." Museums Association News. Accessed February 24, 2017. http://www.museumsassociation.org/museums-journal/news/21092016-tate-exchange-set-to-launch-next-week.

Cameron, Duncan F. "The Museum, a Temple or the Forum." in *Reinventing the Museum: The Evolving Conversation on the Paradigm Shift*, edited by Gail Anderson, 48-60. Lanham, MD: AltaMira, 2012. First published 1971 in Curator: The Museum Journal.

Falk, John H., and Lynn D. Dierking. *The Museum Experience*. New York: Routledge, 2016. Golden, Garry. "Experience Design and the Future of Third Place." Center for the Future of Museums Blog. Last modified April 3, 2012. http://

futureofmuseums. blogspot. com/2012/04/experience-design-future-of-third-place.html.

Gurian, Elaine Heumann. "Threshold Fear." in *Reshaping Museum Space: Architecture, Design, Exhibitions*, edited by Suzanne McLeod, 203-14. London: Routledge, 2005.

Hanks, Laura Hourston, Jonathan Hale, and Suzanne McLeod. "Introduction: Museum Making, the Place of Narrative." in *Museum Making: Narratives, Architectures, Exhibitions*, edited by Suzanne McLeod, Laura Hourston Hanks, and Jonathan Hale, xviii-xxiii. London: Routledge, 2012.

Kerr, Euan. "Weisman Art Museum to Open doors, Show Off New Galleries." *MPR News*, September 30, 2011. Accessed February 20, 2017. https://www.mprnews.org/story/2011/09/30/newweisman.

Kingsman, Fiona (head, Tate Exchange). In discussion with Ann Rowson Love, July 2015. Love, Ann Rowson, and Pat Villeneuve. "Edu-Curation and the Edu-Curator." in *Visitor-Centered Exhibitions and Edu-Curation in Art Museums*, edited by Pat Villeneuve and Ann Rowson Love, 11-22. Lanham, MD: Rowman & Littlefield, 2017.

——. "Edu-Curator: The New Leader in Art Museums." Paper presented at the National Art Education Association National Convention, Chicago, March 2016.

McLeod, Suzanne. *Introduction to Reshaping Museum Space: Architecture, Design, Exhibitions*, edited by Suzanne McLeod,

1-25. London: Routledge, 2005.

———, ed. *Reshaping Museum Space: Architecture, Design, Exhibitions*. London: Routledge, 2005.

McLeod, Suzanne, Laura Hourston Hanks, and Jonathan Hale, eds. *Museum Making: Narratives, Architectures, Exhibitions*. London: Routledge, 2012.

Oldenburg, Ray. *The Good Great Place: Cafes, Coffee Shops, Bookstores, Bars, Hair Salons, and other Hangouts at the Heart of a Community*. Cambridge, MA: da Capo, 1999.

Pastore, Erica. *The Future of Museums and Libraries: A Discussion Guide*. Washington, DC: institute of Museums and Library Services, 2009.

Sandell, Richard. "Constructing and Communicating Equality: The Social Agency of Museum Space." in *Reshaping Museum Space: Architecture, Design, Exhibitions*, edited by Suzanne McLeod, 185-200. London: Routledge, 2005.

Slater, Alix, and Hee Jung Koo. "A New Type of Third Place?" *Journal of Place Management and Development* 3, no. 2 (2010): 99-112.

Stephens, Anne. *Ecofeminism and Systems Thinking*. New York: Routledge, 2013.

"Tate Exchange Launches with Tim Etchells's 'The Give and Take.'" *Art Daily*. Accessed February 24, 2017. http://artdaily.com/news/90540/Tate-Exchange-launches-with-Tim-Etchells-s-The-Give-and-take-#.WLLxtbQk_ww.

University of Minnesota – Twin Cities. "Curator of the Target Studio for Creative Collaboration." *University of Minnesota's Human Resources*. Accessed February 20, 2017. https://chroniclevitae.com/jobs/0000331983-01.

The Weisman Art Museum at the University of Minnesota. "The Target Studio for Creative Collaboration at WAM." Accessed February 20, 2017. http://www.research.umn.edu/documents/TARGETplanning.pdf.

第18章 博物馆参与式设计流程

汤姆·邓肯

本章概述了德国明斯特兰市维希林城堡（Vischering Castle）遗址，在重新开发观众体验的设计过程中多方协作型研讨会发挥的重要作用。维希林城堡遗址项目开发内容包括旨在改善建筑工程的可达性[①]（包括电梯和新建楼梯）、新建基础设施以及设计观众服务和社区利用空间。该项研究由邓肯·麦考利（Duncan McCauley）工作室承担设计和内容开发[②]，该工作室负责观众体验的规划和所有解释性元素的设计。该项研究借鉴了本人在建筑领域的实践经验，其中包括本人的博物馆规划经验、对研究主导型设计的调查，以及对角色扮演和及时反思如何有利于博物馆或旅游胜地整体设计。[③] 本章涉及的三轮研讨会均在维希林城堡举办，前两轮研讨会分别于 2014 年 11 月和 2015 年 1 月

[①] 明斯特的建筑师普菲弗（Pfeiffer）、埃勒曼（Ellermann）和普雷克尔（Preckel）完成了改造工程的规划，并改变了建筑的基础设施。
[②] 邓肯·麦考利是一家博物馆规划和展览设计工作室。作者汤姆·邓肯和诺埃尔·麦考利（Noel McCauley）是该工作室的创始成员。在这个项目中，邓肯·麦考利与平面设计工作室"多形"（Polyform）合作。
[③] 本章是作者在莱斯特大学博物馆研究学院以实践为中心的博士研究的一部分。该博士研究由诺丁汉大学建筑与建筑环境系的乔纳森·黑尔（Jonathan Hale）博士和莱斯特大学博物馆研究学院的苏珊娜·麦克劳德博士指导，由米德兰三城博士培训合作伙伴（Midland-s3Cities Doctoral Training Partnership）项目资助。

在项目释展规划和可行性研究期间召开,第三轮研讨会于 2016 年 7 月在设计阶段行将结束时举办。

这座田园诗般的城堡为一条护城河所环绕,自 1271 年以来即由同一个家族掌管。自 1973 年作为博物馆开放以来,维希林城堡一直是一处颇负盛名的旅游景点(见图 18.1)。城堡坐落在吕丁豪森(Luedinghausen)集镇的郊区。环城堡四周而建的草地(位于城堡和城镇之间)也被开发成一个自带天然跑道的公园。在公园中,位于公共区域的户外释展元素将城堡故事纷呈于游客眼前。业主希望将城堡重建为该地区的地标项目和卓越中心,并同时希望借助城堡与公园的吸引力,将城堡游览与集镇体验相关联,从而增加前往集镇游览的游客数量,并最终推动城市的复兴与经济的发展。目前,维希林城堡每年接待大约 4 万名游

图 18.1　从入口桥梁观维希林城堡实效

资料来源:邓肯・麦考利。

客；城堡重建项目的目标是创造一个每年可容纳多达 10 万名游客的旅游胜地。

德国吕丁豪森镇地处农村地区，拥有约 2.5 万名居民。但维希林城堡距离包括明斯特（Muenster）、杜塞尔多夫（Dusseldorf）和比勒费尔德（Bielefeld）等城市在内的集市区仅一小时车程（乘坐自驾车或搭乘公共交通工具）。该项目的部分资金由 Regionale 2016 资助，① 这是一家旨在提高明斯特兰省文化场所和旅游胜地质量的资助机构。

在设计过程中，邓肯·麦考利召集客户，携手举办了如本章所述的三次研讨会。这三次研讨会在创建讨论平台的方式上都富有建设性，而且都成为调查游客对旅游胜地需求的一种手段。它们都构成了持续性进程的一部分，而不仅仅囿于得出具体结论。这三次研讨会的重点是识别、涉及和开发游客体验。而识别游客体验的关键是全方位考虑游客与旅游胜地之间的互动可能性，其目标是在规划过程中识别、沟通和优先考虑邻接的物理空间实用性或历史内容的复杂性。

福尔克（Falk）和迪尔金（Dierking）指出，博物馆已实现从摆放物品的场所向体验场所的转型。② 博物馆物理体验出现在体验制作的行为中。访问的表演属性通过与博物馆物件的相互作用，创造出一个系统，一个我们作为设计师可以为观众和博物馆恰当识别而构建的系统。罗伯拉（Roppola）在博物馆体验章节

---

① *Regionale 2016* is a project to support cultural and economic development in Munsterland，Germany. More information can be found at http：//www.regionale2016. de/de/regionale-2016. html.

② John H. Falk and Lynn D. Dierking，*Learning from Museums: Visitor Experiences and the Making of Meaning*（Walnut Creek，CA：AltaMira，2000）.

中谈及博物馆和观众之间的对话,并将博物馆展览重新定义成一个体验平台,而非体验其本身。① 借助这一表述,罗伯拉识别出访问的表演属性,并认识到唯有观众与博物馆实现互动,方才能够催生出可量化的游客体验。巴格诺尔(Bagnall)在对观众体验的实证研究中指出,观众通常会从身体、情感和想象力等维度上反映到他们对旅游胜地的消费。② 之后,她继续指出,观众在旅游胜地的体验既包含认知层面,亦包含身体层面,而身体体验往往占据首要地位。在研讨会上,我们试图通过角色扮演来想象一位观众随着时间的推移在整个旅游胜地上的情感映射,以便更接近观众对旅游胜地的身体体验。

维希林城堡研讨会的设计借鉴了从以前合作项目中获取的有益经验,即系由邓肯·麦考利工作室携手莱斯特大学博物馆与画廊研究中心(Research Centre for Museums and Galleries, RCMG)共同承建的曼彻斯特帝国战争博物馆北馆(Imperial War Museum North, IWMN)建设项目。③ 设计过程的缜密性、博物馆的学术研究成果和对现有观众的深度分析,使得项目团队能够采取统观全局,来确定设计导向型解决方案。研究和解决方案探寻过程的实验性本质,都遵循设计思路和研究导向型设计理念,针对博物馆所面临的战略与规划挑战形成解决方案。系统思

---

① Tiina Roppola, *Designing for the Museum Visitor Experience* (New York: Routledge, 2012).
② Gaynor Bagnall, "Performance and Perfomativity at Heritage Sites," *Museum and Society* 1, no. 2 (2003): 87-103.
③ Suzanne MacLeod, Jocelyn Dodd, and Tom Duncan, "New Museum Design Cultures: Harnessing the Potential of Design and 'Design Thinking' in Museums," *Museum Management and Curatorship* 30, no. 4 (2015): 314-341.

维方法和设计思维过程有诸多交叠之处，例如，两者都涉及从不同角度看待挑战，以便面向更注重以人为本的设计解决方案展现全新可能性。鉴于参与者来自不同专业领域，因此组织方将其中一轮研讨会的宗旨确定为，着手设计出一个有助提升观众参与率的架构。为此，组织方邀请与会人员以小组为单位参与包括绘制理想化观众路线在内的讨论环节。① 正如巴格诺尔（Bagnall）本人所述，观众从身体和情感两个维度上映射与维希林城堡相关的体验并构建与城堡的联系。② 我认为，如果作为设计师的我们能够充分构想出，观众在一次展馆参观活动中架构身体与情感映射的方式方法，我们就能加深对观众体验的理解。角色扮演活动有效转变了许多研讨会与会人员的原有观点，并帮助与会人员站在观众视角体验博物馆。站在观众角度，我们能够更真切、更缜密地考虑周边环境对观众活动和行动的直接影响。此种与观众的亲密关系帮助设计人员提升探究的深度与广度，使观众体验的设计真实反映其需求与期望，而非仅仅纸上谈兵。

系统思维与观众体验

当代策展人既是展品的研究人员又是观众体验的策展人。③ 同样，设计师也致力于设计一系列嵌入精深内涵和历久弥新无穷魅力的空间。深入理解并切实实现上述目标已成为博物馆

---

① Suzanne MacLeod, Jocelyn Dodd, and Tom Duncan, "New Museum Design Cultures: Harnessing the Potential of Design and 'Design Thinking' in Museums," *Museum Management and Curatorship* 30, no. 4 (2015): 314-341.

② Bagnall, "Performance and Perfomativity."

③ MacLeod, Dodd, and Duncan, "New Museum Design Cultures."

设计研究中的重点。观众体验设计的本质在于关注观众与博物馆或旅游胜地周边环境之间的互动。正如罗伯拉所言，良好的观众体验设计有助实现此类互动，并在此基础上营造出一个体验平台。① 鉴于此，将观众体验想象成一个允许我们量化博物馆营运成功的系统，或可成为博物馆设计的有益经验。在下文所列的观众体验简单系统流程图（见图18.2）中，自左侧流入的是观众的期望和要求，而自右侧流出的则是观众满意度。为有效提升观众满意度，我们需要改变观众体验的设计。为此，我们在下文中列出因果循环图（见图18.3）来阐释一个拟议的结构模型。在

图 18.2　观众体验系统流程简图

资料来源：汤姆·邓肯。

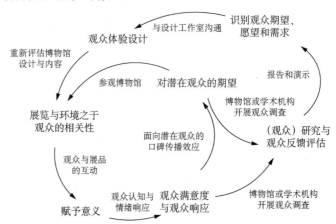

图 18.3　观众体验设计中观众潜在输入的系统流程图

资料来源：汤姆·邓肯。

---

① Roppola, *Designing for the Museum Visitor Experience*.

该模型中,观众期望与观众满意度是系统的关键要素。观众在场馆中的移动、观众与场馆空间和内容的互动、观众赋予此类互动以重要意义的能力,以及观众交流其经验的能力构成了因果循环图的内环部分。而因果循环图的外环则是一个反馈回路。启动外环反馈回路的触发因子是研究和评估,通过调整设计过程来提升观众体验的相关性,从而催生出创造更多有意义价值的良机,有助于博物馆在提高观众体验质量,同时最终实现提升观众满意度的目标。反馈回路凸显出研究工作对设计过程的潜在影响及其重要意义。此类研究工作有助博物馆识别观众体验设计中的成功和失败因子,且可通过再次反馈修正和改进设计过程。

根据梅多斯(Meadows)本人所述,系统由元素、交互联接和功能或目的组成。[1] 如果我们将此结构直接应用于博物馆参观,则系统中的元素就可变为观众体验的时刻。此类体验以观众在博物馆中的移动而相互交联。系统的目的在于提供丰富且有益的观众体验。观众满意度通常取决于设计团队无法控制的一些因素,但是识别设计观众体验及开展与之相关研究将为博物馆成功发展奠定基础。

尽管这是对观众与博物馆之间复杂关系的过度简化,但它确实将观众体验视为在博物馆或旅游胜地开发过程中需深入理解和妥善规划的关键要素。参考系统流程图,我们不难发现,在上述环节完成之后,为妥善设计观众体验,我们需要设想和预测观众

---

[1] Donella H. Meadows, *Thinking in Systems: A Primer*, ed. Diane Wright (White River Junction, VT: Chelsea Green, 2008).

的期望和要求。这些信息构成了由博物馆活动模式或参观顺序组成的观众体验设计的基础。此外，在展览或博物馆开幕后，观众研究还可在系统中产生反馈循环。在观众参观完博物馆之后从观众处收集相关信息，而这些信息又可进一步影响观众体验架构的变化，并在此基础上进一步提升观众满意度。

建构和规划观众体验所需的过程和技能，通常被视作是处于建筑设计学科与以时间轴为主线的媒体（例如电影等）之间的中间地带。探析电影制作的叙事结构模式，可以帮助设计团队深入理解博物馆观众体验的叙事要求和表演属性，并提供有助理解活动模式构建的一些线索。① 与博物馆作为一家文化机构重点关注观众体验的实情不完全相同的是，博物馆和展览的设计过程（包括建筑设计、三维展览设计、二维图形设计和视听感官设计）可能并未优先考虑观众的期望和要求。然而，如果我们始终将观众放在博物馆各项工作的第一位，那么我们同样也需将观众放在博物馆设计进程的第一位。研讨会上安排各项活动的目的是对此种平衡进行重新调查，以此识别和规划观众体验的顺序和观众停留时间。

设计观众体验

借助重新设计维希林城堡观众体验的案例研究，我将描述三轮研讨会的三项主要活动。前两轮研讨会均邀请项目团队参加，第三轮研讨会还纳入导游志愿者。这些研讨会力图将与会人员的

---

① 对展览和电影中叙事结构的比较研究是我目前正在进行的研究领域。

注意力聚焦在观众体验上，而非致力于解释设计图纸的空间表征。我将在下文集中讨论的各项活动都依赖于与会人员站在观众视角上的所见所闻和内心体会。

可行性研究阶段第一轮研讨会的目标旨在组建一个拥有共同目标的项目团队，并确定各项事务的优先顺序。研讨会与会人员包括设计团队、客户团体、博物馆专业人士和吕丁豪森集镇代表。第一轮研讨会的主要活动是在一条时间轴上绘制出理想型观众体验。① 这项活动包括逐步审视从乘车抵达到坐在咖啡馆品尝的整个体验过程。它要求与会人员考虑观众的预期停留时间及观众的要求、想法或情绪响应。我们以小组为单位围桌而坐，桌上一整张又长又宽的白纸在我们面前铺陈。我们在纸上绘制出阈值、决策时刻、挫折、喜悦以及对方向、座位和衣帽间的基本要求。我们经协商最终决定两个半小时的访问时间为观众体验的基础，并将其作为我们时间轴的初始长度。随着时间推移，我们还创建出一份关乎观众各种感受和实际要求的图表。在该项活动中，活动组织者并未规定特定的观众群体，因此与会人员可以在谈论其情感要求和其他观众群体（例如老人或儿童）情感要求之间自如切换。

时间轴线图中的描述（见图 18.4）因观众对方位的要求和情绪响应的不同而异。信息的累积在时间轴上以颇富意义的方式，将事件、要求和情绪过滤到整体体验之中。通过即时思考，研讨会与会人员能够以更真实有效的方式贴近观众的实际体验，

---

① 该活动是在 IWMN 举办的研讨会上发展起来的，正如麦克劳德（MacLeod）、多德（Dodd）和邓肯（Duncan）所描述的"新的博物馆设计文化"。

而不是片面考虑内容和活动的空间邻接。该研讨会活动将与会人员的关切点聚焦于我们希望观众在场馆和展览中移动时所感受的内容和方式上,帮助与会人员更好理解观众情感与身体映射的表征方式。围桌讨论引发出诸如入口区域票务问题等一系列议题:屏障应该设在何处?当地民众是否可以免费参观?此外,通过围桌讨论,我们还对观众整体体验的持续时效形成一个初步概念。例如,通过考量观众的停留时间,在整体访问时间为两个半小时的前提下,占据场馆建筑物两层的展览空间已绰绰有余。因此,场馆建筑物三楼现已改造成活动和教育空间。

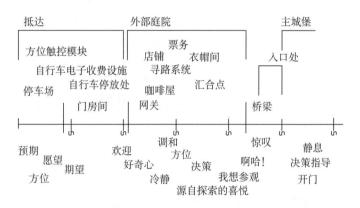

图 18.4　维希林城堡观众映射活动时间轴摘要（译自德语原文）
资料来源:邓肯·麦考利。

两个月后,即 2015 年 1 月,我们召集同一组与会人员举办第二轮研讨会。在该轮研讨会上,与会人员被要求从一系列手绘人物中选择一个人物或一组人物,并用几分钟时间填完一张观众身份证,其中包括观众姓名、年龄、抵达场馆的方式、现居住城市及观众对该场馆感兴趣之处(见图 18.5)等文字信息。在启动参观之前，与会人员还需向团队其他成员简要介绍其角色的各个细节。这一过程不仅有助加强与会人员与其所选角色之间关系，而且让整个团体有机会通过角色练习运用第一人称讲述内容的能力。例如，"我叫约翰，我今年十二岁"，而不是"我的角色被设定为约翰"。

图 18.5　研讨会与会人员在项目可行性研究阶段借助其假想观众体验城堡参观之旅

资料来源：邓肯·麦考利。

简要介绍之后，与会人员便在大型场馆地图上放置他们的角色并使其在场馆内四处游移。与会人员轮番向其他团队成员讲述各自角色的经历及其与博物馆的互动。借助不同年龄、性别或社交群体的特定观众角色讲述经历和开展讨论，使与会人员更贴近观众的实际体验，而不仅仅是泛泛而谈地研究观众的大致要求。该轮研讨会赋予与会人员深入了解场馆观众要求和期望的机会，并在此基础上凸显出以其他方式很难发现的规划问题。例如，借助来自邻近村庄的一对老年夫妇之眼，与会人员发现：显而易见的是，尽管城堡已增设一块全新停车场，但并未设置允许出租车上下客的指定地点。通过追踪在场馆中四处游历的假想观众，我们得以确定重要阈值和决策时刻，并了解到标牌和方位在观众决策中的重要作用。

在向公众介绍之后，我们又组织了一轮研讨会，其目的在于确保导游志愿者队伍作为设计过程的一部分参与其中。导游志愿者的参与不仅为设计人员提供了加深与观众之间重要联系的良机，而且构成博物馆展览阐释理念的一部分。在第二轮研讨会的基础上，与会人员被要求选择一个人物并赋予该人物以维希林城堡的特定角色和性格。之后，与会人员将其角色呈现给其他团队成员。尽管在与项目团队召开的早期研讨会上我们着眼于整个场馆开展合作，在第三轮研讨会上，我们将关注点聚焦在维希林城堡的几个主要展览楼层上，希望借助观众之眼发现场馆规划中展览阐释元素的过程，加深导游志愿者团队对观众要求的理解。

观众代入的设计，使得研讨会中的小组讨论能够明确集中在观众亲历体验的内容上来。事实上，大多数导游都是从各自观点出发展开讨论，但是通过在展馆之间角色转换和识别关键物件，在上午结束时，导游团队对设计和内容已形成较为全面的理解。我们从参与式过程中获得的体验，意味着我们有必要重新评估我们呈现某些内容的方式。借助观众之眼审视展馆设计，在赋予导游以更好表达观众要求的同时，亦使其能更深入理解我们的设计原则。即时思考可以使博物馆开发团队全面理解仍有待实现的观众体验，并深入探析博物馆策展与教学意图。以专业人士或志愿者身份参与维希林城堡改建工程的人员亦获邀出席本次研讨会。为进一步深化地方社区参与式博物馆规划设计，下一步我们拟面向潜在观众组织一轮研讨会，邀请社区居民扮演其他观众的角色。

结　　语

博物馆参观的观众体验品质以及内容、物件和空间之间的相互关联，都需要设计人员根据博物馆体验的预期与要求量身定制设计流程。设计博物馆体验的工具和方法可获益于跳出博物馆固有的思维框架，同时还可结合以时间轴为主线的媒体（例如电影等）设计方法与架构。与系统思维方法如出一辙的是，此种规划方式在开拓设计人员视野的同时，将观众的交互视作设计过程的一部分。因此，我们建议将观众体验和博物馆之间的互动视作一个整体系统，并在此基础上加深对观众体验架构规划方式的理解。系统思维方法有助于相关各方，将博物馆观众体验与博物馆各项展览和空间结合思考和设计的关键要素。系统思维方法还将研究的重要性视作影响整体系统变化的关键要素，构成在持续性设计过程中发挥主观能动性的一个重要环节。

作为建筑师和设计师，我们所接受的各项训练使得我们能够在空间、联想和隐喻领域深度思考。从博物馆观众视角即时体验博物馆空间的培训，并不属于建筑设计师教育课程的一部分，因此必须在与博物馆携手合作时学习和理解。借助代入观众的个性和背景故事，引发设计人员思考，与电影导演在故事中渐次揭露人物身份等重要信息有一定的相似之处。作为创作过程一个重要环节，角色扮演有助设计人员将博物馆体验视作超越空间构图功能和美学要求的关键要素。此类活动包含了观众在博物馆内四处游览的身体体验和设计人员预想的观众期望。该过程允许设计人员更加深入地检验设计方案的适用性,并通过假想观众的设计,使项目团队更多地参与到体验式博物馆规划之中。

参考文献

Bagnall, Gaynor. "Performance and Performativity at Heritage Sites." *Museum and Society* 1, no. 2 (2003): 87-103.

Falk, John H., and Lynn D. Dierking. *Learning from Museums: Visitor Experiences and the Making of Meaning*. Walnut Creek, CA: AltaMira, 2000.

MacLeod, Suzanne, Jocelyn Dodd, and Tom Duncan. "New Museum Design Cultures: Harnessing the Potential of Design and 'Design Thinking' in Museums." *Museum Management and Curatorship* 30, no. 4 (2015): 314-341.

Meadows, Donella H. *Thinking in Systems: A Primer*. Edited by Diana Wright. White River Junction, VT: Chelsea Green, 2008.

Roppola, Tiina. *Designing for the Museum Visitor Experience*. New York: Routledge, 2012.

第九部分 采取行动

洛夫（Love）与希曼斯基（Szymanski）建议采用女性主义系统思维理论与第三场所相结合的方式来规划、研究和评估新建博物馆空间的成果。请参阅表 17.1 认真思考，贵馆的展馆空间如何使用兼具包容性与多样性的方式鼓励社区成员展开交流与对话？您如何使用兼具参与性和赋权特性的定性方法获得观众的意见与建议？

同样，邓肯建议在研讨会期间鼓励与会人员从观众视角重新审视建筑规划过程，以想象观众体验并在观众体验的基础上归纳出观众对新空间使用的偏好。如本章所述，借助情感映射和角色扮演活动，您将如何鼓励观众和非观众（博物馆潜在新受众）参与新建博物馆、新增设施或现有空间改造的建筑规划过程？

第十部分
引入系统思维理论，创建学习型博物馆

第十部分是本书的结论部分，旨在诠释在真实博物馆语境下系统思维的重要性。此外，第十部分还指明了博物馆人才和学者培养、培训与教育的未来发展方向，并研究进一步开发博物馆系统思维范式的可行方式。

本书每个部分的导论章节都包含某博物馆（已在第一部分导论中做详细介绍）的数项案例小插曲，该博物馆是基于真实博物馆而构建以作为反面典型的虚拟博物馆。尽管该博物馆的故事或许会令诸多读者感到失望，但某博物馆故事中所呈现的内容远不止于此。事实上，这些故事的构建基础都是一家现有博物馆的既往做法，但该博物馆的近期故事却展现出给人希望的美好一面。凭借在深谙博物馆系统运作方式基础上培育的新兴领导力，该博物馆已着手编制基于团队合作的展览和项目规划，并通过加强与各社区团体和社区伙伴组织的合作和联系，力图提升博物馆在社区文化的相关性。得益于其在内部运作方式和外部交互方式领域的这些变化及其他基于系统的变化，该博物馆正在向学习型组织转型。这些案例也反映了博物馆的既往做法，提醒新工作人员博物馆的既往经历，鼓励新工作人员将过去的错误与失败视作学习和成长的机会。在博物馆的前述努力下，社区成员对博物馆的认知发生了巨大变化，而前往博物馆参观的观众则比以往任何时候数量更多,多元化程度更高。尽管该博物馆正致力于变得更好且更具相关性,但事实证明,当在整个组织机构范围内广泛采用系统思维,甚至可以帮助最千疮百孔、旧式思维最根深蒂固的博物馆转型成为一家学习型组织。

  第十部分包含的两章将构成本书的结束语。在第十部分中,由基尔斯滕·莱瑟姆和约翰·西蒙斯撰写的第 19 章被特意放在本书的结尾部分,因为该章旨在通过在教育中纳入系统思维理论来展示未来博物馆的发展趋势与愿景。莱瑟姆和西蒙斯在第 19 章中论述了他们如何通过将系统化教学模型引入美国俄亥俄州肯特州立大学图书馆和信息科学学院(School of Library and Information Science at Kent State University)的博物馆教学研究当中,在研究生教育的内容和教学方法领域运用系统思维理论与模式。根据该项计划,学生将全面系统地学习一整套博物馆课程,课程设计的宗旨是帮助学生全面了解作为系统的博物馆及其社会背景。通过培训与教育助推未来博物馆人才和学者成为系统思维的应用者,是确保未来博物馆保持灵活健康增长并成为更大社会生态系统中负责任且及时回应型成员的最有效方法之一。本书最后一章(即第 20 章)由郑柳河撰写,对本书进行了总结,并概述了章节中共同使用的系统思维的概念和观点。此外,郑柳河还在该章总结了在系统思维基础上践行博物馆实践的各项特征(这些实践可在本书诸多章节中撷取),并探讨了未来博物馆实践、培训和研究的更多可能。

第19章 系统思维下的博物馆研究教学

基尔斯滕·莱瑟姆 约翰·西蒙斯

在本章中,我们将介绍系统思维理论与实践在博物馆研究中的应用以及系统思维能够为未来博物馆人才提供有效创新框架的缘由。我们还将阐释我们在课程(教学)中的教学方式以及教学内容与概念。本章共分为三节:第一节概述在课程中构建和推动教学的影响;第二节重点解释整套课程中使用的模型以及我们在课程中使用的部分概念与示例;第三节旨在阐释此种方法在未来博物馆中的潜在应用领域。

背 景

2011年,美国肯特州立大学(Kent State University, KSU)图书馆和信息科学学院(School of Library and Information Science, SLIS)在现有图书馆和信息科学硕士(master of library and information science，MLIS）学位课程中引入博物馆研究专业。[①]该专业学生的核心信息科学基础课程与图书馆专业和档案馆专业学生一样，但可选修博物馆研究的课程。完整的博物馆研究专业要求学生修满五门主要课程和一门专题课程，即博物馆研究基础、博物馆系统、博物馆沟通、博物馆观众、博物馆藏品及博物馆起源。构建此类相互关联型课程的基础是将博物馆视作完整系统，其目的在于帮助学生全面了解博物馆及其社会背景。

影　　响

我们的博物馆研究方法受到多个相互关联型研究领域（见表19.1）的启迪，包括现象学、系统思维、设计思维及复杂性科学（隶属课程研究的内容）。上述研究领域均通过整体主义（对某一特定主题的整体研究）相连接。日前，愈来愈多的学科正力图应用整体主义研究方式，广泛覆盖从生物科学到教育理论的各个学科领域。[②] 具体而言，我们将博物馆视作一个相互嵌套的复杂生态系统。首先，观众个体构成一系列复杂系统的一部分；其次，博物馆系统（将在下文做更详尽讨论）由一系列各自独立运营的系统组成；再次，博物馆系统是一套更庞大系统的一部分，我们称之为社会（亦包含时间维度）。值得注意的是，我们的系统方

[①] Kiersten F. Latham, "Lumping, Splitting and the Integration of Museum Studies with LIS," *Journal of Education for Library and Information Science* 56, no. 2 (2015): 130-140.

[②] Joachim P. Sturmberg, " 'Returning to Holism': An Imperative for the Twenty-First Century," in *The Value of Systems and Complexity Sciences for Healthcare*, ed. Joachim P. Strumberg (New York: Springer, 2016), 3-19.

法旨在强调个体在此种情境下的重要性,这里的个体既包括观众,亦可指员工或捐赠者。在图书馆和信息科学学院(SLIS),我们开发了上述专业,赋予"以系统为中心"这一表述以一定负面蕴意;遗憾的是,使用多年之后,人们才发现应该专注于系统而非系统各部分之间的相互关系。取而代之的新型"以用户为中心"的模式同样存在问题;该模式通常仅集中关注系统中的一个部分而不是整个系统及其内部的相互作用。出于前述原因,我们从多个层面着手力图有所突破。

表 19.1　美国肯特州立大学图书馆和信息科学学院博物馆研究课程的四个影响领域

	现象	系统思维	设计思维	复杂思维
定义	对现象、事物在体验中出现方式或意识的研究[1]	• 世界观[2] • 一种思想流派,专注于识别系统各部分之间的相互联系及将各部分整合为统一整体观念的过程[3]	• 人本主义方法,强调观察、协作、快速学习、观念可视化、快速概念化原型设计和同步业务分析[4] • 用于创新和赋能的方法论[5]	• 研究复杂系统 • 复杂性是指无法通过简单、机械或线性方式理解的综合、丰富且多变的环境[6] • 思考和行动的一种方式[7]
原则/特征	缺失各方已达成一致的原则;意识的意向性和对主客二分认识论的拒绝是其根本特征[8]	• "大局观"思维 • 平衡短期前景与长期前景 • 识别系统动态的、复杂的且相互依赖的特性 • 考量定性与定量因素 • 每个人都是我们所运作(影响)的系统的一部分[9]	• 以用户为中心 • 协作 • 迭代 • 整体观 • 乐观 • 实验 • 体验设计	• 自组织 • 出现 • 相互依存 • 反馈 • 可能性的空间 • 共同演化 • 创建新秩序[10]

资料来源:作者。

备注：

1. David Stewart and Algis Mickunas, *Exploring Phenomenology: A Guide to the Field and Its Literature* (Chicago: American Library Association, 1990).

2. Stephen G. Haines, "Understanding Systems Thinking and Learning," in *The Manager's Pocket Guide to Systems Thinking and Learning* (Amherst, MA: HRD Press, 1998).

3. Virginia Anderson and Lauren Johnson, *Systems Thinking Basics: From Concepts to Causal Loops* (Cam-bridge, MA: Pegasus, 1997).

4. Thomas Lockwood, *Design Thinking: Integrating Innovation, Customer Experiences and Brand Value* (New York: Allworth, 2010).

5. Ibid.

6. Michael R. Lissack, "Mind Your Metaphors: Lessons from Complexity Science," *Long Range Planning* 30, no. 2 (1997): 294-98.

7. Brent Davis and Dennis Sumara, *Complexity and Education* (Mahwah, NJ: Lawrence Erlbaum, 2006).

8. Stewart & Mickunas, *Exploring Phenomenology*.

9. Anderson and Johnson, *Systems Thinking Basics*.

10. Eve Mitleton-Kelly, *Complex Systems and Evolutionary Perspectives on Organisations: The Application of Complexity Theory to Organisations* (Amsterdam: Pergamon, 2003).

四个影响领域为我们系统方法的另一层面提供支持，我们强调的复杂系统中的二元论或二分对比论都不具可支持性。二元论在博物馆实践中非常多见（例如物件对想法、藏品对人员、访问对蕴意等）。例如，最有害的二元论之一即是"我们对他们"的对立态度。无论是课程教学过程中还是在专业会议上，我们经常能够在馆藏工作人员与专业教育人员身上看到此种对立态度。

模式：整体的博物馆生态系统

模型的起源

我们的模型受到一系列博物馆研究思想家的影响，尤其是汉弗莱（Humphrey）①，他将博物馆概念化为由博物馆内部和外部组成的嵌套式系统。在最初阶段，汉弗莱将内部博物馆定义为馆藏以及研究和关心馆藏的人员，将外部博物馆定义为将"所有将内部博物馆的知识提供给外行公众使用的转化设施（例如展览和公共项目等）"②。在汉弗莱看来，内部博物馆是一套隐秘系统，而外部博物馆则是面向公众的系统。此种模式具有静态化特征，因为它致力于在两个迥然不同领域中界定特定活动和工作人员职能。即便如此，汉弗莱模型对于批判性分析不同博物馆架构和功能亦大有裨益；因此，我们对其进行调整，以引导学生从不同角度评估博物馆架构、职能和关系并分析博物馆。该模型还有助于了解博物馆系统的运作方式和随时间推移的演进方式。

为使其更具自适应性与灵活性，我们从基恩（Keene）的博物馆系统模型中获得启迪。③ 我们需要在模型中纳入外部影响力要素，因为博物馆普遍受到外部力量（包括经济、政治和文化趋势）的影响。在我们的模型中（见图 19.1），每一个博物馆都有一套内部系统（参阅汉弗莱的内部与外部博物馆），但博物馆位于一套外部系统之中，该外部系统包括影响内部系统的地方与全球环境。我们在课程中应用的博物馆整体模型由这两个相互作用

---

① Philip S. Humphrey (lecture, University of Kansas-Lawrence, 1976); Philip S. Humphrey, "The Nature of University Natural History Museums," in *Natural History Museums: Directions for Growth*, ed. Paisley S. Cato and Clyde Jones (Lubbock: Texas Tech University Press, 1991), 5-11.
② 汉弗莱，讲座。
③ Suzanne Keene, *Managing Conservation in Museums* (Oxford: Butterworth-Heinemann, 2002).

的嵌套式动态元素组成。

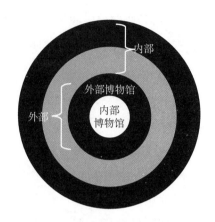

图 19.1　博物馆整体系统模型

资料来源：莱瑟姆与西蒙斯，2014 年。

内部博物馆系统：内部与外部博物馆

尽管并不存在一种适合描述所有博物馆的单一模型，但典型博物馆组织架构包含一系列相互作用的部门（例如行政部、馆藏部、展览部、教育部、公共关系部和发展部等）。从历史上看，内部与外部博物馆之间存在明显界限，不仅在象征意义上如此，在实际意义上亦然（见图 19.2，左图）。例如不久之前，观众鲜少能在场馆中遇到策展人或在场馆中与策展人互动。然而近期社会变迁（例如在技术、经济等领域强调学习方式和社区参与）已导致博物馆系统的变迁，使内部与外部博物馆之间边界更具渗透性（见图 19.2，右图）。现如今，在场馆内看到策展人与观众互动已属稀松平常之事。

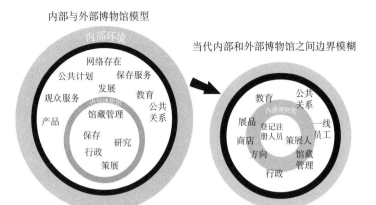

图 19.2 内部与外部博物馆模型，传统模型（A，左）和当代边界模糊的模型（B，右）。

资料来源：莱瑟姆与西蒙斯，2014 年。

事实上，在许多博物馆中，传统部门架构正在发生变化，这使得将博物馆职能简单归为纯粹的内部博物馆职能或外部博物馆职能更加困难，与此同时，传统的内外博物馆边界也开始变得日益模糊。例如，许多博物馆现在采用团队合作方式开发展览与项目，有些展览与项目甚至在其进程中将博物馆用户纳入其中。随着外部博物馆与外部世界之间边界的渗透性日益增强，博物馆与公众之间的信息流动亦日趋频繁广泛。这些变化是博物馆日益重视提高决策透明度、认识到与公众构建新关系的重要性以及高度重视各方反馈意见的结果。得益于此，在隶属外部博物馆的博物馆场馆内看到内部博物馆工作人员与观众互动已属稀松平常之事。

在现阶段模型中，我们继续在课程教授中使用内部博物馆与外部博物馆这两个术语作为转型实践讨论中的基本概念。① 我们还将我们自身在博物馆系统中的个人经历与经验（无论是作为工作人员还是观众）纳入现阶段模型之中，借此凸显对更广大系统中个人层面问题的关注与思考。系统方法的使用为我们提供了有助理解人类经验（在本例中此种人类经验系指对于博物馆与博物馆馆藏及其他物件的个人经历与经验）的有效方式，而不会忽视具有同等相关性的社会和文化背景。

外部系统：环境

博物馆并非与世隔绝的孤岛，而是置身于组织、文化和时序历史与行动复合体内的有机系统，因此，博物馆会影响外部环境（及其他系统）并反过来受其影响。作为一个嵌套在一系列更庞大系统中的系统，博物馆具有关系实体的性质。② 因博物馆关系而引致的变化既戏剧性又微妙；即使看似微不足道的变化亦会对整个博物馆系统产生巨大而深远的影响。正如生态系统中的各类生物必须不断适应环境变化一样，博物馆也必须保持其灵活性。由于博物馆嵌套于其中的外部系统无时无刻不在变迁之中，因此如若不想灭亡，博物馆就必须改变自己来适应环境。引发博物馆变革的压力可能来自地区、区域、国家乃至全球的挑战。无论是明示还是暗示，博物馆在其内部的所有实践都可以与其外部关联

---

① Kiersten F. Latham and John E. Simmons, *Foundations of Museum Studies: Evolving Systems of Knowledge* (Santa Barbara, CA: Libraries Unlimited, 2014).
② Joshua A. Bell, "Museums as Relational Entities: The Politics and Poetics of Heritage," *Reviews in Anthropology* 41, no. 1 (2012): 70-92.

联系起来。这些外部关联包括当地社区（涉及民众、政治家、企业、学校、团体和俱乐部）及其他文化机构。正如海恩斯（Haines）本人所述，管理、愿景和领导力涉及领会和应对这些冲突。① 此外，对博物馆而言，不仅行政管理人员必须了解博物馆与外部系统之间的关系，即便是与外部少打交道的博物馆内部工作人员也对外关联。② 譬如，虽然藏品管理在传统上被视作幕后工作（因为其工作性质通常并不处于公众视野之内），但实际上，馆藏管理者与登记注册人员必须深入了解其所涉社区。征集和管理捐赠文物、收集文物相关信息、设计展览、撰写赠款建议书和筹集资金等工作通常都需要博物馆工作人员与外部的人和机构进行互动。

概　　念

基于上述模型及与之相关的影响，我们在整套博物馆研究课程中（包括内容和教学方法）采用了一系列概念。通过在不同课程中应用这些概念，我们能够成功启迪学生理解整个系统内的交互情况，并帮助学生在课程与课程之间（并进而在内容到内容之间）构建联系。

构建所有这些概念的基础都是将博物馆视作一个开放式复杂

---

① Stephen G. Haines, "Understanding Systems Thinking and Learning," in *The Manager's Pocket Guide to Systems Thinking and Learning* (Amherst, MA: HRD Press, 1998).
② Kiersten F. Latham, "The Invisibility of Collections Care Work," *Collections* 3, no. 1 (2007): 103-112.

系统的理念。开放式系统被定义为具有连续流入和流出[1]的系统,其在不稳定的稳固状态下保持创造性活力。[2] 值得注意的是,并非所有开放式系统都兼具复杂性与自适应性,但我们将博物馆视作复杂的自适应系统(complex adaptive systems,CAS),这一概念通常是指在系统中以不同方式交互作用的大量元素。[3] 一个被视作复杂的系统必须具备数项必要特质:首先,它必须是自组织型系统,以自下而上的方式扩展;其次,它应由短程关系组成,并嵌入一个嵌套式架构中,该架构具有边界模糊和组织封闭(即固有稳定性)等特性;再次,该系统必须有既定的架构,且远离均衡状态[有关这些术语的详细定义,请参阅戴维斯(Davis)与苏迈拉(Sumara)论著]。[4] 由于动态活动与耗散结构,复杂系统不断改变自己。[5] 换言之,这些系统的架构略显不平衡,因此允许创造力的产生和发展。[6] 我们在课程中用于描述博物馆的一些关键系统概念包括关系、自适应性和动态性、分析和合成的耦合以及兴起/共同兴起。

---

[1] Ludwig von Bertalanffy, *General System Theory: Foundations, Development, Applications* (New York: Braziller, 1969).

[2] William E. Doll, "Complexity and the Culture of Curriculum," *Educational Philosophy and Theory* 40, no. 1 (2012): 10-29.

[3] John Cleveland, "Complexity Theory: Basic Concepts and Application to Systems Thinking," last modified March 27, 1994, accessed July 18, 2016, http://www.slideshare.net/johncleveland/complexity-theory-basic-concepts.

[4] Brent Davis and Dennis Sumara, *Complexity and Education* (Mahwah, NJ: Lawrence Erlbaum, 2006).

[5] Doll, "Complexity and the Culture of Curriculum"; Katherine Hayles, *Chaos and Order: Complex Dynamics in Literature and Science* (Chicago: University of Chicago Press, 1991).

[6] Doll, "Complexity and the Culture of Curriculum."

整体—部分—整体的概念不仅来源于系统思维，亦起源于现象学。这一概念是指一个实体存在于一种嵌套式关系中，在此类关系中每个整体都是由彼此交互的部分或要素（在模型中我们称之为内部系统）组成，且每个整体本身亦是一个更具包容性的整体的一部分（在模型中我们称之为外部系统）。① 所有课程均采用整体—部分—整体的结构设计。例如，在入门课程中，我们引导学生调查博物馆于各个不同时代在社会（整体）中的意义，但也要求学生区分博物馆（部分）中的部门架构、工作人员及任务。

关系在博物馆系统中至关重要。一般而言，关系由系统所有部分之间的联系组成。关系不仅对于保持开放式沟通流程至关重要②，而且对于维系一家与社区相关的组织机构的健康发展也至关重要。例如，博物馆在社会中的定位会影响其关系与职能，此种定位可以是私人或公共机构、在地方和全球经济中的社团组织，亦可以是记忆机构或文化遗址、国家身份的代表，或处于商品文化中的组织机构。

此外，人与物之间的关系是博物馆概念的核心要义。③ 在我们课程中，人-物互动被教导为博物馆与其观众之间最重要的关系之一。人-物互动描述了博物馆观众可以与物品进行的多

---

① Doll, "Complexity and the Culture of Curriculum."
② Codynamics, "Introduction to the Basic Concepts of Complexity Science," last modified 2004, accessed on September 24, 2015, http://www.codynamics.net/intro.htm.
③ Codynamics, "Introduction to the Basic Concepts of Complexity Science," last modified 2004, accessed on September 24, 2015, http://www.codynamics.net/intro.htm.

层次碰撞。① 无论是博物馆工作人员、观众还是非观众,博物馆体验都建立在人类与博物馆物件的关系之上。

博物馆系统应具有自适应性并力求实现其动态性。我们将博物馆视为一个有机生命系统。在此种背景下,自适应性系指生命系统不断适应永续变化的环境。② 在此种环境中,组织内的持续学习对于组织生存至关重要。动态性意味着尽管复杂型自适应性系统在波动中具有稳定性,但它们对环境的敏感度足以达到允许系统转型的水平,因为它们可以适应内部和外部的波动。③ 这一特点大有裨益——这意味着博物馆并未具像化,而是时刻准备着随时间和空间的外部变化而变化。例如,在博物馆起源课程中,我们引导学生检视博物馆持久性特征(例如工作人员、观众和馆藏)在各个不同时代的内涵变化。在博物馆系统课程中,我们使用这些概念来讨论一些博物馆的消亡史及其对其他博物馆健康发展的意义。

在课程中,我们使用分析法和综合法来研究博物馆系统。分析法系指将事物拆分为多个部分以便研究每个部分;综合法是对整体系统的研究。很多时候,我们会引导学生掌握拆分事物的方式方法,但切忌再将各个部分重新组合在一起。然而,对复杂系统而言,分析法过于简化和原子化,因此无法单独使用。④ 我们

---

① Elizabeth E. Wood and Kiersten F. Latham, "The Thickness of Things: Exploring the Curriculum of Museums through Phenomenological Touch," *Journal of Curriculum Theorizing* 27, no. 2 (2011): 51-65.
② Codydynamics, "Introduction to Basic Concepts."
③ Cleveland, "Complexity Theory."
④ Andy Clark, *Being There: Putting Brain, Body, and World Together Again* (Cambridge, MA: MIT Press, 1997).

的一项跨课程任务（在博物馆系统中）是开展系统化分析法与综合法分析。在此种分析中必须使用内部与外部、内在与外在等概念术语来批判性分析一家真实存在的博物馆。

此外，我们还在课程中嵌入了兴起（emergence）和共同兴起（co-emergence）的概念。兴起是指"因系统各要素之间持续交互而导致的系统层面模式创建"的过程，该过程可催生出新的系统、模式或现象。[1] 兴起可发生在多个层面，包括个体、群体和活动。[2] 在学习过程中，共同兴起发生在"课程行动的各个组成部分（例如学生、教师、书本和进程）被理解为存在于一种动态且相互定义的关系中"之时。[3] 我们的现场博物馆研究实验室（MuseLab）是一个有助新生事物兴起的场所；我们借助快速移动的设计进程创建出多项有机展品。此种设计进程有时是倒置的（从内容开始，以找到重要理念和标题为终结）。共同兴起是我们教学的基本概念，但我们也支持现场专业人士的概念。

系统思维的应用和博物馆的未来

我们在上文中简要概述了我们在博物馆研究课程中纳入系统思维理念的方式方法，其目的是帮助学生为以后的博物馆工作做

---

[1] Hanin Hussain, Lindsey Conner, and Elaine Mayo, "Envisioning Curriculum as Six Simultaneities," *Complicity: An International Journal of Complexity and Education* 11, no. 1 (2014): 63.

[2] Ibid.

[3] A. Brent Davis, Dennis J. Sumara, and Thomas E. Kieren, "Cognition, Co-emergence, Curriculum." *Journal of Curriculum Studies* 28, no. 2 (1996): 151.

好就业准备。我们深信，在博物馆人员培训中运用系统思维理念能够为未来博物馆专才提供更有效工具，有助他们理解和完善其所在博物馆的各项工作，从而最终促进博物馆系统的健康稳健发展。

参考文献

Anderson, Virginia, and Lauren Johnson. *Systems Thinking Basics: From Concepts to Causal Loops*. Cambridge, MA：Pegasus, 1997.

Bell, Joshua A. "Museums as Relational Entities：The Politics and Poetics of Heritage." *Reviews in Anthropology* 41, no. 1 (2012)：70-92.

Bertalanffy, Ludwig von. *General System Theory: Foundations, Development, Applications*. New York：Braziller, 1969.

Clark, Andy. *Being There: Putting Brain, Body, and World Together Again*. Cambridge, MA：MIT Press, 1997.

Cleveland, John. "Complexity Theory：Basic Concepts and Application to Systems Thinking." Last modified March 27, 1994. Accessed July 18, 2016. http：//www.slideshare.net/johncleveland/complexity-theory-basic-concepts.

Codynamics. "Introduction to the basic Concepts of Complexity Science." Last modified 2004. Accessed September 24, 2015. http：//www.codynamics.net/intro.htm.

Davis, A. Brent, and Dennis J. Sumara. *Complexity and*

Education. Mahwah, NJ: Lawrence Erlbaum, 2006.

Davis, A. Brent, Dennis J. Sumara, and Thomas E. Kieren. "Cognition, Co-emergence, Curriculum." *Journal of Curriculum Studies* 28, no. 2 (1996): 151.

Doll, William E. "Complexity and the Culture of Curriculum." *Educational Philosophy and Theory* 40, no. 1 (2012): 10–29.

Haines, Stephen G. "Understanding Systems Thinking and Learning." in *The Manager's Pocket Guide to Systems Thinking and Learning*. Amherst, MA: HRD Press, 1998.

Hayles, Katherine. *Chaos and Order: Complex Dynamics in Literature and Science*. Chicago: University of Chicago Press, 1991.

Humphrey, Phillip S. *Lecture*, *University of Kansas-Lawrence*, 1976.

———. "The Nature of University Natural History Museums." in *Natural History Museums: Directions for Growth*, edited by Paisley S. Cato and Clyde Jones, 5–11. Lubbock: Texas Tech University Press, 1991.

Hussain, Hanin, Lindsey Conner, and Elaine Mayo. "Envisioning Curriculum as Six Simultaneities." *Complicity: An International Journal of Complexity and Education* 11, no. 1 (2014): 63.

Keene, Suzanne. *Managing Conservation in Museums*. Oxford: Butterworth-Heinemann, 2002.

Latham, Kiersten F. "The Invisibility of Collections Care Work." *Collections* 3, no. 1 (2007): 103-112.

——. "Lumping, Splitting and the Integration of Museum Studies with LIS," *Journal of Education for Library and Information Science* 56, no. 2 (2015): 130-140.

Latham, Kiersten F., and John E. Simmons. *Foundations of Museum Studies: Evolving Systems of Knowledge*. Santa Barbara, CA: Libraries Unlimited, 2014.

Lissack, Michael R. "Mind Your Metaphors: Lessons from Complexity Science." *Long Range Planning* 30, no. 2 (1997): 294-298.

Lockwood, Thomas. *Design Thinking: Integrating Innovation, Customer Experiences and Brand Value*. New York: Allworth, 2010.

Mitleton-Kelly, Eve. *Complex Systems and Evolutionary Perspectives on Organisations: The Application of Complexity Theory to Organisations*. Amsterdam: Pergamon, 2003.

Stewart, David, and Algis Mickunas. *Exploring Phenomenology: A Guide to the Field and Its Literature*. Chicago: American Library Association, 1990.

Sturmberg, Joachim P. "'Returning to Holism': An Imperative for the Twenty-First Century." in *The Value of Systems and Complexity Sciences for Healthcare*, edited by Joachim P. Strumberg, 3-19. New York: Springer, 2016.

Wood, Elizabeth E., and Kiersten F. Latham. *The Objects of Experience: Transforming Visitor-Object Encounters in Museums*. Walnut Creek, CA: Left Coast Press, 2014.

——. "The Thickness of Things: Exploring the Curriculum of Museums through Phenomenological Touch." *Journal of Curriculum Theorizing* 27, no. 2 (2011): 51-65.

第 20 章　向学习型博物馆和系统智能化转型

郑柳河

在本书中，我们介绍了作为指导博物馆管理和运营的系统思维理念与实践。尽管系统思维似乎只是一种理念，但我们力图通过展示真实博物馆实例，将系统思维理论再现在现实工作中。在这些实例中，各个博物馆将系统思维理论应用于其各类职能和工作领域。正如每章以及本书导论部分（第 1 章）中所解释的那样，我们在使用"系统"一词时并未赋予其机器或受控机制的意义。[①] 在本书中，"系统"一词系指由事物、人员和关系构成的一个复杂、相互依存且开放的网络，而这些事物、人员和关系亦构成一个不断变化的社会、文化和自然环境的一部分。[②] 正如本书许多章节中所述，博物馆是一个开放式系统，拥有相互依存的

[①] Peter Checkland, "Soft Systems Methodology: A Thirty Year Retrospective," *Systems Research and Behavioral Science* 17, no. S1 (2000): 11–58.

[②] Peter Senge, "Being Better in the World of Systems," speech at the 30th Anniversary Seminar of the Systems Analysis Laboratory, Aalto University, Finland, November 2014, https://www.youtube.com/watch?v=0QtQqZ6Q5-o; Sally Helgesen, *The Web of Inclusion: A New Architecture for Building Great Organizations* (New York: Doubleday, 1995).

物件、部门和人员,因此博物馆是其更庞大社区中不可或缺的一部分——影响博物馆内部和外部正在发生的变化,并反过来受其影响。为成功管理复杂的开放式博物馆组织机构,博物馆应不断学习如何与不断变化的事物、观点、需求和关系网络进行互动。但遗憾的是,大多数博物馆并未如此。

尽管博物馆及其社区内的相互依存关系正不断出现和发展,但大多数博物馆往往等级森严、高度受控、彼此分隔、集权式管理和机械化,以博物馆自身为导向,而不是以观众和社区为导向。这些博物馆似乎与其大多数社区成员并无瓜葛,往往服务于一小撮非常特殊的人群(通常是白人、富人和受过良好教育的人)。究其原因,是因为这些博物馆不能理解其部门和人员之间以及博物馆与其社区之间复杂的相互依存关系。圣吉将此称为系统无知。① 系统无知描述了人们倾向于不断产生相同结果的趋势,这些结果并非出于刻意但往往有害,且无法以可持续性方式加以解决。博物馆不希望与其社区无任何瓜葛,亦不希望被视作精英主义者、无法企及、并制造不被社区重视的知识。然而,许多博物馆在现实工作中仍在延续此种做法。如果想获得不同结果,博物馆必须启用全新范式来改变其运作方式。梅多斯等人在描述系统思维时将其扼要概括为:如果不了解一个系统的基本架构及其各部分相互影响的方式,我们就无法有效管理整个系统。② 倘以此种思维作为一种全新范式,博物馆将可实现系统智

---

① Senge, "Being Better."
② Donella H. Meadows, Dennis L. Meadows, Jorgen Randers, and William W. Behrens iii, *The Limits to Growth: A Report for the Club of Rome's Project on the Predicament of Mankind* (New York: Universe, 1972).

能化。

然而，缺失行动的思想或理论并不具备持续性改变不良结果的能力。无论该理论是什么亦无论实践者是否已意识到这一点，理论总是以实践为基础，且一套已知理论在投入实际应用之前并不具有多大价值。① 根据圣吉所言，所有人都具有与生俱来的系统思维能力；他建议人们应该悉心观察成功实施系统思维的组织机构并研究其成功的缘由，以便从最佳实践中汲取经验和灵感。② 本书各章节旨在帮助读者通过践行可应用于其他博物馆的最佳实践，并根据所在博物馆的不同背景和独特性进行适应性调整来做到这一点。

基于系统的博物馆实践特征

本书的每个部分都旨在阐释探索基于系统的博物馆实践的有益方面，其中包括有效管理和领导、人事管理、展览和项目、外部沟通、鼓励社区参与、筹资和财务可持续性及物理空间等。尽管在特设篇幅中介绍这些章节可能会被视作有悖于系统思维的根本理念，但我们刻意这样做的目的，是希望在博物馆中对系统思维理论与实践的应用可以从小处着眼，而不必在一开始就全面铺开到整个博物馆层面。一旦从小处着眼的系统思维实践斩获成功，它就可以被应用于更大的博物馆实践，全面考虑博物馆的各类职务与职能、多个利益相关者及各种观点。通过研究本书中枚

---

① Senge, "Being Better."
② Ibid.

举的许多博物馆所采用的策略,任何考虑实施基于系统思维新实践或流程的博物馆,无论其规模大小,都可以从本书中撷取关于成功系统思维型博物馆特征的灵感。大多数成功系统思维型博物馆特征都可在本书诸多章节中找到并在下文中提及。

根据圣吉提出的学习型组织理念,系统化智能博物馆属于学习型博物馆。[①] 学习型博物馆及其专业人士深知,为维系诸多关联并在实践中运用其观点,应该将高度受控的层级式管理和治理结构更改为基于集体领导、关系网络和多向沟通系统的管理和治理结构。如果不能在博物馆管理中采用此等灵活有效的方式,并维持各个部门之间以及博物馆与社区之间的良性互动,博物馆就可能会基于少数人愿景和专业知识的基础上,开发和执行展览与展项。即使出于无意,此种有限覆盖范围也会使博物馆工作与大多数社区成员缺乏关联,甚至可能增加博物馆与社区之间的隔阂,导致博物馆公共服务与社区居民的需求脱节。

在内部仔细研究系统博物馆架构后我们不难发现,大多数学习型博物馆采用基于团队的方法,广泛吸纳来自不同部门、不同层级和不同岗位的博物馆工作人员的意见与建议。他们理解博物馆不同职能与部门之间的相互关联性,在致力于实现集体美好愿景的进程中,每个部门的工作都与其他部门休戚相关、紧密相连。在此种情况下,领导力不仅取决于一个人所处的职位,更关乎一个人执行项目的能力和经验。因此,领导者职位通常根据项目性质的不同而轮换。团队成员获得赋权,因为他们可以开展与

[①] Peter Senge, *The Fifth Discipline: The Art and Practice of the Learning Organization* (New York: Doubleday, 1990).

各自兴趣爱好和技能相匹配的项目，并通过与其他员工的合作共事实现共同目标。

更灵活与有效的学习型博物馆管理系统，能够倾听各方意见并致力于满足社区需求与利益。因此，学习型博物馆注重以观众为中心和以社区为导向。他们深知博物馆是其所在更庞大社区的一部分，因此致力于认真倾听观众与社区成员寄予博物馆的期望，并在开发展览和项目以及形成新知识的过程中识别与本地议题和关注点相关的内容。在此种情况下，博物馆及其物件不再是博物馆工作的重中之重；除非将博物馆工作的意义与观众和当地社区相互关联，否则博物馆及其物件本身并不重要。

由于深刻理解了为当地社区服务的重要性，系统化智能博物馆亦致力于保持文化相关性，在努力加强社会包容性的同时，积极鼓励人们参与博物馆组织的对当地社区至关重要的集体行动。博物馆借助人口统计学研究、观众与非观众研究、评估方法及其他正式和非正式的对话和参与性活动，不断与社区沟通。在一些成功案例中，社区成员是博物馆在深刻理解其所涉社区的基础上以深刻且完整方式开发展览和项目进程的一部分。

学习型博物馆期待意想不到的收获——它们深知博物馆切不可墨守成规，沉醉于陈旧平衡状态，应该努力实现并保持博物馆发展的动态平衡[①]，即在不断传承与蜕变中日趋完善，并坚持变中求新、变中求进和变中突破。因此，学习型博物馆通过在行动

[①] Ludwig von Bertalanffy, "The Theory of Open Systems in Physics and Biology," *Science* 111, no. 2872 (1950): 23-29.

上保持高度一致和相互支持，以获得实现长期可持续性发展所需的资源。例如，学习型博物馆依靠多样化资金来源和关系来支持博物馆的未来发展。在此种情况下，可持续性发展不仅意味着存续，而且意味着以一种求新求变的动态方式蓬勃发展。因此，学习型博物馆能够在保持灵活性的同时，拥有应对新兴挑战和机遇的综合机制。

最后，系统思维在博物馆日常工作中的应用有助博物馆转型为学习型组织，通过不断学习，共同在变中求新、变中求进和变中突破，并提升与其所涉社区的相关性。如果未能在整个博物馆内实现范式变化或未能改变博物馆专业人士的理念，那么向学习型博物馆的转型将会成为无源之水、无本之木。否则，上文所述的实践和特征将难以在一个或两个项目完工之外继续推广到博物馆未来的日常工作中。因此，为促进向学习型博物馆转型，博物馆应面向广大工作人员开展系统思维的培训与教育。实现这一目标的途径可包括向未来博物馆专才教授系统思维理论与实践，以及组织召开专业发展研讨会等。

为博物馆培养未来系统思想家

倘使博物馆切实希望实现向学习型组织的转型，则博物馆运营管理人员应该理解系统思维的理论与实践，换言之，即成为系统智能化领域的专才。实现这一目标的方式之一即是获得高等教育机构的高等学位。基尔斯滕·莱瑟姆和约翰·西蒙斯在双方合作撰写的第19章中详细阐释了如何在研究生教育的内容和教学方法领域运用系统思维理论与模式来设计高等教育机构的博物馆研究课程。本书可用作博物馆研究及相关专业课程的教材，以教育和引导未来博物馆专业人士与学者成为系统智能化领域的专才。实现上述目标的另一种方式是借助在博物馆内的专业发展和深刻反思，具体做法请参阅道格拉斯·沃茨编撰的第 8 章和兰迪·科恩编撰的第 5 章内容。阅读本书将有助博物馆系研究生、博物馆专业人士和学者在更广泛了解博物馆工作最佳实践的基础上，深度思考他们应如何将这些策略应用于其作为博物馆专业人士和研究人员的当前和未来的职业生涯中。正如安·罗森·拉夫在本书每个部分结尾部分的反思和行动步骤中所述，博物馆也可使用本书来反思其工作实践，并在系统思维的基础上采取适宜的行动步骤——系统思维构成博物馆实践的全新范式。

前 景 展 望

正如本书第 1 章中所述，系统思维理念对于博物馆而言仍属于新鲜事物，完全理解这一理念并将其纳入博物馆日常管理和运营实践依然任重而道远。随着愈来愈多博物馆和学者关注系统思维理论在博物馆工作中的应用，我们还需要在这一领域做更多的研究。我们计划通过进一步的应用和研究以"改变、扩展和改进"[1] 博物馆中的系统思维应用实践。在这个瞬息万变的世界中，出人意料的社会议题和对诸多社区提出的新要求将层出不穷。与任何业已存在的范式并无二异的是，系统思维既不完美亦

---

[1] Meadows et al., *Limits to Growth*, 22.

无力解决社区面临的所有问题与挑战。但是,正如本书中所分享的故事、分析、理论和应用实践所证明那样,互联型博物馆可通过主动学习和打造鼓励社会广泛参与的场所来引导其所涉社区应对这些挑战,因为此种场所可以赋予人们协力改变各自生活和社会的能力。

编者与供稿者简介

编者

郑柳河（**Yuha Jung**）博士是美国肯塔基大学（University of Kentucky）艺术管理专业助理教授。她拥有美国锡拉丘兹大学（Syracuse University）博物馆研究专业硕士学位、美国佐治亚大学（University of Georgia）公共管理专业硕士学位和宾夕法尼亚州立大学（Pennsylvania State University）艺术教育专业博士学位，博士研究方向为博物馆教育和管理。她当前的主要研究方向是探索在艺术与博物馆管理和教育中纳入系统理论与组织研究的有效方式。郑柳河博士已在诸多领域发表了大量论文，这些领域包括文化多样性、鼓励不同受众参与、系统理论、组织文化以及在艺术与文化机构中营造非正式学习氛围。

安·罗森·拉夫（**Ann Rowson Love**）博士是美国佛罗里达州立大学（Florida State University）艺术教育系博物馆教育和以观众为中心型展览项目负责协调的教员。她还兼任约翰与梅布尔瑞林艺术博物馆（John and Mable Ringling Museum of Art）的教员联络人。作为博物馆专业教育人员、策展人和管理员，拉夫已在博物馆界拥有逾25年的行业经验。她在策展协作、观众研究和艺术博物馆释展方面出版了大量专著并做了大量报告。

供稿者

卡洛琳·安琪儿·伯克（Caroline Angel Burke）是爱德华·M. 肯尼迪美国参议院研究所（Edward M. Kennedy Institute for the United States Senate）执掌教育、观众体验及馆藏的副所长，负责研究所的所有教育项目、展览、释展、媒体开发和策展馆藏工作。此前，伯克曾在波士顿科学博物馆（Museum of Science, Boston）担任展览高级项目经理及博物馆成人与特别项目的项目经理，并曾在美国与英国多家博物馆及相关产业中担任不同职务，从事策展、项目管理、教育和观众服务管理等工作。伯克拥有美国东北大学（Northeastern University）历史与人类学学士学位及英国莱斯特大学（University of Leicester）博物馆研究硕士学位。

斯瓦鲁帕·阿尼拉（Swarupa Anila）是底特律艺术学院（Detroit Institute of Arts）释展参与董事，负责展览与永久馆藏领域以观众为中心型释展工作的战略规划和执行。阿尼拉是该领域全美公认的业界领袖，致力于介绍推广释展实践和出版相关论著，她领导的释展工作曾获颁大奖。阿尼拉拥有美国密歇根大学（University of Michigan）学士学位，且是美国韦恩州立大学（Wayne State University）文学与视觉文化后殖民理论专业的博士候选人。阿尼拉目前担任《展览》期刊编辑委员会委员。《展览》期刊是美国国家博物馆展览协会（National Association for Museum Exhibition）的会刊。

过去 20 年间，**保罗·鲍尔斯（Paul Bowers）**不懈致力于领导主要机构内外的展览开发和重大项目。自 2013 年加入墨尔本维多利亚博物馆（Museums Victoria）以来，鲍尔斯始终致力于推动展览开发实践变革、创造关注体验和受众的新角色，并围绕公共报价规划、启动、创建和交付工作完善开发流程。

斯贝拉·迪尼兹（Sibelle C. Diniz）博士是巴西米纳斯吉拉斯联邦大学（Federal University of Minas Gerais）经济系的助理教授，主要研究方向是文化经济学、城市与区域经济学以及社会经济与团结经济。

作为建筑师和展览设计师，**汤姆·邓肯（Tom Duncan）**专攻于世界各国博物馆和名胜古迹。他擅长将专业实践与学术研究和教学相结合，目前是英国莱斯特大学博物馆研究学院的博士候选人。邓肯的研究项目致力于探究当代博物馆总体规划如何将建筑物空间品质与观众体验的体验特性与叙事特性完美结合起来。邓肯的主要工作地位于德国柏林，与**诺埃尔·麦考利（Noel McCauley）**携手创办了邓肯-麦考利工作室（Studio Duncan McCauley），是创始合伙人。该工作室的客户包括伦敦维多利亚与阿尔伯特博物馆（Victoria and Albert Museum）和柏林国家博物馆（State Museums of Berlin）等。

维多利亚·尤迪（Victoria Eudy）是美国佛罗里达州立大学（Florida State University）博物馆教育和以观众为中心型展览项目专业的博士候选人。在前往佛罗里达州立大学求学之前，维多利亚在美国佐治亚大学（University of Georgi）获得艺术教育硕士学位。她目前的主要研究方向是系统思维在艺术博物馆数字战略开发和实施过程中的应用。

迪欧米拉·法利亚（Diomira MCP Faria）博士是巴西米纳斯吉拉斯联邦大学（Federal University of Minas Gerais）地理系旅游经济学教授。法利亚的主要研究方向是旅游、文化、经济和区域发展。她在这些研究领域撰写并合著了多部书籍与论文。

吉多·费里莉（Guido Ferilli）是米兰语言与传播自由大学（IULM University in Milan）文化产业与复杂性观察站的助理教授和主任。他的研究方向是经济学、在社会科学中应用定量法和欧洲项目。此外，费里莉还致力于在文化政策设计与地方发展领域开展国际研究和提供国际咨询。

科拉·费舍尔（Cora Fisher）是美国东南当代艺术中心（SECCA）的前策展人，现为艺术专栏作家兼自由撰稿人，定居纽约。在美国东南当代艺术中心任职期间，费舍尔成功组织举办了 15 项展览，组织出版了多份出版物，并推出了北卡罗莱纳艺术家沙龙"12×12"系列。费舍尔拥有库珀联盟艺术学院（Cooper Union School of Art）艺术学士学位和巴德学院（Bard College）策展研究中心硕士学位。

艾米·汉密尔顿·弗利（Amy Hamilton Foley）已在底特律艺术学院（Detroit Institute of Arts）供职 20 多年，曾参与逾 100 项展览的组织与执行，广泛涉及从重大国际展览项目到地方展项的各个领域。弗利负责领导展览策划和实施，以确保成功排序、管理并整合与展览和主要画廊更换安装项目相关的所有活动。弗利拥有美国高盛学院（Goucher College）艺术管理硕士学位和美国贝茨学院（Bates College）艺术学士学位。此外，弗利还是美国展览组织和国际展览组织（IEO）的长期成员。最近，弗利又成为国际展览组织董事。

过去 15 年间，**凯西·福克斯（Kathy Fox）**致力于帮助澳大利亚维多利亚博物馆举办各类大型博物馆展览项目，以饱满热情投入到博物馆与设计过程的各项工作中。福克斯拥有澳大利亚墨尔本皇家理工大学（RMIT University）研究学位与工业设计学士学位，并在澳大利亚墨尔本大学（University of Melbourne）获得理学学士学位。

森地·吉拉蒂（Sendy Ghirardi）是米兰语言与传播自由大学（IULM University）在读博士生。吉拉蒂毕业于米兰语言与传播自由大学，专攻参与式博物馆实践课题。

艾米·吉尔曼（Amy Gilman）博士于 2016 年被任命为托莱多艺术博物馆（Toledo Museum of Art）副馆长，负责主持博物馆艺术馆藏、发展、领导力奖学金和财务工作。吉尔曼在美国凯斯西储大学（Case Western Reserve University）获得艺术史博士学位后，于 2005 年以现代与当代艺术副策展人身份加盟托莱多艺术博物馆。2011 年，吉尔曼成为托莱多艺术博物馆助理馆长，负责主持策展、教育、传播和观众参与工作。吉尔曼还是高级领导团队的成员，参与近期战略计划和员工重组工作。

帕特里克·格林（Patrick Greene）博士是澳大利亚维多利亚博物馆（Museums Victoria）前首席执行官，获颁大英帝国官佐勋章（OBE）。格林现任澳大利亚国家文化遗产委员会主席、澳大利亚博物馆理事会理事、澳大利亚世界遗产咨询委员会委员、墨尔本俱乐部大使（该组织旨在帮助墨尔本会议中心承办各类国际会议）。格林还是迪肯大学（Deakin University）亚太文化遗产中心的兼职教授，亦在墨尔本大学（University of Melbourne）

担任教授。

纳塔利娅·格林奇瓦（Natalia Grincheva）博士是澳大利亚墨尔本大学（University of Melbourne）变革技术研究部研究员。她参与多项研究项目，致力于探索新媒体技术在当代艺术与文化实践、政策和外交领域的挑战和创新。格林奇瓦通过前往诸多国家开展实地工作，在博物馆研究与数字外交领域取得了大量学术成果。基于其对北美、欧洲和亚洲大型国际知名博物馆实施的数字化项目的研究发现，格林奇瓦目前正着手撰写其第一本专著《在线博物馆作为文化外交平台的作用》(*Online Museums as Sites of Cultural Diplomacy*)。

兰迪·科恩（Randi Korn）是兰迪·科恩联合公司（RK&A）的创始董事，该公司是一家致力于实施评估、受众研究和影响力规划策略的公司。科恩专攻意向性规划（一种帮助博物馆规划并展示博物馆影响力的方式）。科恩致力于借助意向性规划与评估以帮助博物馆识别、衡量和传达自身价值。在1988年创办兰迪·科恩联合公司之前，科恩曾在博物馆担任不同职位，包括执行董事、展览设计师、释展策划师和评估员。除在美国乔治华盛顿大学已任教18年之外，科恩还经常受邀前往各地举办讲座，并在观众研究协会（Visitor Studies Association）董事会任职，在美国国家艺术教育协会（National Art Education Association）担任研究专员。

基尔斯·莱瑟姆（Kiersten F. Latham）博士是肯特州立大学图书馆和信息科学学院（LIS）副教授，她从该学院角度出发创建了博物馆研究专业并亲自教授相关课程。除学术工作外，她还在博物馆界工作了逾20年，广泛涉猎博物馆的不同职位，其中包括馆长、专业教育人员、研究员、馆藏经理、策展人、志愿者和顾问。莱瑟姆的主要研究方向是博物馆客体的意义——特别是其在情感、感知、感觉和灵性维度上的意义——以及博物馆作为知识体系的概念基础。莱瑟姆还经营着实验性博物馆实验室（MuseLab）——一个激励受众思考、实践和学习博物馆知识的有益场所。

阿娜·弗拉维亚·马查多（Ana Flávia Machado）是巴西米纳斯吉拉斯联邦大学（UFMG）经济系副教授，现任米纳斯吉拉斯联邦大学知识博物馆馆长。马查多主要研究方向是文化、博物馆和教育。她组织编撰了一本以创意经济为主题的书籍，并在自身研究领域撰写并合著了多部专著和学术论文。

苏珊·曼（Susan Mann）是美国佛罗里达州塔拉哈西市玛丽布罗根艺术与科学博物馆（Mary Brogan Museum of Art and Science）艺术系助理主任，该博物馆于 2012 年关闭。曼目前是美国佛罗里达州立大学（Florida State University）博物馆教育和以观众为中心型展览项目专业的在读博士。此前，曼是一名专攻基础艺术教育的艺术教育家。在华盛顿州，曼曾参与美国柏岭汉姆市联合艺术教育项目（Allied Arts Education Project），并在该项目中担任艺术教育委员会主席。曼拥有丰富的博物馆工作经验，曾与美国佛罗里达州立大学（Florida State University）美术博物馆和沃特科姆历史与艺术博物馆（Whatcom Museum of History and Art）合作。

罗德里格·米歇尔（Rodrigo C. Michel）目前在巴西米纳斯吉拉斯联邦大学（Federal University of Minas Gerais）攻读经济学博士学位。米歇尔的工作重点是创意和文化经济学，专攻电影摄影行业与音乐制作。米歇尔还拥有产业组织与创新领域的研究经验。

林恩·米勒（Lynn Miller） 于2013年加盟托莱多艺术博物馆（Toledo Museum of Art），担任人力资源总监。2016年，米勒晋升为助理主任，负责保障服务与设施工作并负责领导人力资源的各项工作，包括多元化和包容性举措。米勒在美国鲍灵格林州立大学（Bowling Green State University）获得心理学学士学位，并在研究生阶段主攻人力资源与组织机构设计。在加盟博物馆之前，米勒曾在多家私营企业担任人力资源领导职位，包括汤森路透公司（Thomson Reuters）、多米诺比萨集团（Domino's Pizza）及仁科集团（PeopleSoft）。

罗宾·尼尔森（Robin Nelson） 是加拿大渥太华大学（University of Ottawa）公共管理专业的博士候选人，专攻公共政策。尼尔森拥有加拿大多伦多大学（University of Toronto）博物馆研究硕士学位。她的主要研究方向源自于其社区博物馆工作经验，涉及地方文化政策、社区博物馆及政策工具。

芭芭拉·帕里欧托（Bárbara Freitas Paglioto） 拥有巴西米纳斯吉拉斯联邦大学（UFMG）的经济学学士学位和米纳斯吉拉斯联邦大学CEDE-PLAR学院的经济学硕士学位。自2012年以来，帕里欧托一直是米纳斯吉拉斯联邦大学FACE文化经济研究小组的成员，主要研究方向是博物馆经济学、文化消费及创意经济。

乔纳森·帕克特（Jonathan Paquette） 博士是加拿大安大略省渥太华大学（University of Ottawa）政治学院副教授。帕克特的工作重点是博物馆部门的制度变革和博物馆政策。此外，帕克特还是《艺术管理、法律和社会杂志》的执行编辑。

莫妮卡·帕克·詹姆斯（Monica Parker-James） 在正规与非正规教育领域拥有逾 20 年的非营利计划与项目管理经验。作为美国波士顿科学博物馆（Museum of Science）的展览项目经理，詹姆斯负责管理常设展览与巡回展览的开发工作。詹姆斯拥有美国波士顿大学（Boston University）理学硕士学位。目前，詹姆斯在波士顿大学医学院担任战略联盟主任。

尼·夸克坡姆（Nii Quarcoopome） 博士在底特律艺术学院（Detroit Institute of Arts）担任非洲、大洋洲和美洲土著系主任兼联合策展人，在该学院夸克坡姆携手博物馆释展专业教育人员完成了非洲画廊重新装修项目。2010 年，他组织举办了开创性展项"非洲之眼：欧洲非洲艺术——公元 1500 年至今"。该展览吸引了大量国家资金，并因成效卓越而赢得美国博物馆联盟（American Alliance of Museums）颁发最高荣誉和底特律市议会决议奖。夸克坡姆在美国加州大学洛杉矶分校（University of Californi-Los Angeles）获得艺术史博士学位。

黛博拉·兰道夫（Deborah Randolph） 博士是位于美国北卡罗来纳州温斯顿-塞勒姆市东南当代艺术中心（Southeastern Center for Contemporary Art）的教育策展人。兰道夫在美国北卡罗来纳大学（University of North Carolina）教堂山分校获得教育学博士学位。兰道夫的研究方向包括艺术整合中的关系能力建设、艺术与社会正义及社区激活型展览项目。

皮尔·路易吉·萨科（Pier Luigi Sacco） 是米兰语言与传播自由大学经济政策教授、哈佛大学 MetaLAB 中心高级研究员兼哈佛大学访问学者。萨科在文化经济学、博弈论及战略政策设计领域开展国际研究并提供相关咨询。萨科是《国际文化和创意产业杂志》《创意产业杂志》《质量与数量》以及《思想与社会》期刊编辑委员会与科学委员会委员。

约翰·西蒙斯（John E. Simmons） 曾历任动物园管理员、馆藏经理和美国堪萨斯大学（University of Kansas）博物馆研究项目主任。在堪萨斯大学，西蒙斯荣获校长颁发的杰出研究生指导奖。西蒙斯的专著包括 *Cuidado*、*Manejo y Conservación de las Colecciones Biológicas*、《事无巨细：馆藏管理政策》、《流体保存：综合参考》、《博物馆研究基础：不断演进的知识体系》以及《博物馆：史实》。此外，西蒙斯还经营着一家名为"Museologica"的咨询公司。西蒙斯亦是美国宾夕法尼亚州立大学（Pennsylvania State University）地球与矿物科学博物馆与美术馆（Earth and Mineral Sciences Museum and Art Gallery）的兼职馆长，并且是美国肯特州立大学（Kent State University）的兼职博物馆研究讲师。

宋姝妍（Juyeon Song） 是美国佛罗里达州立大学（Florida State University）艺术管理学博士候选人。宋姝妍在美国马萨诸塞大学（University of Massachusetts）获得金融和市场营销专业学士学位。她在从业之初担任韩国股市的金融分析师。宋姝妍在韩国发展研究所（KDI）获得工商管理硕士学位，在美国佐治亚理工学院（Georgia Tech）获得管理硕士学位。毕业后，宋姝妍在韩国艺术委员会（Arts Council Korea）下属文化艺术促进基金会担任投资组合经理。她的主要研究方向是资本结构、战略决策以及作为艺术和文化组织资源的无形资产管理。

摩根·西曼斯基（Morgan Szymanski） 是美国佛罗里达州立

大学（Florida State University）和以观众为中心型展览项目专业的在读二年级硕士生。她目前在佛罗里达州塔拉哈西市佛罗里达历史博物馆（Museum of Florida History）的教育部门工作。她致力于为博物馆教育项目注入多学科方法。

内维尔·瓦卡里亚（Neville K. Vakharia） 是美国德雷塞尔大学（Drexel University）研究生艺术管理课程的助理教授和研究主任，负责教授管理、战略规划、创业及相关学科课程，同时领导旨在加强艺术、文化和创意领域的研究项目。瓦卡里亚的主要研究方向是技术、创新和知识在建设兼具可持续型、弹性和关联性组织机构与社区领域的作用。在就读德雷塞尔大学之前，瓦卡里亚在多家企业、非营利组织和基金会担任领导职务已逾20年之久。瓦卡里亚目前是多家非营利组织的董事会成员，并担任诸多新兴创意与社会企业的顾问。

盖布里尔·梅洛（Gabriel Vaz de Melo） 是巴西米纳斯吉拉斯联邦大学 CEDE-PLAR 学院在读硕士生。梅洛致力于文化经济学与数字经济研究，目前是该学院一个文化经济学研究小组的成员。他在巴西米纳斯吉拉斯联邦大学（UFMG）获得经济学学士学位。

帕特·维伦纽夫（Pat Villeneuve） 是美国佛罗里达州立大学（Florida State University）艺术教育系艺术管理教授兼系主任。维伦纽夫在该大学开发并设立了博物馆教育和以观众为中心型展览专业的研究生课程。维伦纽夫是《从外围到中心：21世纪艺术博物馆教育》一书的编辑，并于2009年获得美国国家艺术教育协会（National Art Education Association）国家博物馆年度教育奖。她在国内和国际上发表了大量论著并经常受邀前往各地举办讲座。最近，维伦纽夫成功开发出支持性释展模型——一个以观众为中心的展览模型。

道格拉斯·沃兹（Douglas Worts）是加拿大多伦多纵览世界咨询公司（WorldViews Consulting）的文化与可持续发展专员。沃兹致力于研究文化的方方面面，正如我们的生活方式一样，将博物馆视作构建可持续发展文化的潜在促进因子。沃兹将其长达35年的博物馆工作经验注入其专业化工作与研究中。二十余年来，沃兹不懈致力于探索文化在塑造与指导全球人类可持续发展前景领域的地位与作用。在其博物馆职业生涯中，沃兹专攻实验性展览、受众研究、组织设计和变革管理，并将系统思维作为其工作的基石。此外，沃兹在专著发表、传道授业和讲座领域亦造诣广泛且丰富。

图书在版编目(CIP)数据

博物馆的系统思维:理论与实践/(韩)郑柳河,(美)安·罗森·拉夫编著;胡芳,李晓彤译.—上海:复旦大学出版社,2022.10
(世界博物馆最新发展译丛/宋娴主编.第二辑)
书名原文:Systems Thinking in Museums:Theory and Practice
ISBN 978-7-309-16273-8

Ⅰ.①博… Ⅱ.①郑… ②安… ③胡… ④李… Ⅲ.①博物馆-工作-研究 Ⅳ.①G26

中国版本图书馆 CIP 数据核字(2022)第 123031 号

SYSTEMS THINKING IN MUSEUMS: Theory and Practice edited by Yuha Jung and Ann Rowson Love
Copyright © The Rowman & Littlefield Publishing Group Inc. ,2017
Published by agreement with the Rowman & Littlefield Publishing Group through the Chinese Connection Agency, a division of The Yao Enterprises, LLC.

上海市版权局著作权合同登记号:图字 09-2019-082

博物馆的系统思维:理论与实践
[韩]郑柳河 [美]安·罗森·拉夫 编著
胡 芳 李晓彤 译
责任编辑/黄 丹

复旦大学出版社有限公司出版发行
上海市国权路 579 号 邮编:200433
网址:fupnet@fudanpress.com http://www.fudanpress.com
门市零售:86-21-65102580 团体订购:86-21-65104505
出版部电话:86-21-65642845
上海盛通时代印刷有限公司

开本 890×1240 1/32 印张 11.75 字数 263 千
2022 年 10 月第 1 版
2022 年 10 月第 1 版第 1 次印刷

ISBN 978-7-309-16273-8/G·2383
定价:64.00 元

如有印装质量问题,请向复旦大学出版社有限公司出版部调换。
版权所有 侵权必究